A+U高校建筑学与城市规划专业教材

建筑课程设计指导任务书

主　编　李延龄

副主编　冯　静　杨晓莉　冯凌英　傅盈盈

中国建筑工业出版社

图书在版编目(CIP)数据

建筑课程设计指导任务书/李延龄主编. —北京：中国建筑工业出版社，2006
A+U高校建筑学与城市规划专业教材
ISBN 978-7-112-08594-1

Ⅰ.建… Ⅱ.李… Ⅲ.建筑工程—课程设计—高等学校—教材 Ⅳ.TU-43

中国版本图书馆CIP数据核字(2006)第066809号

A+U高校建筑学与城市规划专业教材
建筑课程设计指导任务书
主编　李延龄
副主编　冯　静　杨晓莉
　　　　冯凌英　傅盈盈

*

中国建筑工业出版社出版、发行(北京西郊百万庄)
各地新华书店、建筑书店经销
北京天成排版公司制版
北京市密东印刷有限公司印刷

*

开本：787×1092毫米　1/16　印张：23½　字数：566千字
2007年4月第一版　2011年8月第六次印刷
定价：40.00元
ISBN 978-7-112-08594-1
(20940)

版权所有　翻印必究
如有印装质量问题，可寄本社退换
(邮政编码　100037)

本社网址：http://www.cabp.com.cn
网上书店：http://www.china-building.com.cn

本书为高等学校五年制建筑学专业建筑课程设计而编写，共有18个题目的设计任务书和指导书，主要题目内容有：茶室、咖啡屋、别墅、艺术工作者之家、幼儿园、中小学校、大学生活动中心、建筑师之家、长途汽车站、山地旅馆、图书馆、建筑系系馆、医院、博物馆、商业街外部空间、居住小区详细规划、高层综合性办公楼、星级商业酒店等。由浅入深、各有侧重，使学生能受到全面的建筑设计训练。18个题目中，前16个题目以方案设计为主，后2个题目是从方案设计到部分施工图设计的训练。

本书的编写力求图文并茂、内容精炼实用，它既可作为高校五年制建筑学专业教材或教学参考书使用，也可供高校四年制建筑学使用，同时也可供城市规划专业以及相关建筑设计专业使用。

＊　　＊　　＊

责任编辑：朱首明　杨　虹
责任设计：赵明霞
责任校对：张树梅　王雪竹

前　言

　　本书主要依据高等学校建筑学专业指导委员会编制的《建筑学专业本科教学培养目标和培养方案及主干课程教学基本要求》，全国注册建筑师管委会颁发的《一级注册建筑师教育标准》而编写的。在编写过程中既有我们多年教学的经验积累，也参考了各兄弟院校的课程设计任务书。

　　本书编写是为了给广大建筑院校教师与学生提供一本既方便又实用的教学用书。

　　目前，出版界虽已出版大量的建筑书籍，但真正能适合建筑专业的教学用书却不多。每到课程设计开始时，教师与学生都为找不到合适的设计书籍而着急。除全国重点大学的建筑学专业外，其余院校的建筑学专业多少都存在师资力量不足和教学资料紧缺的问题。本书的出版可能会对这些学校有一定帮助。

　　在编写过程中，我们力求图文并茂、精炼实用。在不同的设计题目中我们分别强调了不同的设计重点与要点。从小到大、由浅入深，要求学生能合理地处理好从总图到单体、从平面到造型的各种关系，特别要求学生学习如何抓住不同建筑的个性与设计要点，举一反三，从简单到复杂，逐步扩大和加深对建筑设计的理解，并能综合运用已学知识去解决设计中的具体问题，从而进一步培养学生的独立设计能力和分析解决问题的能力。在编写过程中，我们将难易不同的题目分别安排在不同的年级和学期中，供大家选用。同时，我们也建议各兄弟院校的教师在使用本书时，尽可能地结合本地域的人文环境、气候差异，以及经济条件等方面的因素，对题目进行修改、补充。

　　本书编写中的章节，按不同年级的上下学期时间段来划分，通常一个学期分别设置为两个阶段各8周，即前8周为一个题目，后8周为另一个题目。为了便于广大教师对题目的选择，我们在不同章节中编写了不同的题目可供选择。至于中高年级中的快题设计，本书尚未考虑，请各校教师自行安排。

　　本书各部分内容编写分工：

　　二年级：李延龄、冯凌英；三年级：李延龄、杨晓莉；四年级上学期：李延龄、冯静；四年级下学期：李延龄、傅盈盈；五年级上学期：李延龄、冯静。

　　为便于学生的理解和参考，我们收集了一些建筑实例图、设计资料。其中有许多图例资料直接选摘自国内外相关书刊，在此，向这些作者和设计者表示诚挚的感谢，如有引述不当之处也请批评指正。徐友岳副教授参与了本书的审核与定稿，在此一并致谢。

　　此外，由于时间的关系，本书的编写肯定会存在不少缺点和不足，甚至差错。真诚希望有关专家学者及广大读者的批评、指正，以便我们在重印或再版中不断修正、完善。

目 录

第一章　二年级上学期设计题目 …………………………………………………… 1
　　设计一　茶室建筑设计指导任务书 ……………………………………………… 2
　　设计二　咖啡厅建筑设计指导任务书 …………………………………………… 15
　　设计三　别墅建筑设计指导任务书 ……………………………………………… 19
　　设计四　艺术工作者之家建筑设计指导任务书 ………………………………… 41
　　注：一和二任选一题，三和四任选一题

第二章　二年级下学期设计题目 …………………………………………………… 45
　　设计一　幼儿园建筑设计指导任务书 …………………………………………… 46
　　设计二　中、小学校建筑设计指导任务书 ……………………………………… 69
　　设计三　大学生活动中心建筑设计指导任务书 ………………………………… 95
　　设计四　建筑师之家建筑设计指导任务书 ……………………………………… 114
　　注：一和二任选一题，三和四任选一题

第三章　三年级上学期设计题目 …………………………………………………… 118
　　设计一　长途汽车客运站建筑设计指导任务书 ………………………………… 120
　　设计二　山地旅馆建筑设计指导任务书 ………………………………………… 139

第四章　三年级下学期设计题目 …………………………………………………… 166
　　设计一　图书馆建筑设计指导任务书 …………………………………………… 168
　　设计二　建筑系系馆建筑设计指导任务书 ……………………………………… 204
　　设计三　医院建筑设计指导任务书 ……………………………………………… 219
　　注：一和二任选一题

第五章　四年级上学期设计题目 …………………………………………………… 253
　　设计一　博物馆建筑设计指导任务书 …………………………………………… 254
　　设计二　商业街外部空间设计指导任务书 ……………………………………… 270

第六章　四年级下学期设计题目 …………………………………………………… 284
　　设计　　居住小区详细规划设计指导任务书 …………………………………… 286

第七章　五年级上学期设计题目 …………………………………………………… 301
　　设计一　高层综合性办公楼建筑方案设计指导任务书 ………………………… 302
　　设计二　星级商业酒店建筑方案设计指导任务书 ……………………………… 322
　　设计三　施工图设计指导任务书 ………………………………………………… 336
　　注：一和二任选一题

主要参考文献 ………………………………………………………………………… 366

建筑课程设计指导任务书

第一章 二年级上学期设计题目

设计一 茶室建筑设计指导任务书

一、教学目的与要求

茶室建筑，它的使用功能和流线相对比较简单，可塑性也大一些，有一定的发挥度。但茶室建筑对基地和环境的要求稍高一点，特别在空间的层次，借景与渗透方面有一些要求。通过设计使学生能适当了解并掌握以下几点。

1. 对小型公共建筑的功能有一定了解，培养构思能力。
2. 对室内空间有一定的感知能力，训练学生的空间设计、组合能力。
3. 了解人体工程学，掌握人的行为心理，以及由此产生的对空间的各项要求。
4. 了解园林景观建筑的设计手法和设计要点。
5. 初步了解设计的过程以及设计成果的表达。

二、课程设计任务与要求

(一) 设计任务书

1. 设计任务：拟在某城市景区公园内新建一高档茶室。茶室以品茶为主，兼供简单的食品、点心，是客人交友、品茶、休憩、观景的场所。全天营业。

2. 设计要求

(1) 解决好总体布局。包括功能分区、出入口、停车位、客流与货流的组织与环境的结合等问题。

(2) 应对建筑空间进行整体处理，以求构思新颖，结构合理。

(3) 营业厅为设计的重点部分，应注重其室内空间设计，创造与建筑风格相适应的室内环境气氛。

3. 技术指标

(1) 总建筑面积控制在 400m² 内（按轴线计算，上下浮动不超过 5%）。

(2) 面积分配（以下指标均为使用面积）。

A. 客用部分

- 营业厅：200m²。可集中或分散布置，座位 100~120 个。营造富有茶文化的氛围,空间既有不同的分隔,又有相互的流通和联系。

• 付货柜台:15m²。各种茶叶及小食品的陈列和供应,兼收银。可设在营业厅或门厅内。

• 门厅:10m²。引导顾客进入茶室。也可设计成门廊。

• 卫生间:12m²。男、女各一间,各设2个厕位,男厕应设2个小便斗,可设盥洗前室,设带面板洗手池1~2个。

B. 辅助部分

• 备品制作间:15m²。包括烧开水、食品加热或制冷、茶具洗涤、消毒等;要求与付货柜台联系方便。烧水与食品加工主要用电器。

• 库房:8m²。存放各种茶叶、点心、小食品等。

• 卫生间:6m²。男、女各一间,每间设厕位、洗手盆各1个。

• 更衣室:10m²。男、女各一间,每间设更衣柜,洗手盆。

• 办公室:24m²。二间,包括经理办公室、会计办公室。

4. 图纸内容及要求

(1) 图纸内容

总平面图 1:300(全面表达建筑与原有地段的关系以及周边道路状况)。

首层平面图 1:100(包括建筑周边绿地、庭院等外部环境设计)。

其他各层平面及屋顶平面图 1:100 或 1:200

立面图(2个)1:100

剖面图(1个)1:100

透视图(1个)或建筑模型(1个)

(2) 图纸要求

A. A1 图幅出图(594mm×841mm),可不画图框。

B. 图线粗细有别,运用合理;文字与数字书写工整。宜采用手工工具作图,彩色渲染。

C. 透视图表现手法不限。

5. 地形图

(1) 用地条件说明

A. 该用地位于某市湖滨景区。可在地形图上任何位置建造。

B. 该用地西侧有旅游专线道路。西北侧为一小山坡。东南面为一淡水湖,湖面平静,景色宜人。用地植被良好,多为杂生灌木,中有高大乔木,有良好的景观价值。

C. 旅游专线道路宽6m,其中车行道4m,两侧路肩各为1m。

(2) 地形图

(二) 教学进度与要求

1. (第1周)

布置设计任务。

选择有代表性的茶馆进行参观。

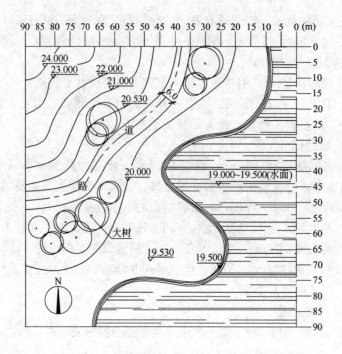

课后收集有关资料,并做调研报告。

2.(第2、3周)

讲授原理课。分析任务书及设计条件。

做体块模型,进行多方案比较(2~3个)。

第一次草图检查,讲评。

3.(第4、5周)

确定发展方案。进行第二次草图设计。

针对方案存在的主要问题进行调整。

做工作模型。进一步推敲建筑形体。

4.(第6、7周)

第二次草图检查,讲评。

在评图后推敲完善,进一步细化方案。

进行工具草图绘制。完善工作模型。

5.(第8周)

绘制正图。

绘制彩色透视效果图或完成正式模型。

交图。

(三) 参观调研提要

1. 建筑采用何种设计风格?适于哪一类使用人群?
2. 平面布局是否合理?能否满足各项使用要求?
3. 从门厅进入主要空间的人流组织是否合理?
4. 对几个客席区的供应是否方便?

5. 客用部分与服务部分的关系是否合理？
6. 付货柜台或吧台与制作、洗涤消毒及库房的联系是否方便？
7. 后勤及货流组织是否合理？
8. 建筑周边空间的环境设计（绿化、小品、铺地等）是否方便使用且美观？
9. 结构布置是否合理？上下两层的主要承重结构是否对齐？
10. 有没有楼梯？什么形式？位置如何？具体技术参数怎样计算？

(四) 参考书目

1. 邓雪娴等著. 餐饮建筑设计. 北京：中国建筑工业出版社，1999
2. 建筑资料集编委会编. 建筑设计资料集（第二版）. 北京：中国建筑工业出版社，1994
3. 张绮曼，郑曙旸主编. 室内设计资料集. 北京：中国建筑工业出版社，1991
4. 黄小石著. 咖啡馆设计. 沈阳：辽宁科学技术出版社，2000
5. 《饮食建筑设计规范》及各种现行建筑设计规范。
6. 《建筑学报》，《世界建筑》，《建筑师》等杂志中有关茶室建筑设计的文章及实例。

三、设计指导要点

(一) 基地选择

独立式茶室的基地选择应满足下列要求：
(1) 应远离各种污染源，并满足有关卫生防护标准的要求。
(2) 方便顾客到达，避免交通干扰。
(3) 有良好的采光通风条件。
(4) 环境优美，充分利用周边自然环境，与自然结合。
(5) 能为建筑功能分区、出入口安排、室外场地的布置提供必要的条件。

(二) 总平面设计

1. 根据设计任务书的要求对建筑物、室外场地、绿化用地及杂物院等进行总体布置，做到功能分区合理，朝向适宜，室外营业场地日照充足。创造适于顾客休闲的空间环境。
2. 建筑物的位置与形体有利于形成良好的景观，并有利于顾客在饮茶时观景。
3. 应根据建筑规模或日平均客流量，设置自行车和机动车停放场地。

(三) 建筑设计

1. 各类用房的组成与要求

- 营业用房

(1) 茶室的营业用房应布置在当地最好的日照方位,并满足冬至日底层满窗日照不少于2h的要求,温暖地区、炎热地区的生活用房应避免朝西,否则应设遮阳设施。

(2) 茶室的营业用房应有良好的通风条件。

(3) 茶室的营业用房应有良好的观景视线。

(4) 茶室营业用房内部布置应合理,通畅,避免各流线之间的相互干扰。

(5) 桌椅布置应符合人体工程学原理。茶室桌椅与餐室相似,可以略小。下面为常见的餐饮桌椅尺寸及其组合尺寸。

A. 常用餐桌尺寸

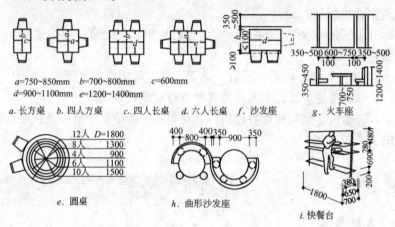

常见餐桌尺寸

B. 常见餐桌布置形式

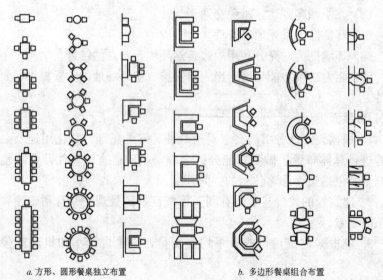

a. 方形、圆形餐桌独立布置　　b. 多边形餐桌组合布置

常见餐桌布置形式(一)

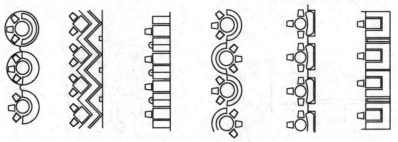

c. 多边形餐桌组合布置

常见餐桌布置形式(二)

C. 常用客席通道尺寸

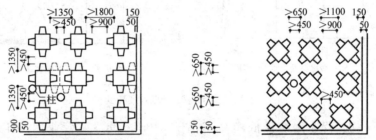

(注:坐椅与坐椅间的净距,考虑就餐者与服务员通行时>450mm,考虑送餐小车通行时>900mm)

a. 方桌正向布置　　　　　　　　　　　　　　b. 方桌斜向布置

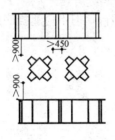 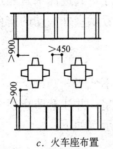 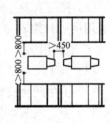

c. 火车座布置

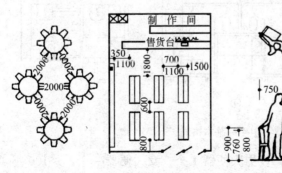

d. 圆桌布置　　　　e. 快餐厅布置示例　　　　f. 过道空间尺寸

常用客席通道尺寸

D. 桌椅的适宜高度

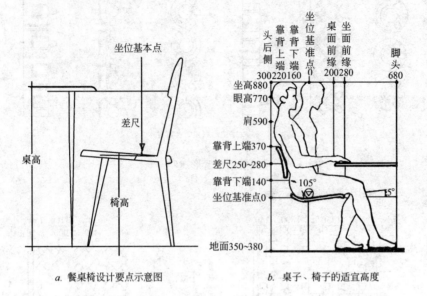

a. 餐桌椅设计要点示意图

b. 桌子、椅子的适宜高度

差尺及桌子、椅子的适宜高度

(6) 营业用房最低净高不小于 3.0m，设空调营业用房不低于 2.4m，异形顶最低处不低于 2.4m。

(7) 单侧采光的营业厅，其进深不宜超过 6.60m。

(8) 楼层营业厅宜设置供室外活动的露台或阳台，但不应遮挡底层营业用房的日照。

• 辅助用房

(1) 加工间最低净高不低于 3.0m。

(2) 卫生间宜设置前室，并注意防止视线干扰。

(3) 卫生间基本格局示例如下。

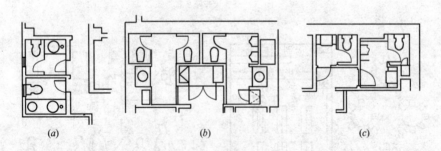

卫生间基本格局

(4) 客座≤100 座时，设男大便器 1 个，女大便器一个。＞100 座时每 100 座增设男大便器一个或小便器一个，女大便器一个。洗手盆≤50 座设一个，＞50 座时每 100 座增设一个。

(5) 卫生间最小尺寸如下图所示。

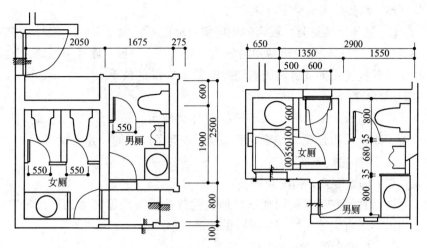

卫生间最小尺寸

2. 防火与疏散

(1) 茶室建筑的防火设计应执行国家建筑设计防火规范。

(2) 茶室用房在一、二级耐火等级的建筑中，不应设在四层及四层以上；三级耐火等级的建筑不应设在三层及三层以上；四级耐火等级的建筑不应超过一层。平屋顶可作为安全避难和室外休闲场地，但应有防护设施。

(3) 主体建筑走廊净宽度不应小于下表的规定。

走 廊 最 小 净 宽

房间名称	房间布置	双 面 布 房 (m)	单面布房或外廊 (m)
营业用房		1.8	1.5
辅助用房		1.5	1.3

(4) 楼梯、扶手、栏杆和踏步应符合下列规定：

A. 楼梯的数量、位置和楼梯间形式应满足使用方便和安全疏散的要求。

B. 梯段净宽除应符合防火规范的规定外，供日常主要交通用的楼梯的梯段净宽应根据建筑物使用特征，一般按每股人流宽为 $0.55+(0\sim0.15)$m 的人流股数确定，并不应少于两股人流。

C. 梯段改变方向时，平台扶手处的最小宽度不应小于梯段净宽。当有搬运大型物件需要时应再适量加宽。

D. 每个梯段的踏步一般不应超过18级，亦不应少于3级。

E. 楼梯平台上部及下部过道处的净高不应小于2m。梯段净高不应小于2.20m。

踏步前缘部分宜有防滑措施。

F. 室内外台阶踏步宽度不宜小于0.30m，踏步高度不宜大于

0.15m，踏步数不应少于2级。

G. 当采用坡道时，坡道的坡度室内坡道不宜大于1∶8，室外坡道不宜大于1∶10，供轮椅使用的坡道不应大于1∶12。坡道应用防滑地面。供轮椅使用的坡道两侧应设高度为0.65m的扶手。

(四) 园林建筑

该茶室位于风景区，属于风景园林类建筑。该类型建筑内部空间应便于观赏周边景观，外部造型又应当成为景区内的一处景观。

1. 园林建筑布局特点

(1) 因地制宜，构图合理

园林建筑宜尽量利用地形、地貌的优势。与周围环境的比例尺度相协调，不宜大填大挖，对用地做过多调整。

(2) 功能合理，形式美观

园林建筑侧重于精神功能，受物质功能的约束相对小。在满足使用功能要求的基础上，建筑物的大、小、高、低和组合形式的灵活性较大。创造优美的空间形象首先应有良好的建筑布局。

(3) 巧于因借，精在体宜

园林建筑布局应注重室内、外的相互渗透与延伸，使建筑与环境融为一体，创造丰富的空间层次。基地上的古树、奇石应采取合理的保护措施，并结合建筑做适当增添以形成特色。建筑的体量不宜过大，可以化整为零，合分结合，创造错落有致的空间环境。

2. 园林建筑组合形式

(1) 独立式

独立式建筑可作为园林内某一部分的主体，也可与自然景物结合从而起到点景的作用。外部空间宜呈开放的形式。

(2) 分散的群体组合

若干幢建筑分散布置，在适当的位置用连廊、小桥联系。各部分建筑既独立又相互呼应联系。

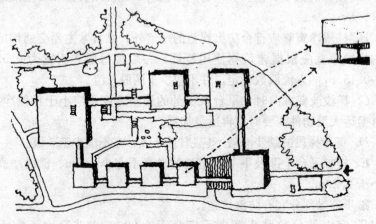

1958年布鲁塞尔国际博览会西德馆

（3）庭院式组合

建筑与廊、院墙组合，围合成一个或几个庭院。庭院具有内聚性和封闭感，可在院中创造独立的景观，丰富园林的内涵。院墙上常设各种漏窗，使庭院空间和外部空间相互渗透，增加空间层次。

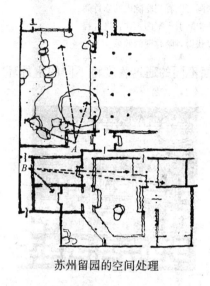

苏州留园的空间处理

某贵宾休息室平面
通过门窗、门洞、空廊可以看到几重空间内的景物，产生无限深远的感觉。

（4）天井式组合

天井即小的庭院。可露天设置，也可结合玻璃天窗形成内庭院。由于天井体量较小，天井内的绿化或建筑小品宜小巧精致。

室内空间与庭院相互渗透、交融、贯穿，极大的丰富了空间的变化与层次感

A点透视效果
某贵宾休息室透视

3. 园林建筑布局手法

（1）对比

对比的手法运用适当，可以增加园林的艺术表现力。对比包括方向对比、体量对比、形状对比、人工与自然的对比等。

（2）空间的层次

园林缺乏空间层次，会显得空旷无趣。处理好隔和透的关系是增加空间层次的关键。增加空间层次的常用手法有：

A. 运用洞口、空廊等造成空间的渗透。

苏州狮子林
在连廊的一侧开六角形窗洞，
透过窗洞可以看到庭院内的修竹阁。
把室外空间引入室内。在行进过程
中可以获得时隐时现的效果。

B. 室内外空间的延伸。通过界面不同的通透程度将不同的室外环境引入室内。

（3）空间的序列

园林建筑要按游览路线安排序列，做到不走回头路，观赏部分和休憩部分相互穿插，做到游时步移景异，憩时有景可观。空间序列应有起伏，回环宛转，尽量吸引游人。

（4）比例与尺度

园林建筑要推敲自身的比例尺度，更要处理好与周边景物的比例关系。如大面积的湖泊边建筑体量可适当大一些，狭小的水体边建筑体量不宜太大。园林建筑的尺度适合亲切宜人，不宜夸张。

（5）借景

A. 借景的概念：将外界有情趣或有欣赏价值的因素通过空间渗透，借用到所在的空间中。由于是隔着一重层次去看，因而越觉含蓄、深远。

a. 透过空廊、门、窗看到其他空间内相对应的景物，层次丰富。
苏州留园入口部分空间处理

b. 墙面上大面积的窗洞，把庭院的外部景引入室内，使室内外空间相互交融渗透。
苏州留园鹤所部分空间处理

B. 借景的方法：可分为远借、临借、仰借、俯借、应时而借等等。

　　C. 借景的关键：在于"巧"，在建筑布局中应做到"嘉则收之，俗则摈之"，处理好观景点和借景的关系。

　　D. 借景的内容：

　　形：山石、树木、花草、建筑、环境小品等；

　　色：花的姹紫嫣红，太阳的朝霞晚照，月光的清幽缥缈等；

　　声：鸟鸣、流水声、雨声等；

　　香：梅花的幽香，桂花的甜香等。

　　E. 景框的形式：常用的为景门和景窗。

　a. 景窗的形状

景窗的形状

　b. 景门的形状

景门的形状

　c. 景窗实例

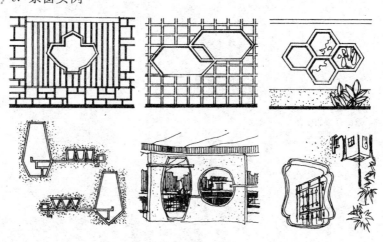

景窗实例（一）

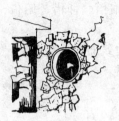 

景窗实例(二)

d. 景门实例

 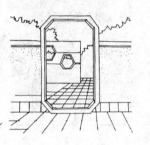

景门实例

设计二 咖啡厅建筑设计指导任务书

一、教学目的与要求

1. 通过设计，对小型公共建筑的功能有全面了解，培养构思能力。
2. 通过设计，对室内空间有一定的感知能力，训练学生的空间设计、组合能力。
3. 通过设计，了解人体工程学、了解人的行为心理，以及由此产生的对空间的各项要求。
4. 通过设计，在设计过程中，了解园林景观建筑的设计要点。
5. 通过设计，了解园林绿化及环境艺术设计要点。

二、课程设计任务与要求

（一）设计任务书

1. 设计任务：拟在某城市（南方）景区公园内新建一高档咖啡厅。咖啡厅考虑顾客在正餐之余时使用，经营以咖啡为主，辅以其他饮料或简单食品，供客人休息、交友、约会。午后和晚间营业。咖啡厅讲究气氛，要求形成轻松优雅的环境。

2. 设计要求

1）解决好总体布局。包括功能分区、出入口、停车位、客流与货流的组织、与环境的结合等问题。

2）应对建筑空间进行整体处理，以求结构合理，构思新颖。营业厅为设计的重点部分，应注重其室内空间设计，创造与建筑使用要求相适应的室内环境气氛。

3. 技术指标

(1) 总建筑面积控制在 400m² 内（按轴线计算，上下浮动不超过 5%）。

(2) 面积分配（以下指标均为使用面积）。

A. 客用部分

- 营业厅：200m²（可集中或分散布置，座位 100~120 个）。应有良好的室内空间环境，空间既有分隔又有流通。创造有特色的氛围和情调。

- 付货柜台：15m²（各种饮料及小食品的陈列和供应，可兼收银)。应衔接营业厅和制作间,与顾客和服务人员均有联系。也可直接放在营业厅或门厅内。

- 门厅:10m^2(引导顾客进入咖啡厅。也可设计成门廊)。
- 卫生间:12m^2(男、女各一间,各设2个厕位,男厕应设2个小便斗,各设带面板洗手池1个)。

B. 辅助部分

- 备品制作间:15m^2(包括烧开水、冲咖啡、茶具洗涤、消毒;烧水与食品加工用电器;要求与付货柜台联系方便)。
- 库房:8m^2(存放各种茶叶、点心、小食品等)。
- 卫生间:6m^2(男、女各一间,厕位、洗手盆各1个)。
- 更衣室:10m^2(男、女各一间,设更衣柜、洗手盆)。
- 办公室:24m^2(两间,包括经理办公室、会计办公室)。

4. 图纸内容及要求

(1) 图纸内容

- 总平面图 1∶300(全面表达建筑与原有地段间关系及周边道路状况)。
- 首层平面图 1∶100(包括建筑周边绿地、庭院等外部环境设计)。
- 其他各层平面及屋顶平面图 1∶100 或 1∶200。
- 立面图(2个)1∶100。
- 剖面图(1个)1∶100。
- 透视图(1个)或建筑模型(1个)。

(2) 图纸要求

- 1号图幅出图(594mm×841mm),可不用图框。
- 图线粗细有别,线条运用合理;文字与数字书写工整。宜采用手工绘图,彩色渲染。
- 透视图表现手法不限。

5. 地形图

(1) 用地条件说明

- 该用地位于某市湖滨景区。用地较平坦。
- 该用地东侧有旅游道路。东侧为一小树林。西面为一淡水湖,湖面平静,景色宜人,湖水起落高度不超过0.5m。用地北侧有一小桥架于湖面上。用地植被良好,多为杂生灌木,有良好的景观价值。
- 旅游专线道路宽4m。

(2) 地形图

(二) 教学进度与要求

1. (第1周)

布置设计任务。

选择有代表性的咖啡厅进行参观。

课后收集有关资料，并做调研报告。

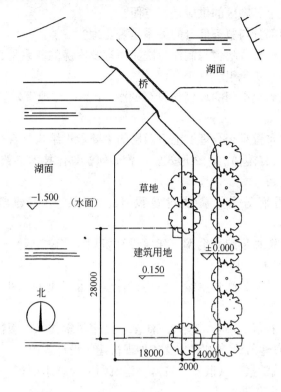

2．（第2、3周）

讲授原理课。分析任务书及设计条件。

做体块模型，进行多方案比较(2~3个)。

第一次草图检查，讲评。

3．（第4、5周）

确定发展方案。进行第二次草图设计。

针对方案存在的主要问题进行调整。

做工作模型。进一步推敲建筑形体。

4．（第6、7周）

第二次草图检查，讲评。

在评图后推敲完善，进一步细化方案。

进行工具草图绘制。完善工作模型。

5．（第8周）

绘制正图。

绘制彩色透视效果图或完成正式模型。

交图。

(三) **参观调研提要**

1．建筑采用何种设计风格？适于哪一类使用人群？

2．平面布局是否合理？能否满足各项使用要求？

3. 从门厅进入主要空间的人流组织是否合理？
4. 对几个客席区的供应是否方便？
5. 客用部分与服务部分的关系是否合理？
6. 付货柜台或吧台与制作、洗涤消毒及库房的联系是否方便？
7. 后勤及货流组织是否合理？
8. 建筑周边空间的环境设计（绿化、小品、铺地等）是否方便使用且美观？
9. 结构布置是否合理？上下两层的主要承重结构是否对齐？
10. 有没有楼梯？什么形式？位置如何？具体技术参数怎样计算？

（四）参考书目

1. 邓雪娴等著. 餐饮建筑设计. 北京：中国建筑工业出版社，1999
2. 建筑资料集编委会编. 建筑设计资料集（第二版）. 北京：中国建筑工业出版社，1994
3. 张绮曼，郑曙旸主编. 室内设计资料集. 北京：中国建筑工业出版社，1991
4. 黄小石著. 咖啡馆设计. 沈阳：辽宁科学技术出版社，2000
5. 《饮食建筑设计规范》及各种现行建筑设计规范。
6. 《建筑学报》，《世界建筑》，《建筑师》等杂志中有关咖啡厅建筑设计的文章及实例。

三、设计指导要点

参见茶室设计指导要点。

设计三 别墅建筑设计指导任务书

一、教学目的与要求

本课程设计属居住建筑中的一类。虽然,我们只安排了别墅设计,但对于公寓住宅的户型种类及组合方式,还需要在居住建筑理论讲述中给予分析。使学生能系统了解并掌握其设计方法与设计要点。

1. 了解独院式住宅的设计特点。要求学生对室内外空间有一定的感知能力,训练其空间设计及组合能力。

2. 了解人体工程学,掌握家具的尺度与布置,以及由此产生的对空间的各项要求。

3. 学习以建筑物作为一个整体来考虑有关建筑功能、构成、造型等方面的问题,及其相互关系。进一步了解形式美的原则。

4. 了解该建筑类型的特点,创造既满足各项功能及技术要求,又满足心理要求的居住空间。

5. 认识到建筑与自然环境两者应有机结合。

二、课程设计任务与要求

(一) 设计任务书

1. 设计任务:某公司管理人员在市郊购得一处开阔地(详见地形图)。拟建造一栋别墅,作为家庭(夫妇与孩子共 3 人)居住之用。

2. 设计要求

(1) 总体布局合理。包括功能分区,主次出入口位置,停车位,室外营业场地,与环境、绿化的结合等。

(2) 功能组织合理,布局灵活自由,空间层次丰富。使用空间尺度适宜,合理布置家具。

(3) 体型优美,尺度亲切,具有良好的室内外空间关系。

(4) 结构合理,具有良好的采光通风条件。

3. 建筑组成及要求

(1) 总建筑面积控制在 300m^2 内(按轴线计算,上下浮动不超过 5%)。

(2) 面积分配(以下指标均为使用面积)。

A. 主要房间

- 客厅：1间，25～30m²，会友朋、宴宾客之用
- 起居室：1间，25～30m²，家人休息及近亲光临之室
- 书房：1间，25～30m²，主人阅读之处，要求与客厅往来便利
- 餐厅：1间，12～20m²，家庭使用，可容纳8人餐桌
- 厨房：1间，10m²以上，中餐烹调，可方便送餐至餐厅
- 主卧室：1间，18m²以上，双人房，附自用浴厕
- 儿童房：1间，18m²以上，单人房，附自用浴厕
- 客卧室：1间，15m²以上，双人房或单人房，附自用浴厕
- 保姆房：1间，12m²以上，单人房，附自用浴厕

B. 次要房间
- 洗涤间：1间，面积自定，放置洗衣机、洗衣池及烘干机等
- 车库：1间，面积自定，可容纳轿车一辆，自行车两辆
- 贮藏室：面积自定，一间或一间以上

C. 室外用地
- 停车位：可停放轿车1～2辆
- 羽毛球场：宜采用硬质铺地
- 儿童游乐场地：面积自定，宜采用软质铺地

4. 图纸内容及要求

(1) 图纸内容
- 总平面图1∶300(全面表达建筑与原有地段关系及周边道路状况)
- 首层平面1∶100(包括建筑周边绿地、庭院等外部环境设计)
- 其他各层平面及屋顶平面图1∶100或1∶200
- 立面图(2个)1∶100
- 剖面图(1个)1∶100
- 透视图(1个)或建筑模型(1个)

(2) 图纸要求
- 图幅不小于A2(594mm×420mm)。
- 图线粗细有别，运用合理；文字与数字书写工整；宜采用手工工具作图，彩色渲染。
- 透视图表现手法不限。

5. 地形图

(1) 用地条件说明
- 该用地位于市郊某别墅区。用地周边环境良好，有高大乔木，有良好的景观价值。
- 该用地块南侧有一条8m宽主干路。东侧为社区中心景观。
- 有A、B两块地形任选

(2) 地形图

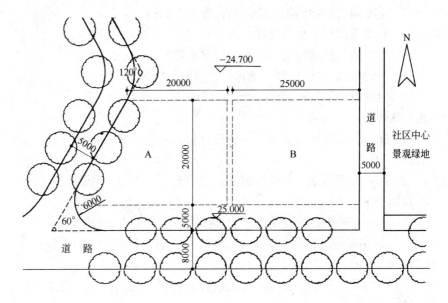

(二) 教学进度与要求

1. (第 1 周)

讲解设计任务书。参观有关别墅建筑实例。

课后收集相关资料,并做调研报告。

2. (第 2、3 周)

讲授原理课。分析任务书及设计条件。做体块模型,进行多方案比较(2~3 个)。

第一次草图检查,讲评。

3. (第 4~6 周)

确定发展方案。进行第二次草图设计。

针对方案存在的主要问题进行调整。做工作模型。进一步推敲建筑形体。

第二次草图检查,讲评。

4. (第 7、8 周)

在评图后推敲完善,进一步细化方案。进行工具草图绘制。完善工作模型。

绘制正图。绘制彩色透视效果图或完成正式模型。交图。

(三) 参观调研提要

1. 结合实例分析平面组合采用的方式?有何特点?
2. 实例总平面组合中,动静分区如何体现?
3. 建筑采用何种风格?
4. 建筑风格能否体现使用者的性格、职业特点?
5. 各空间的形状与大小各有什么特点?
6. 室内家具如何布置?

7. 主要用房与辅助用房之间的位置关系如何？
8. 厨房及厨具的具体尺度？如何布置？
9. 卫生间及洁具的具体尺度？如何布置？
10. 楼梯位置如何选择？具体技术参数怎样计算？
11. 结构布置是否合理？

（四）参考书目

1. 建筑资料集编委会编. 建筑设计资料集. 北京：中国建筑工业出版社，1994
2. 天津大学邹颖，卞洪滨编著. 别墅设计. 北京：中国建筑工业出版社，2000
3. 国外花园别墅设计集锦. 北京：中国建筑工业出版社，2000
4. 本书编委会编. 建筑系学生优秀作品集. 北京：中国建筑工业出版社，1999
5. 张绮曼，郑曙旸主编. 室内设计资料集. 北京：中国建筑工业出版社，1991
6. 《建筑学报》，《世界建筑》，《建筑师》等杂志中有关别墅建筑设计的文章及实例。

三、设计指导要点

（一）基地选择

别墅的基地选择应满足下列要求：
1. 别墅应有独立的建筑基地。
2. 应远离各种污染源，并满足有关卫生防护标准的要求。
（1）基地应有良好的采光通风条件。
（2）基地应有良好的交通条件及市政设施，风景较好。

（二）总平面设计

1. 根据设计任务书的要求对建筑物、室外活动场地、绿化用地等进行总体布置，做到功能分区合理，朝向适宜，室外活动场地日照充足，创造符合使用者生理、心理特点的环境空间。
2. 应根据使用者的使用要求，合理设置自行车和机动车停放场地。

（三）建筑设计

住宅是供家庭日常居住使用的建筑物，是人们为满足家庭生活需要，利用自己掌握的物质技术手段创造的人造环境。因此，设计之前应首先研究家庭结构、生活方式和生活习惯以及地域特点，通过多样的空间组合方式设计出满足不同生活要求的住宅。

1. 各类用房的组成与要求

（1）主要用房应布置在当地最好的日照方位，并满足冬至日底层满

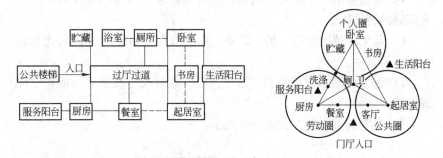

住宅功能空间的组合关系

窗日照不少于 3h 的要求；温暖地区、炎热地区的生活用房应避免朝西，否则应设遮阳设施。

(2) 起居室

A. 起居室是家庭团聚、接待近亲、观看电视、休息的空间，是家庭的活动中心，所以和卧室、餐厅、厨房等有直接的联系，与生活阳台也宜有联系。要求能直接采光和自然通风，宜有良好的视野景观。

B. 起居室内门的数量不宜过多，门的位置应相对集中，宜有适当的直线墙面布置家具，根据低限尺度研究结果，只有保证 3m 以上直线墙面布置一组沙发，起居室(厅)才能形成一相对稳定的角落空间。

C. 起居室可以与户内的进厅及交通面积相结合，允许穿套布置。

D. 起居室典型布置方式：

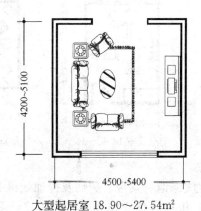

大型起居室 18.90～27.54m²

(3) 客厅

A. 主要功能是接待朋友、宴请宾客之用。要求能直接采光和自然通风，宜有良好的视野景观。

B. 除了保证必要的使用面积以外，应尽量减少交通干扰。

(4) 卧室

A. 卧室是供睡眠、休息的空间。应布置在相对安静的位置，保证一定的私密性。

B. 卧室应组织相对外墙窗间形成对流的穿堂风或相邻外墙窗间形成流通的转角风。

C. 避免穿越卧室进入另一卧室，而且应保证卧室有直接采光和自然通风的条件。

D. 卧室的最小面积是根据居住人口、家具尺寸及必要的活动空间确定的。

E. 卧室典型布置方式如下图所示。

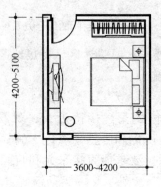

标准卧室 15.12～21.42m²

（5）餐厅

A. 餐厅是供就餐的空间。其位置可单独设置，宜与起居室相邻。

B. 各类餐厅尺寸及布置方式：

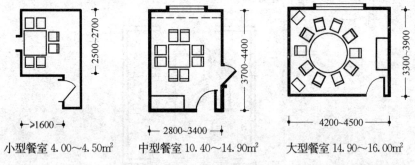

小型餐室 4.00～4.50m²　　中型餐室 10.40～14.90m²　　大型餐室 14.90～16.00m²

（6）厨房

A. 厨房应设置洗涤池、案台、炉灶及排油烟机等设施，设计时按操作流程合理布置。根据居住实态调查及极限尺寸分析，要求设计时设置或预留位置，并保证操作面连续排列的最小净长。

B. 有直接对外的采光通风口，保证基本的操作需要和自然采光、通风换气。根据居住实态调查结果分析，90%以上的住户仅在炒菜时启动排油烟机，其他作业如煮饭、烧火等基本靠自然通风，因此厨房应有可通向室外并开启的门或窗，以保证自然通风。

C. 厨房布置在套内近入口处，有利于管线布置及厨房垃圾清运，是套型设计时达到洁污分区的重要保证，有条件时应尽量做到。别墅的厨房布置相对自由，但宜有单独出入口，并且不要占据良好朝向。

D. 单排布置的厨房，其操作台最小宽度为 0.50m，考虑操作人下蹲打开柜门、抽屉所需的空间或另一人从操作人身后通过的极限距离，要求最小净宽为 1.50m。双排布置设备的厨房，两排设备之间的距离按人体的活动尺度要求，不应小于 0.90m。

E. 厨房工艺流程如下图所示。

F. 厨房平面类型（一）、（二）如下图所示。

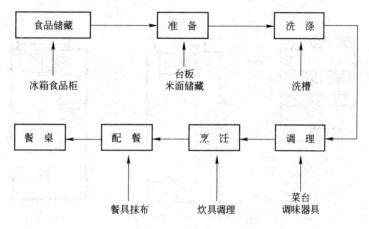

厨房平面工艺流程示意图

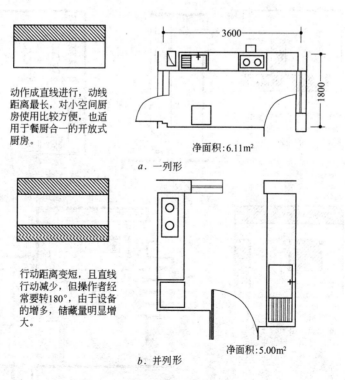

厨房平面类型（一）

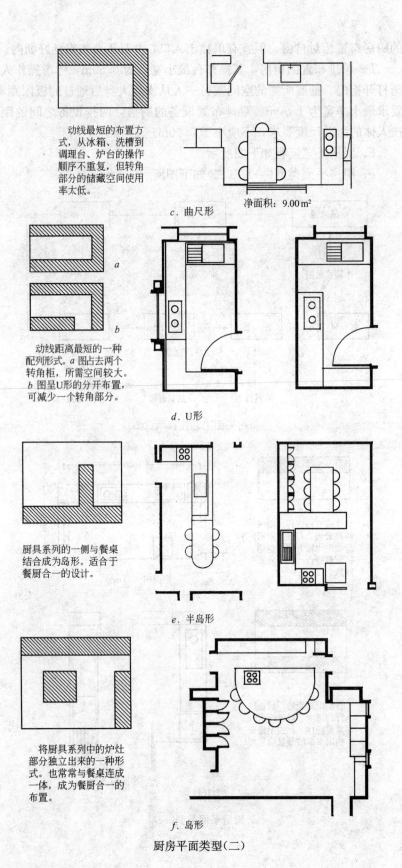

动线最短的布置方式，从冰箱、洗槽到调理台、炉台的操作顺序不重复，但转角部分的储藏空间使用率太低。

c. 曲尺形

净面积：9.00 m²

动线距离最短的一种配列形式。a 图占去两个转角柜，所需空间较大。b 图呈U形的分开布置，可减少一个转角部分。

d. U形

厨具系列的一侧与餐桌结合成为岛形。适合于餐厨合一的设计。

e. 半岛形

将厨具系列中的炉灶部分独立出来的一种形式。也常常与餐桌连成一体，成为餐厨合一的布置。

f. 岛形

厨房平面类型（二）

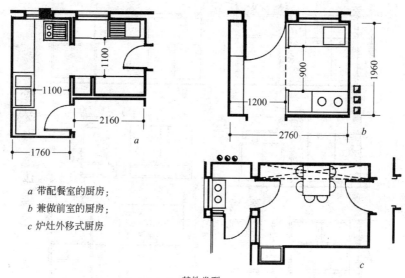

a 带配餐室的厨房；
b 兼做前室的厨房；
c 炉灶外移式厨房

g. 其他类型

厨房平面类型（三）

G. 厨房常用尺寸
H. 厨房常用设备尺寸

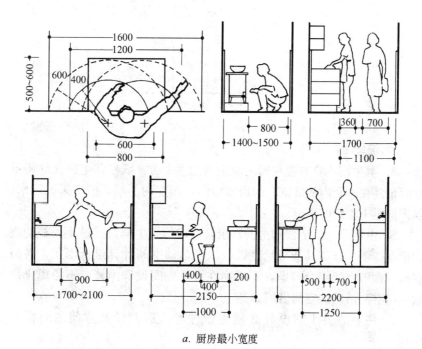

a. 厨房最小宽度

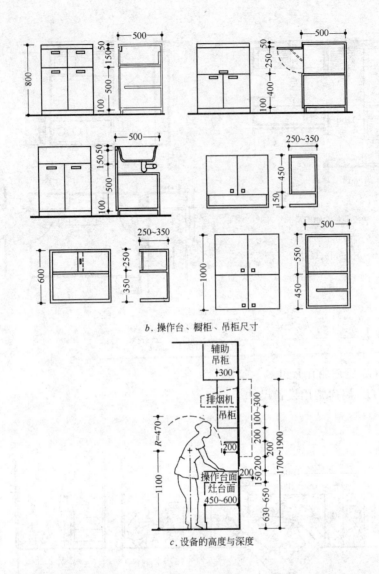

b. 操作台、橱柜、吊柜尺寸

c. 设备的高度与深度

(7) 卫生间

A. 卫生间不宜布置在厨房及生活用房上方。跃层住宅中允许将卫生间布置在本套内的卧室、起居室(厅)、厨房的上层，但应采取防水、隔声且便于检修的措施。

B. 由便器、洗浴器和洗面器组合而成的卫生间，其最小面积的规定依据如下：以洁具低限尺度以及卫生活动空间计算最低面积，淋浴空间与盆浴空间综合考虑，不考虑在淋浴空间设洗面器，不考虑排便活动与淋浴活动的空间借用。

C. 住宅的卫生间设计必须为护理老人和照顾儿童使用时留有余地。

D. 人体活动与卫生设备组合尺度

E. 卫生间浴厕平面示意如下图所示

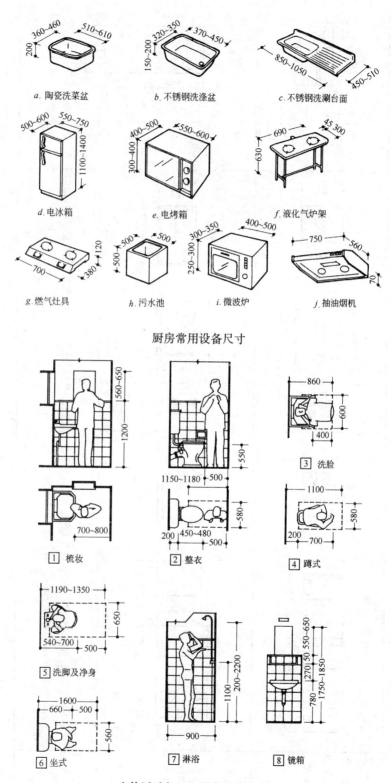

厨房常用设备尺寸

人体活动与卫生设备组合尺度

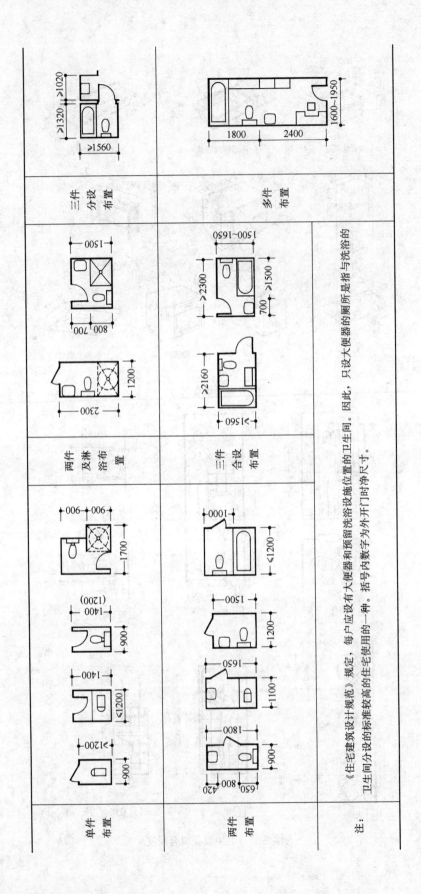

F. 卫生设备尺度

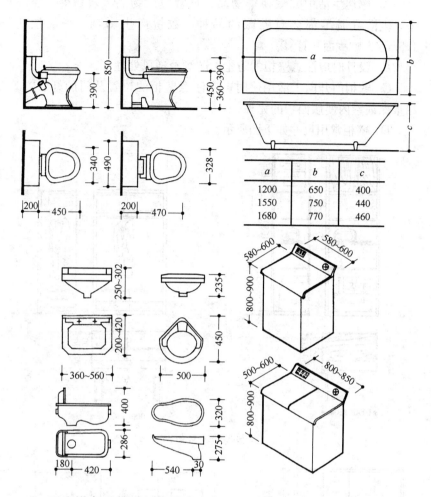

G. 卫生设备及管道组合尺度

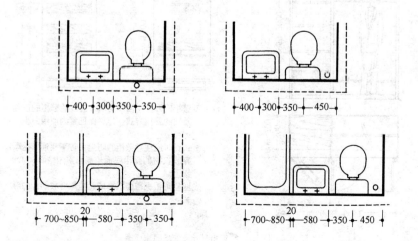

(8) 储藏室

A. 家居生活中贮藏换季物品、日常应用物品、杂物等。经济水平，生活习惯等都会对贮藏的品种、数量产生影响。一般按 1～1.5m²/人贮藏面积计算。

B. 设计时应注意壁柜的防尘、防潮及通风处理。

C. 壁柜门开向生活用房时，应注意壁柜的位置及门的开启方式，尽量保证室内使用面积的完整。

D. 壁柜常用尺寸如下图所示。

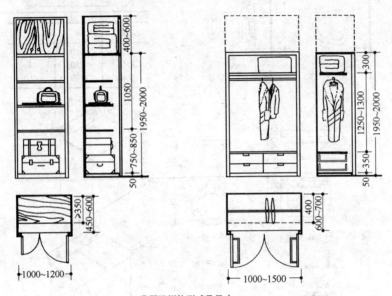

常用壁柜的形式及尺寸

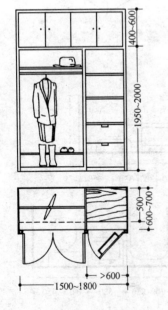

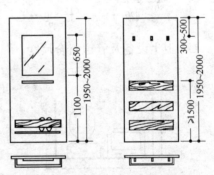

注：① 壁柜门开向生活用房时，应注意壁柜的位置及门的开启方式，尽量保证室内使用面积的完整。
② 设计时应注意壁柜的防尘、防潮及通风处理，存放衣物的壁柜底面应高出室内地面50mm以上。
③ 壁柜可根据需要组合成悬挂与叠放结合的形式。

壁柜尺寸及壁柜门扇处理

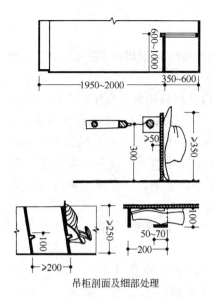
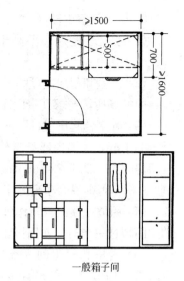

吊柜剖面及细部处理　　　　　一般箱子间

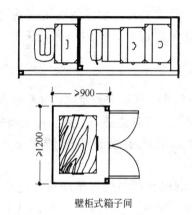

壁柜式箱子间

(9) 阳台

A. 阳台是室内与室外之间的过渡空间,在城市居住生活中发挥了越来越重要的作用。要求每套住宅应设阳台。住宅底层和退台式住宅的上人屋面可设平台。

B. 阳台是儿童活动较多的地方,栏杆(包括栏板局部栏杆)的垂直杆件间距若设计不当,容易造成事故。根据人体工程学原理,栏杆垂直净距应小于0.11m,才能防止儿童钻出。同时,为防止因栏杆上放置花盆而坠落伤人,要求可搁置花盆的栏杆必须采取防止坠落措施。

C. 参照有关建筑设计规定,阳台栏杆应随建筑高度而增高,要求低层、多层住宅的阳台栏杆扶手高度不应低于1.05m,这是根据人体重心和心理因素而定的。

D. 对寒冷、严寒地区的中高层、高层住宅阳台,提倡采用实体栏板,一是防止冷风从阳台门灌入室内,二是防止物品从栏杆缝隙处坠落伤人。

2. 层高和室内净高

(1) 普通住宅层高不高于 2.80m，豪华别墅可略高一些，多采用 2.80m～3.00m。

(2) 卧室和起居室(厅)是住宅套内活动最频繁的空间，也是大型家具集中的场所，要求其室内净高不低于 2.40m，以保证基本使用要求。

(3) 卧室、起居室(厅)的室内净高不应低于 2.40m，局部净高不应低于 2.10m，才能保证身材较高的居民的基本活动并具有安全感。在一间房间中，低于 2.10m 的梁和吊柜不应太多，不应超过室内空间的 1/3 面积，否则视为净高低于 2.10m。

(4) 用坡屋顶内空间作卧室时，应有一定的要求，净高低于 2.10m 的空间超过一半时，使用困难。

(5) 厨房和卫生间人流交通较少，室内净高可比卧室和起居室(厅)低。但考虑煤气设计安装规范要求厨房不低于 2.20m；卫生间从空气容量、排风排气口的高度要求等方面考虑也不应低于 2.20m。另外，从厨、卫设备的发展看，室内净高低于 2.20m 不利于设备及管线的布置。

3. 交通与疏散

(1) 套内入口的门斗，既是交通要道，又是更衣、换鞋和临时搁置物品的场所，是搬运大型家具的必经之路。在大型家具中沙发、餐桌、钢琴等的尺度较大，因此要求在一般情况下，过道净宽不宜小于 1.20m。

(2) 通往卧室、起居室(厅)的过道净宽不应小于 1m，通往厨房、卫生间、贮藏室的过道净宽不应小于 0.90m，过道拐弯处的尺寸应便于搬运家具。通往卧室、起居室(厅)的过道要考虑搬运写字台、大衣柜等的通过宽度，尤其在入口处有拐弯时，门的两侧应有一定余地，故规定该过道不应小于 1m。通往厨房、卫生间、贮藏室的过道净宽可适当减小，但也不应小于 0.90m。各种过道在拐弯处应考虑搬运家具的路线，方便搬运。

(3) 套内楼梯在两层住宅和跃层内作垂直交通使用，规定套内楼梯的净宽，当一边临空时，其净宽不应小于 0.75m；当两边为墙面时，其净宽不应小于 0.90m，此规定是搬运家具和日常手提东西上下楼梯的最小宽度。豪华别墅的楼梯，净宽宜大于 1.00m。

(4) 扇形楼梯的踏步宽度自窄边起 0.25m 处的踏步宽度不应小于 0.22m，是考虑人上下楼梯时，脚踏扇形踏步的部位能保证上下安全。

(5) 外廊、内天井及上人屋面等临空处栏杆净高，低层、多层住宅不应低于 1.05m，中高层、高层住宅不应低于 1.10m，栏杆设计应防止儿童攀登，垂直杆件间净空不应大于 0.11m。

四、参考图录

示例一　艾德蒙逊住宅，1980，美国

- 基地北面面向城市干道的一侧为开敞缓坡，南面为森林茂密的山谷。该建筑提供了各种尺度的室内外空间，与地形和环境结合也很好。
- 建筑入口在二层，包含了住宅的主要空间，卧室在三层，可以俯视起居室。
- 建筑运用了赖特的自然主义风格。

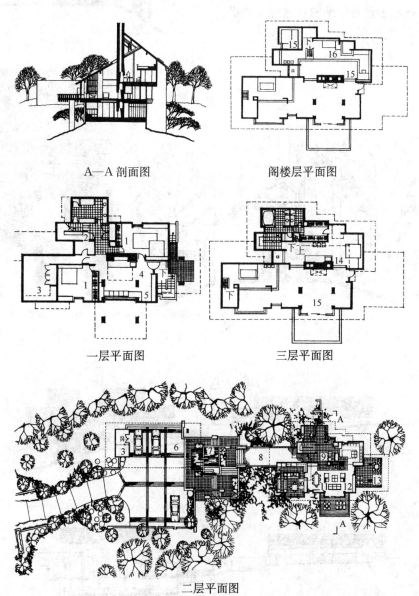

A—A剖面图　　阁楼层平面图

一层平面图　　三层平面图

二层平面图

1. 卧室；2. 酒窖；3. 储藏；4. 家庭室；5. 音乐角；6. 车库；7. 喷泉；8. 桥；9. 门厅；10. 厨房；11. 餐厅；12. 起居室；13. 露台；14. 主卧室；15. 上空；16. 书房

艾德蒙逊住宅，1980年
建筑师是费依·琼斯。
北面面向城市干道一侧是开敞的缓坡，南面是森林茂密的山谷。建筑提供了各种尺度的室内外空间，同时很好地结合了特殊的地形和环境。建筑的入口在二层，这一层包容了住宅的主要空间。主卧室在三层，可以俯视起居室。建筑继承了赖特以来的自然主义风格。

东立面图

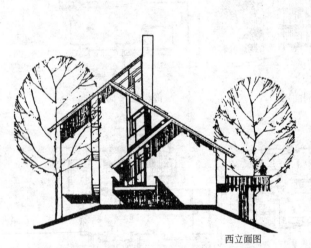

西立面图

住宅近景

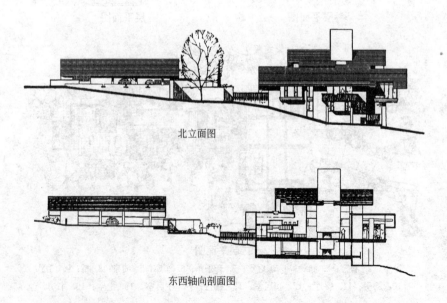

北立面图

东西轴向剖面图

示例二　千里园之家，1993，日本

- 该建筑位于日本丰中市一安静的街区，周围是树林和毛石。建筑面积 $230m^2$。
- 设计沿基地路边建一毛石墙，以平衡视觉景观。建筑风格沿袭了日本传统的数寄屋，选用自然的材料如木材、石头、涂料和日本纸等。在建筑细部上回归传统，使建筑具有浓郁和风。
- 建筑平面依照日本传统"间"的模数，围绕庭院呈"U"形布置。

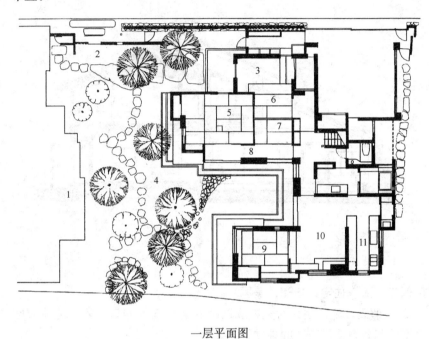

一层平面图

二层平面图

1. 已有建筑；
2. 大门；
3. 入口；
4. 庭院；
5. 和室；
6. 门厅；
7. 接待室；
8. 走廊；
9. 日式卧室；
10. 家庭室(餐厅)；
11. 厨房；
12. 卧室；
13. 储藏室

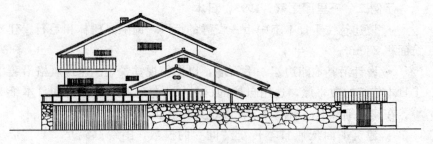

北立面图

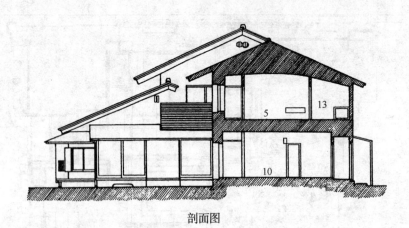

剖面图

示例三　海滨住宅，1988，美国

- 假日住宅。由一对夫妇和两个女儿组成的四口之家。业主要求私密性和各自使用空间的独立性。
- 基地位于一住宅区内，有一个特定尺寸的前廊，使之与邻里建筑组成统一、和谐的街景。
- 为了看到远处的风景，住宅采用竖直的布局。因前廊和用地的限制，建筑平面呈"L"形，并在基地后部形成一个私密的后院。
- 建筑外观比较封闭。建筑的屋顶设计成花园。

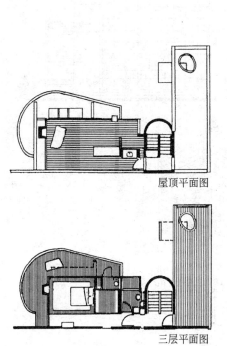

屋顶平面图

东立面图

三层平面图

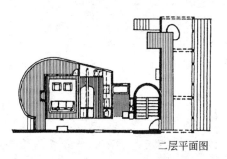

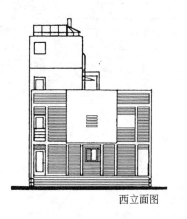

西立面图

二层平面图

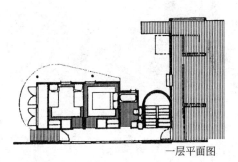

一层平面图

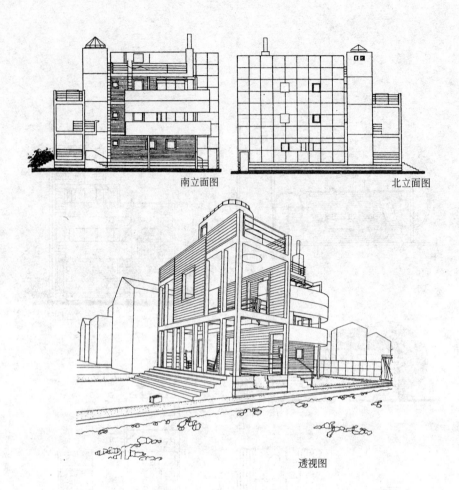

南立面图　　北立面图

透视图

设计四 艺术工作者之家建筑设计指导任务书

一、教学目的与要求

1. 通过设计，了解独院式住宅的设计特点。要求学生对室内外空间有一定的感知能力，训练其空间设计及组合能力。
2. 通过设计，了解人体工程学，了解家具的尺度与布置，以及由此产生的对空间的各项要求。
3. 通过设计，学习以建筑物作为一个整体来考虑有关建筑功能、构成、造型等方面的问题，及其相互关系。了解形式美的原则。
4. 通过设计，了解该建筑类型的特点，创造既满足居住功能及技术要求，又满足艺术工作要求的创作空间，有效协调两者功能之间的关系。
5. 通过设计，认识到建筑与自然环境两者应有机结合。

二、课程设计任务与要求

(一) 设计任务书

1. 设计任务

某年轻艺术工作者在市郊购得一处开阔地（详见地形图）。拟建造一栋别墅，作为家庭（含双亲共4人）居住之用。

2. 设计要求

1) 总体布局合理。包括功能分区，主次出入口位置，停车位，室外营业场地，与环境、绿化的结合等。
2) 功能组织合理，布局灵活自由，空间层次丰富。使用空间尺度适宜，合理布置家具。
3) 体型优美，尺度亲切，具有良好的室内外空间关系。
4) 结构合理，具有良好的采光通风条件。

3. 建筑组成及要求

(1) 总建筑面积控制在 300m² 内（按轴线计算，上下浮动不超过5%）。

(2) 面积分配（以下指标均为使用面积）。

A. 主要房间
- 工作室：1间，50~70m²，主人在家工作之处。包括工作空间、陈列空间和会客空间。各功能空间大小根据艺术家的具体工作特点来定。要求有良好的景观朝向和自然采光条件。安静独立。
- 客厅：1间，25~30m^2，会友朋、宴宾客之用
- 起居室：1间，25~30m^2，家人休息及亲朋光临之室
- 餐厅：1间，12~20m^2，家庭使用，可容纳8人餐桌
- 厨房：1间，10m^2以上，中餐烹调，可方便送餐至餐厅
- 主卧室：2间，18m^2以上，双人房，附自用浴厕、走入式衣柜
- 客卧室：1间，15m^2以上，双人房或单人房，附自用浴厕

B. 次要房间
- 洗涤间：1间，面积自定，放置洗衣机、洗衣池及烘干机等
- 车库：1间，面积自定，可容纳轿车一辆，自行车两辆
- 贮藏室：面积自定，1间或1间以上

C. 室外用地
- 停车位：可停放轿车1~2辆
- 羽毛球场：宜采用硬质铺地

4. 图纸内容及要求

(1) 图纸内容
- 总平面图 1：300（全面表达建筑与原有地段关系及周边道路状况）
- 首层平面 1：100（包括建筑周边绿地、庭院等外部环境设计）
- 其他各层平面及屋顶平面图 1：100 或 1：200
- 立面图（2个）1：100
- 剖面图（1个）1：100
- 透视图（1个）或建筑模型（1个）

(2) 图纸要求
- 图幅不小于 A2。
- 图线粗细有别，运用合理；文字与数字书写工整；宜采用手工工具作图，彩色渲染。
- 透视图表现手法不限。

5. 地形图

(1) 用地条件说明
- 该用地位于某市郊区。用地周边植被良好，有高大乔木，有良好的景观。
- 该用地块北侧有一条8m宽道路。东、西两侧为果园。南面为条大河，宽约50m。河面平静，景色宜人。基地不受洪水威胁。

(2) 地形图

(二) 教学进度与要求

1. （第1周）

布置设计任务。

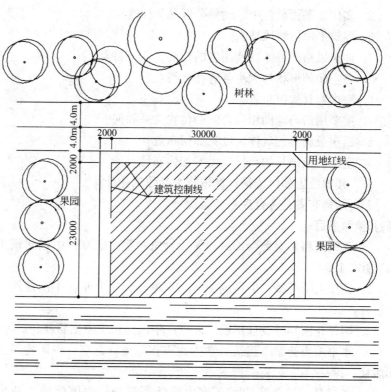

选择有代表性的艺术工作者之家进行参观。

课后收集有关资料,并做调研报告。

2. (第2、3周)

讲授原理课。分析任务书及设计条件。

做体块模型,进行多方案比较(2~3个)。

第一次草图检查,讲评。

3. (第4、5周)

确定发展方案。进行第二次草图设计。

针对方案存在的主要问题进行调整。

做工作模型。进一步推敲建筑形体。

4. (第6、7周)

第二次草图检查,讲评。

在评图后推敲完善,进一步细化方案。

进行工具草图绘制。完善工作模型。

5. (第8周)

绘制正图。

绘制彩色透视效果图或完成正式模型。

交图。

(三) 参观调研提要

1. 结合实例分析平面组合采用的方式?有何特点?

2. 实例总平面组合中，动静分区如何体现？
3. 建筑采用何种风格？
4. 建筑风格能否体现使用者的性格、职业特点？
5. 各空间的形状与大小各有什么特点？
6. 室内家具如何布置？
7. 主要用房与辅助用房之间的位置关系如何？
8. 厨房及厨具的具体尺度？如何布置？
9. 卫生间及洁具的具体尺度？如何布置？
10. 楼梯位置如何选择？具体技术参数怎样计算？
11. 结构布置是否合理？

（四）参考书目

1. 建筑资料集编委会编．建筑设计资料集．北京：中国建筑工业出版社，1994
2. 天津大学邹颖，卞洪滨编著．别墅设计．北京：中国建筑工业出版社，2000
3. 国外花园别墅设计集锦．北京：中国建筑工业出版社，2000
4. 本书编委会编．建筑系学生优秀作品集．北京：中国建筑工业出版社，1999
5. 张绮曼，郑曙旸主编．室内设计资料集．中国建筑工业出版社，1991
6.《建筑学报》，《世界建筑》，《建筑师》等杂志中有关别墅建筑设计的文章及实例。

三、设计指导要点

参见别墅设计指导要点。

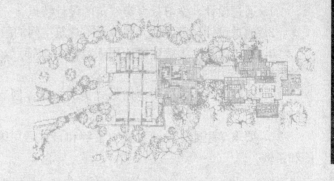

第二章 二年级下学期设计题目

设计一　幼儿园建筑设计指导任务书

一、教学目的与要求

1. 通过设计，学习教育类建筑的设计特点。
2. 通过设计，掌握幼儿园单元式建筑空间的组合方法。
3. 通过设计，了解建筑使用人群的行为特点，创造适宜幼儿成长的室内外活动空间。
4. 通过设计，进一步运用形式美的规律，创造体现幼儿性格的空间造型。
5. 要求学生能在设计过程中了解和自觉运用国家有关法规、规范和条例。

二、课程设计任务与要求

(一) 设计任务书

1. 设计任务

拟在某城市一居住小区内新建一所六班规模的幼儿园，以满足区内幼儿入学需求。用地地势平坦，具体地形见附图。

2. 设计要求

(1) 总平面应解决好功能分区，安排好出入口、停车场、道路、绿化、操场等关系。

(2) 建筑层数宜为1~2层；活动室应有适宜的形状、比例及自然采光、通风；平面组合应功能分区明确，联系方便，便于疏散。

(3) 建筑应对空间进行整体处理以求结构合理，构思新颖，解决好功能与形式之间的关系，处理好空间之间的过渡与统一，创造适合幼儿性格、成长的特色空间。

3. 技术指标

(1) 总建筑面积控制在1800m^2内（按轴线计算，上下浮动不超过5%）。

(2) 面积分配（以下指标均为使用面积）。

　　A. 生活用房
- 活动室：50~60m^2/班
- 寝室：50~60m^2/班

- 卫生间：15m²/班
- 衣帽储藏间：9m²/班
- 音体活动室：90～120m²

B. 服务用房
- 医务保健室：10m²　　隔离室：8m²
- 晨检室：10m²　　办公室：12m²×2个
- 资料及会议室：15m²　　传达及值班室：12m²
- 教工厕所：12m²　　储藏间：10m²

C. 供应用房
- 厨房：主副食加工间：30m²　　主食库：10m²
- 副食库：15m²　　冷藏间：4m²
- 配餐间：10m²
- 消毒间：8m²
- 洗衣间：18m²

4. 图纸内容及要求

(1) 图纸内容
- 总平面图 1∶300
- 平面图（各层平面）1∶100 和 1∶200
- 立面图（2个）1∶100
- 剖面图（1个）1∶100
- 透视图（1个）或建筑模型（1个）

(2) 图纸要求
- 图幅统一采用 A1（594mm×841mm），可不画图框。
- 图线粗细有别，运用合理；文字与数字书写工整。宜采用手工作图，彩色渲染。
- 透视图表现手法不限。

5. 地形图

(1) 用地条件说明
- 该用地位于某小区中心位置。
- 该用地西面为小区会馆。东面为小区中心绿地。南面北面均为住宅楼。
- 东侧、北侧为 6m 宽小区次干道。南面为 12m 宽小区主干道。

(2) 地形图（单位：m）

(二) 教学进度与要求

1.（第1周）

讲解设计任务书。参观有关幼儿园建筑。

课后收集有关资料，并做调研报告。

2.（第2、3周）

讲授原理课。分析任务书及设计条件。

做体块模型，进行多方案比较（2～3个）。

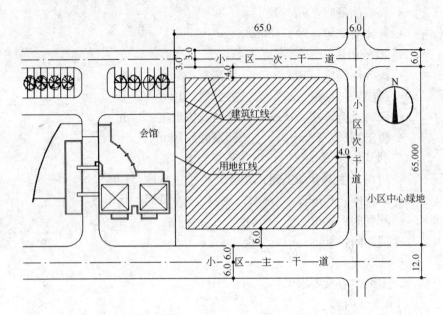

第一次草图检查，讲评。

3.（第4、5周）

确定发展方案。进行第二次草图设计。

针对方案存在的主要问题进行调整。

做工作模型。

4.（第6、7周）

第二次草图检查，讲评。

推敲完善，进一步细化方案，进行工具草图绘制。

完善工作模型。

5.（第8周）

绘制正图。

绘制彩色透视效果图或完成正式模型。

交图。

(三) 参观调研提要

1. 结合实例分析平面组合的方式，各有何特点？
2. 建筑采用哪种风格？是否体现童趣？
3. 观察幼儿园总平面组合中，活动室与卧室分开与合并各有哪些利弊？
4. 活动室的形状与大小如何？各有什么特点？
5. 各种形状的活动室如何布置？
6. 如何合理安排活动室与卫生间、卫生间与卧室之间的关系？
7. 怎样合理安排服务用房及供应用房的位置？
8. 卫生间及洁具的具体尺度与成人有何不同？如何布置？

9. 有几个疏散通道？楼梯位置如何布置？
10. 楼梯有哪些类型？

(四) 参考书目

1. 建筑资料集编委会编. 建筑设计资料集. 北京：中国建筑工业出版社，1994
2. 国家教育委员会建设司编. 幼儿园建筑设计图集. 南京：东南大学出版社，1991
3. 袁必果，陈祖述，程丽编. 楼梯、阳台和雨篷设计（第二版）. 南京：东南大学出版社，1998
4. 建筑系学生优秀作品集编委会编. 建筑系学生优秀作品集. 北京：中国建筑工业出版社，1999
5. 《建筑学报》，《世界建筑》，《建筑师》等杂志中有关幼儿园建筑设计的文章及实例。

三、设计指导要点

1. 幼儿教育，指对从出生到入小学之前的婴幼儿进行的教育，又称学前教育、早期教育。幼儿教育的场所分为托儿所和幼儿园。不足3岁的幼儿在托儿所接受教育，3～6岁的幼儿进入幼儿园学习。

2. 我国的幼儿教育特点：托儿所以养为主，幼儿园教、养并重，共同促进幼儿在各方面的和谐发展。

幼儿园分为全日制幼儿园（日托制幼儿园）和寄宿制幼儿园（全托制幼儿园）。

3. 幼儿园的规模以3、6、9、12班划分为宜。10个班以上为大型幼儿园，6～9班为中型幼儿园，5班以下为小型幼儿园。小班由3～4岁幼儿组成，每班20～25人。中班由4～5岁幼儿组成，每班26～30人。大班由5～6岁幼儿组成，每班31～35人。

4. 本设计所指的是6班全日制幼儿园，幼儿一天中早来晚归，在园内吃一顿中饭。

(一) 基地选择

1. 四个班以上的幼儿园应有独立的建筑基地，并应根据城镇及工矿区的建设规划合理安排布点。幼儿园的规模在三个班以下时，也可设于居住建筑物的底层，但应有独立的出入口和相应的室外游戏场地及安全防护设施。

2. 幼儿园的基地选择应满足下列要求：
(1) 应远离各种污染源，并满足有关卫生防护标准的要求。
(2) 方便家长接送，避免交通干扰。
(3) 日照充足，场地干燥，排水通畅，环境优美或接近城市绿化地带。

(4) 能为建筑功能分区、出入口、室外游戏场地的布置提供必要条件。

(二) 总平面设计

1. 大、中型幼儿园应设两个出入口。主入口供家长和幼儿进出；次入口通往杂物院。出入口的位置应根据道路和地形条件确定。出入口不应靠近城市道路交叉口。出入口宽度不小于 4m。

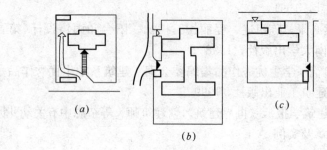

出入口的布置

(a) 长方形地段，短边临街；(b) 长方形地段，长边临街；(c) 两边临街

2. 根据设计任务书的要求对建筑物、室外游戏场地、绿化用地及杂物院等进行总体布置，做到功能分区合理，方便管理，朝向适宜，游戏场地日照充足，创造符合幼儿生理、心理特点的环境空间。

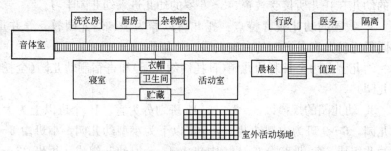

幼儿园平面功能关系图

3. 幼儿园必须设置专门的室外游戏场地。除公共活动的游戏场地外，每个班也应有室外游戏场地。

4. 幼儿园宜有集中的绿化用地，并严禁种植有毒、带刺的植物。

5. 幼儿园宜在供应区内设置杂物院，并单独设置对外出入口。

6. 基地边界、游戏场地、绿化等用的围护、遮拦设施，应安全、美观、通透。

(三) 建筑设计

1. 各类用房的组成与要求

(1) 幼儿园的建筑热工设计应与地区气候相适应，并应符合《民用建筑热工设计规程》中的分区要求及有关规定。

(2) 幼儿园的生活用房必须按规定设置。服务、供应用房可按不同的规模进行设置。

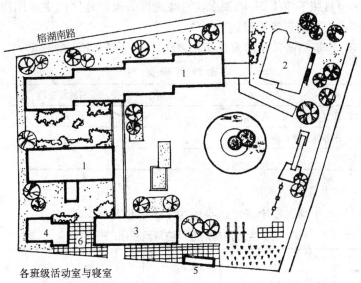

1. 各班活动室与寝室；2. 办公，医务；3. 食堂，厨房，洗衣房，浴厕；
4. 家属宿舍；5. 杂物院；6. 铺地

桂林某幼儿园总平面图

A. 生活用房包括活动室、寝室、卫生间（包括厕所、盥洗、洗浴）、衣帽贮藏室、音体活动室等。全日制幼儿园的活动室与寝室宜合并设置。

B. 服务用房包括医务保健室、隔离室、晨检室、教职工办公室、会议室、值班室（包括收发室）及教职工厕所、浴室等。

C. 供应用房包括厨房、消毒室、烧水间、洗衣房及库房等。

（3）平面布置应功能分区明确，避免相互干扰，方便使用管理，有利于交通疏散。

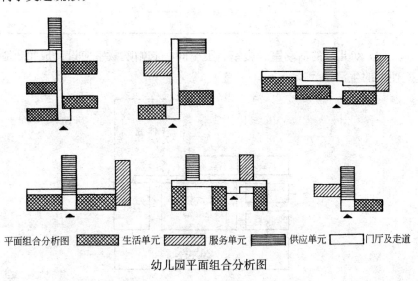

幼儿园平面组合分析图

（4）严禁将幼儿生活用房设在地下室或半地下室。

（5）幼儿园的生活用房应布置在当地最好日照方位，并满足冬至日底层满窗日照不少于3h的要求，温暖地区、炎热地区的生活用房应避免朝西，否则应设遮阳设施。

（6）建筑侧窗采光的窗地面积之比，不应小于下表的规定。

窗 地 面 积 比

房 间 名 称	窗地面积比
音体活动室，活动室，乳儿室	1/5
寝室，医务保健室，隔离室	1/6
其他房间	1/8

- 幼儿园生活用房

（1）幼儿园生活用房面积不应小于下表的规定。

生活用房的最小使用面积（m²）

房 间 \ 规 模	大 型	中 型	小 型	备 注
活动室	50	50	50	指每班面积
寝室	50	50	50	指每班面积
卫生间	15	15	15	指每班面积
衣帽储藏室	9	9	9	指每班面积
音体活动室	150	120	90	指全园共用面积

（2）生活用房的室内净高不应低于下表的规定。

生活用房室内净高（m）

房 间 名 称	净 高
活动室，寝室	2.80
音体活动室	3.60

（3）幼儿园的活动室、寝室、卫生间、衣帽贮藏室应设计成每班独立使用的生活单元。

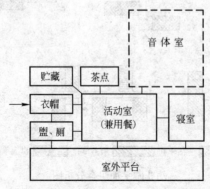

全日制幼儿单元功能组合示意图

（4）全日制幼儿生活单元常用尺度

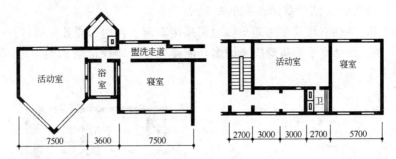

全日制幼儿单元举例

（5）各生活单元的组合形式

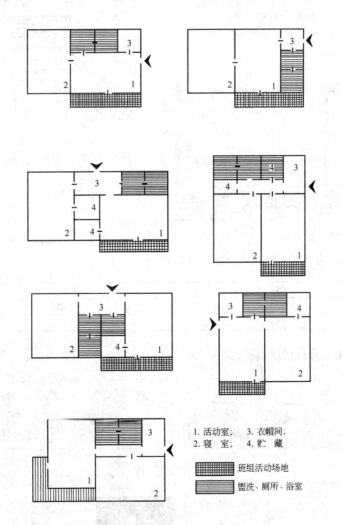

1. 活动室； 3. 衣帽间；
2. 寝室； 4. 贮藏

班级单元组合形式

（6）活动室即幼儿教室，是幼儿听课、作业、游戏、就餐的地方。幼儿大部分的活动都在这里。

A. 活动室面积根据幼儿的活动需要确定，每个幼儿所需的面积为

$1.3\sim2.7m^2$。活动室面积不小于$50m^2$。

B. 活动室形状多为矩形，也可采用圆形、六边形或其他形状。

C. 活动室平面布置应考虑多功能使用要求，保证活动圈半径不小于$2.5\sim3.0m$。

活动室容量及尺度：
　　活动室容纳人数为30人左右
　　活动室面积为$50\sim60m^2$
　　活动室净高为$2.8\sim3.1m$
　　活动室的门窗要求坚固耐用，确保幼儿的安全
　　地面材料宜采用暖性、弹性地面
　　墙面所有转角应做成圆角
　　加设采暖设备应做好防护措施

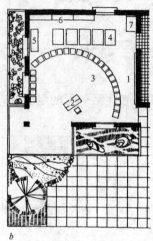

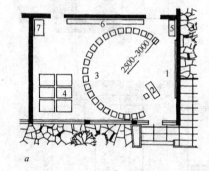

1. 黑板；　5. 积木；
2. 风琴；　6. 玩具柜；
3. 椅子；　7. 分菜桌
4. 桌子；

活动室平面

D. 室内设施与家具基本尺度（单位：mm）：

年　　龄	3	4	5	6	7
男　孩	960	1020	1080	1130	1180
女　孩	950	1010	1070	1120	1160

幼儿身量尺度（设身高为H）

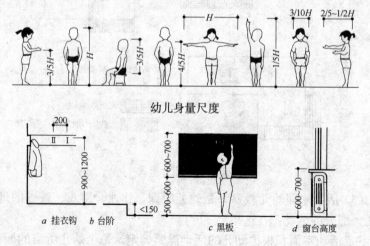

幼儿身量尺度

a 挂衣钩　b 台阶　　　c 黑板　　　d 窗台高度

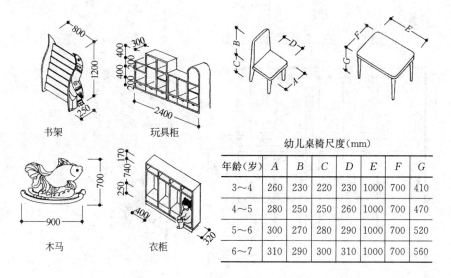

家具基本尺度

年龄(岁)	A	B	C	D	E	F	G
3~4	260	230	220	230	1000	700	410
4~5	280	250	250	260	1000	700	470
5~6	300	270	280	290	1000	700	520
6~7	310	290	300	310	1000	700	560

幼儿桌椅尺度(mm)

E. 活动室应有良好的朝向和日照条件。冬至日满窗日照不小于3h，夏季应避免阳光直射。

F. 单侧采光的活动室，其进深不宜超过6.60m。楼层活动室宜设置室外活动的露台或阳台，但不应遮挡底层生活用房的日照。

G. 活动室的设计应遵循防火规范的有关规定。房间最远一点到门的直线距离应小于14m。最好设两个门，门宽大于1.2m，若只有一个门，门宽应大于1.4m，最好外开。

H. 活动室宜为暖性、弹性地面。室内墙面宜采用光滑易清洁的材料，墙角、窗台、散热器罩、窗口竖边等棱角部位必须做成小圆角。活动室室内墙面，应具有展示教材、作品和环境布置的条件。

I. 幼儿经常出入的门距地0.60～1.20m高度内，不应装易碎玻璃。在距地0.70m处，宜加设幼儿专用拉手。外门宜设纱门。

J. 窗台距地面高度不宜大于0.60m。楼层无室外阳台时，应设护栏。距地面1.30m内不应设平开窗。所有外窗均应加设纱窗。窗应有遮光设施。

(7) 寝室。全日制幼儿园的寝室供幼儿午睡使用。

A. 寝室的要求与活动室基本相同。但天然采光要求比活动室稍低。

B. 寝室应与卫生间临近。卫生间可单独设置，也可与活动室合并，还可考虑跃层式，通过楼梯与活动室联系。寝室设于上层时应附设小厕所(一个厕位)。

C. 寝室主要家具为床。为节省面积，可以采用轻便卧具或活动翻床。也可以在活动室旁布置一小间安放统铺。

D. 寝室和活动室可以合并设置，面积按两者面积之和的80%

计算。

　　E. 幼儿床的布置及尺寸如下图。

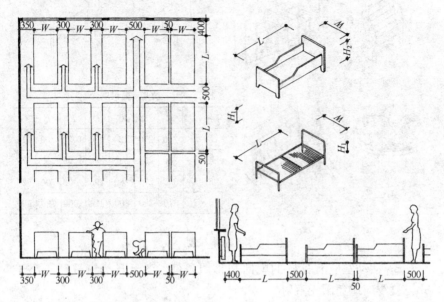

　　（8）音体活动室。供同年级或全园 2～3 个班的儿童共同开展各种活动用，如演出、放映录像、开展室内体育活动等。应设置小型舞台。音体室应满足下列规定：

　　A. 音体室的要求与活动室基本相同。但天然采光要求比活动室稍低。

　　B. 音体活动室的位置与生活用房应有适当隔离，以防噪声干扰。

　　C. 音体室单独设置时，宜用连廊与主体建筑连通。使用人数多，宜放在一层。如放在楼层，应靠近过厅和楼梯间。

　　D. 要求有好的朝向和通风条件。

　　E. 入口空间适当放大，也可与门厅组合。

　　F. 考虑多功能大型活动的要求，应当交通方便，空间形状便于灵活使用。

　　G. 音体活动室至少设两个出入口，一个对内、一个直接对外。

　　H. 音体室内功能形式与布置如图。

　　I. 音体活动室的平面

　　（9）卫生间应分班设置，并满足下列要求：

　　A. 卫生间应临近活动室和寝室，厕所和盥洗应分间或分隔，并应有直接的自然通风。

　　B. 盥洗池的高度为 0.50～0.55m，宽度为 0.40～0.45m，水龙头的间距为 0.35～0.4m。

　　C. 无论采用沟槽式或坐蹲式大便器均应有 1.2m 高的架空隔板，并加设幼儿扶手。每个厕位的平面尺寸为 0.80m×0.70m，沟槽式的槽

a. 组合音体室各种功能形式

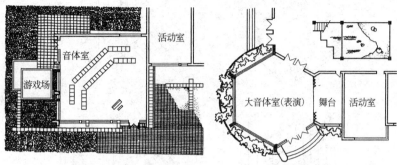

b. 单独音体室布置形式　　　　*c*. 组合音体室布置形式

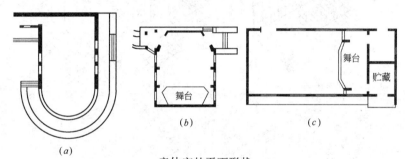

音体室的平面形状

(*a*)半圆形；(*b*)钟形；(*c*)长方形

宽为 0.16～0.18m，坐式便器高度为 0.25～0.30m。

D. 炎热地区各班的卫生间应设冲凉浴室。热水洗浴设施宜集中设置，凡分设于班内的应为独立的浴室。

E. 卫生间应为易清洗、不渗水并防滑的地面。

F. 供保教人员使用的厕所宜就近集中，或在班内分隔设置。

G. 幼儿与职工洗浴设施不宜共用。

H. 卫生间平面布置如下图。

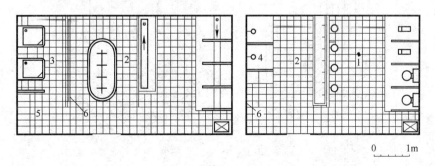

卫生间平面布置

1. 厕所；2. 盥洗；3. 洗浴；4. 淋浴；5. 更衣；6. 毛巾及水杯架

I. 卫生器具、洁具尺如下图。

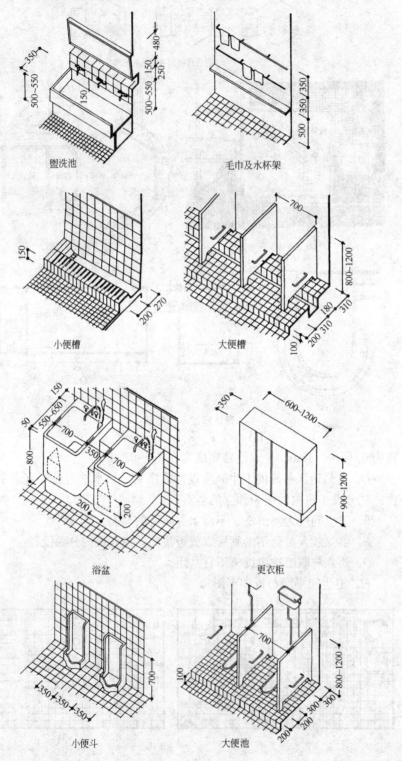

卫生器具、洁具尺度

(10) 衣帽贮藏间应设于各班入口处，贮藏物品包括衣帽、被褥、床垫等。与教具贮存间可分可合。亦可设计为开敞形式。贮藏柜内可设壁柜、搁板。应注意通风。

(11) 活动室位于楼层时，应设屋顶活动平台。阳台、屋顶平台的护栏净高不应小于1.20m，内侧不应设有支撑。护栏宜采用垂直线饰，其净空距离不应大于0.11m。

- 服务用房

(1) 服务用房分为行政办公和卫生保健两部分。

(2) 行政办公用房指用于管理、教学及对外联系的使用空间。包括：

A. 园长室，标准高的可设成套间式。

B. 办公室，包括会计室、出纳室、总务室等。

C. 会议室，可兼作教师办公和休息室。

D. 传达值班室，在入口附近，可与主体建筑合建，也可单独布置。

E. 贮藏间，存放家具、清洁用具或其他杂物用。

F. 卫生间，根据男、女职工人数设置。

(3) 卫生保健用房包括医务保健室、隔离室、医务室、晨检室。环境应安静清洁。

A. 保健室和隔离室宜相邻设置，与幼儿生活用房应有适当距离。如为楼房时，应设在底层。

B. 医务保健室和隔离室应设上、下水设施；隔离室应设独立的厕所。

C. 晨检室宜设在建筑物的主出入口处，目的是检查进园儿童的健康状况，避免传染病。

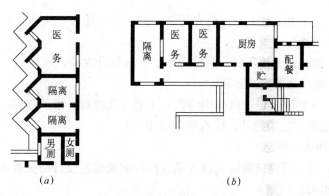

保健单元布置

- 供应用房

(1) 供应用房是为幼儿和职工提供饭食、用水及洗衣等的配套设施，包括厨房、消毒间、洗衣房、锅炉房等。其使用面积见下表。

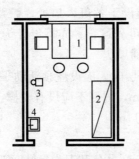

医务室平面布置
1. 桌；2. 检查床；
3. 体重计；4. 洗手盆

供应用房最小使用面积（m²）

房间名称		规模 大型	中型	小型
厨房	主副食加工间	45	36	30
	主食库	15	10	15
	副食库	15	10	
	冷藏间	8	6	4
	配餐间	18	15	10
消毒间		12	10	8
洗衣房		15	12	8

（2）厨房由主副食加工间、主食库、配餐间、冷藏库等组成。设计应符合下列规定。

A. 幼儿园的厨房与职工厨房合建时，其面积可略小于两部分面积之和。

B. 厨房内设有主副食加工机械时，可适当增加主副食加工间的使用面积。

C. 因各地燃料不同，烧火间是否设置及使用面积大小，均应根据当地情况确定。

D. 幼儿园为楼房时，宜设置小型垂直提升食梯。

E. 厨房布置形式如图。

（3）杂物院。设于供应用房旁，用来存放燃料、堆放物品、晾晒衣物等。位置应较为隐蔽，应有单独的出入口。

• 防火与疏散

（1）幼儿园建筑的防火设计除应执行国家建筑设计防火规范外，尚应符合本节的规定。

（2）幼儿园的儿童用房在一、二级耐火等级的建筑中，不应设在四层及四层以上；三级耐火等级的建筑不应设在三层及三层以上；四级耐火等级的建筑不应超过一层。平屋顶可作为安全避难和室外游戏场地，但应有防护设施。

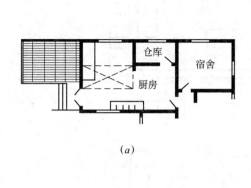

厨房布置形式

（3）主体建筑走廊净宽度不应小于下表的规定。

走廊最小净宽(m)

房间名称 \ 房间布置	双面布房	单面布房或外廊
生活用房	1.8	1.5
服务供应用房	1.5	1.3

（4）音体活动考虑防火要求，门洞宽应≥1.5m，门扇应对外开启。

（5）在幼儿安全疏散和经常出入的通道上，不应设有台阶。必要时可设防滑坡道，其坡度不应大于1∶12。

（6）楼梯、扶手、栏杆和踏步应符合下列规定：

A. 楼梯除设成人扶手外，并应在靠墙一侧设幼儿扶手，其高度不应大于0.60m。

B. 楼梯栏杆垂直线饰间的净距不应大于0.11m。当楼梯井净宽度大于0.20m时，必须采取安全措施。

C. 楼梯踏步的高度不应大于0.15m，宽度不应小于0.26m。

D. 在严寒、寒冷地区设置的室外安全疏散楼梯，应有防滑措施。

（7）活动室、寝室、音体活动室应设双扇平开门，其宽度不应小于1.20m。疏散通道中不应使用转门、弹簧门和推拉门。

• 组合方式。

平面形状可为一字形、工字形、风车形、圆形等。

空间组合方式可以分为以下几种。

（1）走道式组合。每个使用房间相对独立性好，走道可分为外走道和内走道。

（2）厅式组合。布局紧凑，大厅往往为门厅或多功能厅，便于幼儿开展各种集体活动。

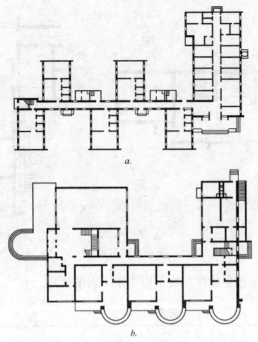

儿童活动单元以单面走道为主，可以减少干扰。管理部分采取内走道，可以减少面积。

走道式组合平面举例

a. 鲁木齐石化厂幼儿园；*b*. 黑龙江石化厂幼儿园

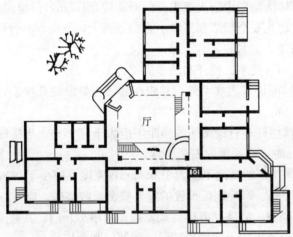

某部队幼儿园，围绕大厅一层共布置了5个幼儿活动单元。平面紧凑，空间变化丰富，建筑共两层，大厅贯穿了两层。

大厅式组合实例

(3) 单元组合式。标准化程度高，立面韵律感较强。

(4) 庭院式组合。以庭院为中心进行空间布置，有利于室内外空间的结合使用。

(5) 混合式布置。兼有两种以上组合方式，使用于较大规模的幼儿园。

- 活动场地

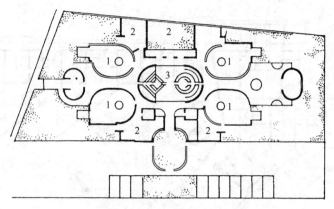

法国 纪隆德波当萨克镇幼儿园
单元组合式实例
1. 活动室；2. 寝室；3. 音乐活动室

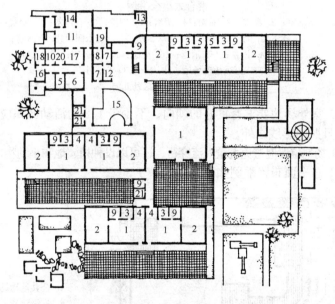

庭院式组合式实例
1. 活动室；2. 卧室；3. 盥洗室；4. 衣帽间；5. 厕所；6. 餐厅；7. 医务室；
8. 隔离室；9. 贮藏室；10. 浴室；11. 厨房；12. 晨检室；13. 传达室；
14. 烧火间；15. 中庭；16. 洗衣房；17. 备餐；18. 烘干室；
19. 内院；20. 锅炉间；21. 办公室
天津大学十二班幼儿园首层平面图

幼儿园室外游戏场地应满足下列要求：

（1）必须设置各班专用的室外游戏场地。每班的室外活动场地面积≥60m²。一般以硬地面为主。各游戏场地之间宜采取分隔措施。

（2）应有全园共用的室外公共游戏场地：（＞2m²/每生）总面积≥280m²。

（3）室外共用游戏场地应考虑设置游戏器具、30m跑道、沙坑、洗手池和贮水深度不超过0.3m的戏水池等。

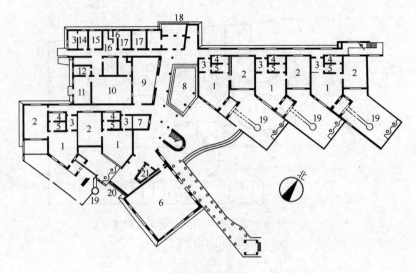

混合式组合举例

1. 活动室；2. 寝室；3. 衣帽；4. 厕浴；5. 盥洗；6. 音体室；7. 储藏；
8. 下沉式多功能厅；9. 中厅院；10. 厨房；11. 烧水间；12. 开水房；
13. 库房；14. 休息；15. 消毒；16. 厕所；17. 办公室；18. 入口；
19. 班级活动场地；20. 次入口；21. 小景

石家庄市联盟小区幼儿园

(4) 室外场地要求有良好的朝向。不少于 1/2 的活动面积应在标准的建筑日照阴影线之外。

(5) 场地位置应避免大量人流穿行。还可以设种植园地和小动物饲养场。

(6) 总平面布置举例如下。

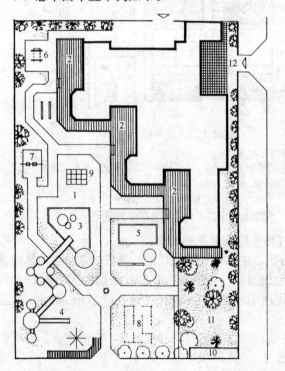

1. 公共活动场地；
2. 班级活动场地；
3. 涉水池；
4. 综合游戏设施；
5. 沙坑；
6. 浪船；
7. 秋千；
8. 尼龙绳网迷宫；
9. 攀登架；
10. 动物房；
11. 植物园；
12. 杂物院

幼儿园场地布置示例

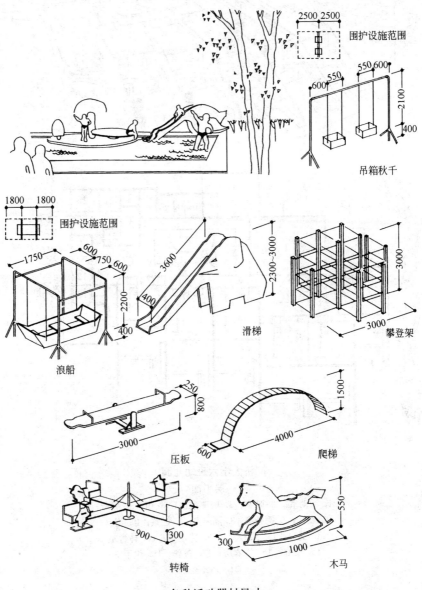

各种活动器材尺寸

四、参考图录

示例一　同济大学设计幼儿园

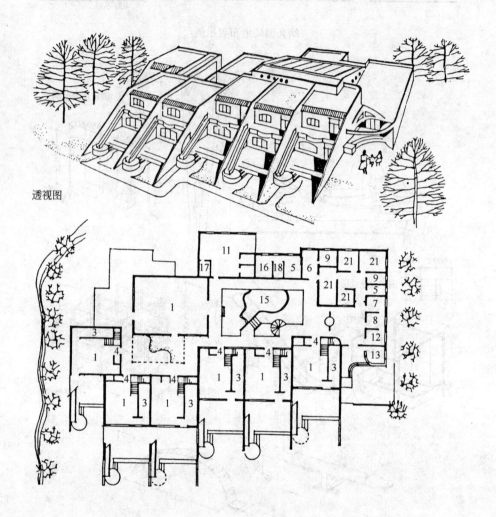

透视图

同济大学六班幼儿园
一层平面

1. 活动室；2. 卧室；3. 盥洗室；4. 衣帽；5. 厕所；
6. 餐厅；7. 医务室；8. 隔离室；9. 贮藏；10. 浴室；
11. 厨房；12. 晨检室；13. 传达室；14. 体育室；
15. 中庭；16. 洗衣房；17. 备餐；18. 烘干室；
21. 办公室

示例二　东南大学设计幼儿园

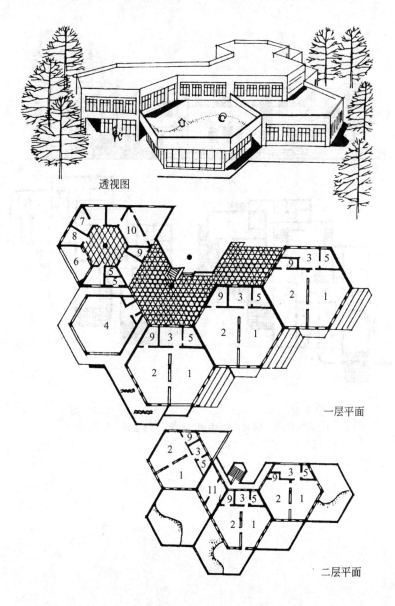

透视图

一层平面

二层平面

东南大学6班幼儿园
1. 活动室；2. 寝室；3. 盥洗室；4. 体育馆；5. 厕所；6. 洗衣房；
7. 医务室；8. 隔离室；9. 贮藏室；10. 厨房；11. 办公室

示例三　俄罗斯 圣彼得堡幼儿园

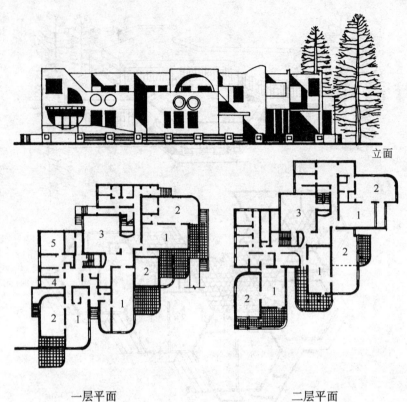

立面

一层平面　　　　　　　二层平面
1. 活动室；2. 寝室；3. 多用活动室；4. 备餐；5. 厨房

设计二 中、小学校建筑设计指导任务书

一、教学目的与要求

1. 通过设计，学习教育类建筑的设计特点，掌握此类建筑的设计要点。
2. 通过设计，提高分析问题、解决问题的能力。
3. 通过设计，综合运用所学知识、全面协调解决好有关环境质量、经济适用、技术构造、建筑造型等诸方面的建筑设计问题。
4. 通过设计，了解和自觉运用国家有关法规、规范和条例。
5. 通过设计，培养学生注重生态、关注环境、重视"可持续发展"原则。

二、课程设计任务与要求

(一) 设计任务书

1. 设计任务：18班小学设计(或24班中学设计)
2. 设计要求
(1) 总体布局合理。包括功能分区，主次出入口位置。
(2) 功能组织合理，布局灵活自由，空间层次丰富。使用空间尺度适宜，合理布置家具。
(3) 体型优美，尺度亲切，具有良好的室内外空间关系。
(4) 结构合理，具有良好的采光通风条件。
3. 建筑组成及要求
(1) 总建筑面积控制在 5500m^2（按轴线计算，上下浮动不超过5%）。
(2) 面积分配：按面积参考表自定。

中小学校主要用房的面积参考表

房间名称	按使用人数计算每人所占面积(m^2)			
	小 学	普通中学	中专师范	幼儿师范
普通教室	1.10	1.12	1.37	1.37
实验室	—	1.80	2.00	2.00
自然教室	1.57	—	—	—
史地教室	—	1.80	2.00	2.00

续表

房间名称	按使用人数计算每人所占面积(m²)			
	小学	普通中学	中专师范	幼儿师范
美术教室	1.57	1.80	2.84	2.84
书法教室	1.57	1.50	1.94	1.94
音乐教室	1.57	1.50	1.94	1.94
舞蹈教室	—	—	—	6.00
语言教室	—	—	2.00	2.00
微型电子计算机	1.57	1.80	2.00	2.00
微机室附属用房	0.75	0.87	0.95	0.95
演示教室	—	1.22	1.37	1.37
合班教室	1.00	1.00	1.00	1.00

小学校舍使用面积参考指标表

项目	每间面积(m²)	12班540人		18班810人		24班1080人	
		间数	合计	间数	合计	间数	合计
普通教室	52～62	12	624～744	18	936～1116	24	1248～1488
自然教室	75～89	1	75～89	1	75～89	1	75～89
教具仪器室	36～40	1	36～40	1	36～40	1	36～40
音乐教室	67	1	67	2	134	2	134
音器室	18	1	18	2	36	2	36
美术教室	75～89	1	75～89	1	75～89	1	75～89
教具室	36～40	1	36～40	1	36～40	1	36～40
教师阅览室		1	42	1	60	1	71
学生阅览室	—	1	50～63	1	74～82	1	98～103
书库	—		36～40		56～63		56～63
科技活动室	18～20	2	36～40	2	36～40	3	54～60
合班教室	—	1	100	1	150	1	200
放映室	21	1	21	1	21	1	21
教师办公室	18	5	90	8	144	10	180
书法教室	75～89	1	75～89	1	75～89	1	75～89
语言教室	75～89	1	75～89	1	75～89	1	75～89
准备室	18～20	1	18～20	1	18～20	1	18～20
微机教室	75～89	1	75～89	1	75～89	1	75～89
准备室	18～20	1	18～20	1	18～20	1	18～20
风雨操场	360	1	360	1	360	1	360
体育器材办公更衣	18	4	72	4	72	5	90
行政办公	18	6	108	7	126	8	144

续表

项 目	每间面积（m²）	12班540人		18班810人		24班1080人	
		间数	合计	间数	合计	间数	合计
总务库	18	2	36	3	54	3	54
开水浴室	—	—	24	—	24	—	24
传达值班	22	1	22	1	22	1	22
厕所饮水	—	—	118～126	—	173～185	—	233～249
单身职工宿舍	—	—	28	—	42	—	56
职工食堂	—	—	33	—	48	—	63
合计使用面积			2368～2599		3051～3344		3627～3983
每生占使用面积			4.39～4.81		3.77～4.13		3.36～6.15
每生占建筑面积			7.32～8.02		6.28～6.88		5.60～6.15

中学校舍使用面积参考指标表

项 目	每间面积（m²）	18班900人		24班1200人		30班1500人	
		间数	合计	间数	合计	间数	合计
普通教室	63～72	18	1134～1296	24	1512～1728	30	1890～2160
音乐教室	70	1	70	1	80	1	70
乐器室	18	1	18	1	18	2	36
美术教室	96	1	96	1	96	1	96
教具室	48	1	48	1	48	2	96
教师阅览室	—	1	108	1	144	1	180
学生阅览室	—	1	153	1	204	1	255
书库	—		71	—	71		96
教师办公室	18	15	270	20	360	24	432
科技活动室	18	4	72	5	90	6	108
合班室	—	1	150	1	200	1	300
放映室	18	1	18	1	18	2	36
化学实验室	96	2	192	2	192	3	288
物理实验室	96	2	192	2	192	3	288
生物实验室	96	1	96	1	96	2	192
演示室	75	1	75	2	150	2	150
实验辅助用房	—		292		327		459
微机教室	96	1	96	1	96	2	192
微机辅助用房	—	2～3	36	2～3	36	4～6	72
风雨操场	—	1	650	1	760	1	1000
体育器材室	—	1	72	—	102		134
体育教师办公	—	1	18	1	18	2	36

续表

项 目	每间面积 (m²)	18班900人 间数	18班900人 合计	24班1200人 间数	24班1200人 合计	30班1500人 间数	30班1500人 合计
更衣室	—	1	18	1	18	1	18
语言教室	96	1	96	1	96	2	192
控制 换鞋室	15	2	30	2	30	4	60
史地教室	96	1	96	1	96	1	96
行政办公	18	8	144	10	180	10	180
总务库	—	1	48	1	60	1	72
开水 浴室	—	—	36	—	36	—	36
传达 值班	—	—	22	—	22	—	22
厕所 饮水	—	—	187	—	250	—	318
单身职工宿舍	14	8	112	10	140	12	168
职工食堂	—	1	86	1	116	1	140
合计使用面积			4802～4964		5844～6060		7708～7978

4. 图纸内容及要求

(1) 图纸内容

- 总平面图1∶300(全面表达建筑与原有地段关系及周边道路状况)
- 首层平面1∶100(包括建筑周边绿地、庭院等外部环境设计)
- 其他各层平面及屋顶平面1∶100或1∶200
- 立面图(2个)1∶100或1∶200
- 剖面图(1个)1∶100或1∶200
- 透视图(1个)或建筑模型(1个)

(2) 图纸要求

- 图幅不小于A1(841mm×594mm)。
- 图线粗细有别,运用合理;文字与数字书写工整;宜采用手工工具作图,彩色渲染。
- 透视图表现手法不拘。

5. 地形图

(1) 用地条件说明

- 该用地位于某市城区大型住宅区。
- 该地形北面、西面为居住区,南面为城市绿地,东面为一幼儿园。
- 南侧为10m宽城市干道。西侧为7m宽居住区道路。

(2) 地形图

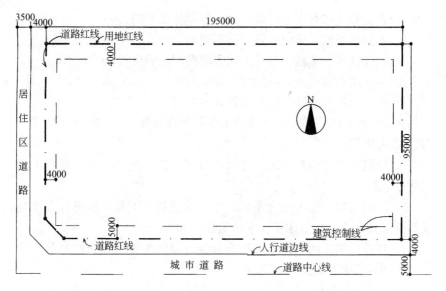

(二) 教学进度与要求

1. （第1周）

   讲解设计任务书。参观有关中、小学建筑实例。

   课后收集相关资料，并做调研报告。

2. （第2、3周）

   讲授原理课。分析任务书及设计条件。

   做体块模型，进行多方案比较（2～3个）。

   第一次草图检查，讲评。

3. （第4、5周）

   确定发展方案。进行第二次草图设计。

   针对方案存在的主要问题进行调整。

   做工作模型。进一步推敲建筑形体。

4. （第6、7周）

   第二次草图检查，讲评。

   进一步推敲，细化方案。进行工具草图绘制。

   完善工作模型。

5. （第8周）

   绘制正图。

   绘制彩色透视效果图或完成正式模型。

   交图。

(三) 参观调研提要

1. 结合实例分析平面组合的的方式，各有何特点？
2. 建筑采用哪种风格？
3. 建筑风格能否体现中、小学生的性格特点？
4. 观察总平面组合中，学习区与活动区如何组合？

5. 各类教室的类型与形状、大小各有什么不同？
6. 不同类型教室室内布置有何不同？
7. 怎样合理安排教室与卫生间等辅助用房的位置？
8. 卫生间及洁具的具体尺度？如何布置？
9. 有几个疏散通道？楼梯位置如何布置？
10. 楼梯有哪些类型？具体技术参数怎样计算？

(四) 参考书目

1. 建筑资料集编委会编. 建筑设计资料集. 北京：中国建筑工业出版社，1994
2. ［美］布拉福德·珀金斯编. 中小学建筑—国外建筑设计方法与实践丛书. 北京：中国建筑工业出版社，2005
3. 建筑系学生优秀作品集编委会编. 建筑系学生优秀作品集. 北京：中国建筑工业出版社，1999
4. 《建筑学报》，《世界建筑》，《建筑师》等杂志中有关中、小学建筑设计的文章及实例。

三、设计指导要点

- 我国实行九年制义务教育。普通中、小学教育为六年，初中、高中各为三年。小学每班45人，中学每班50人。
- 城市中的小学以12~24班为宜，中学以18~24班为宜。

(一) 基地选择

1. 校址应选择在阳光充足、空气流通、场地干燥、排水通畅、地势较高的地段。校内应有布置运动场的场地和提供设置给水排水及供电设施的条件。
2. 学校宜设在无污染的地段。学校与各类污染源的距离应符合国家有关防护距离的规定。
3. 学校主要教学用房的外墙面与铁路的距离不应小于300m；与机动车流量超过每小时270辆的道路同侧路边的距离不应小于80m，当小于80m时，必须采取有效的隔声措施。
4. 学校不宜与市场、公共娱乐场所，医院太平间等不利于学生学习和身心健康以及危及学生安全的场所毗邻。
5. 校区内不得有架空高压输电线穿过。
6. 中学服务半径不宜大于1000m；小学服务半径不宜大于500m。走读中、小学生不应跨过城镇干道、公路及铁路。有学生宿舍的学校，不受此限制。

(二) 总平面设计

1. 出入口位置、功能分区及建筑造型应服从城市规划的要求。
2. 教学用房、教学辅助用房、行政管理用房、服务用房、运动场地、自然科学园地及生活区应分区明确,布局合理,联系方便,互不干扰。并满足使用和卫生要求。

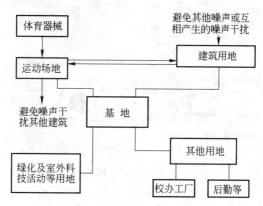

学校基地功能分区联系关系图

3. 道路系统完整通畅,并能满足安全疏散的要求。

4. 风雨操场应离开教学区、靠近室外运动场地布置。

5. 音乐教室、琴房、舞蹈教室应设在不干扰其他教学用房的位置。

6. 学校的校门不宜开向城镇干道或机动车流量每小时超过300辆的道路。校门处应留出一定缓冲距离。

7. 建筑物的间距应符合下列规定:

(1) 教学用房应有良好的自然通风。

(2) 南向的普通教室冬至日底层满窗日照不应小于2h。

(3) 两排教室的长边相对时,其间距不应小于25m。为避免噪声影响,教室的长边与运动场地的间距不应小于25m。

8. 主要教学用房的外墙面与铁路的距离不应小于300m;与机动车流量超过每小时270辆的道路同侧路边的距离,不应小于80m,当不足时,应采取有效隔声措施。

9. 植物园地的肥料堆积发酵场及小动物饲养场不得污染水源和临近建筑物。

10. 学校容积率小学不宜大于0.8,中学不宜大于0.9。

11. 运动场地:

(1) 课间操:小学$2.3m^2$/生,中学$3.3m^2$/生;

(2) 蓝、排球场最少6班设一个,足球场可根据条件,也可设小足球场;

(3) 有条件时,小学高、低年级分设活动场地;

(4) 田径场:根据条件设200~400环形跑道,当城市用地紧张时,至少考虑设小学60m,中学100m直线跑道;

(5) 球场、田径场长轴以南北向为宜,球场和跑道皆不宜采用非弹性材料地面。

12. 总平面功能分区

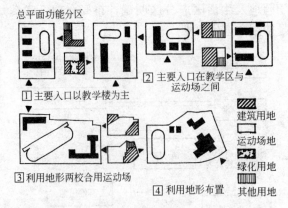

总平面功能分区图

(三) 建筑设计

各类用房的组成与要求

中、小学建筑由教学用房、办公用房、辅助用房、生活服务用房四大部分组成。

(1) 教学用房包括：普通教室，专用教室（实验教室、音乐教室、美术教室等），公共教室（合班教室、视听教室、微机教室等），图书阅览室，科技活动室及体育活动室（风雨操场）等。教学及教学辅助用房的组成，应根据学校的类型、规模、教学活动要求和条件，宜分别设置以上所列一部分或全部教学用房及教学辅助用房。

(2) 办公用房包括：教学办公用房和行政办公用房。教学办公用房是提供给教师作为备课、批改作业、辅导学生、课件休息等用途的房间。行政办公包括党务、行政、教务、总务等各职能部门的办公室和会议室。

(3) 辅助用房包括：交通系统，厕所，开水间，贮藏室等。

(4) 生活服务用房包括：传达收发室，教职工食堂，开水间等。

(5) 中小学校主要用房的面积参考指标：详见中小学校舍使用面积参考指标表。

- 教学用房的平面组合形式

A. 组合原则

各不同性质的用房宜分区设置，应功能分区合理，相互联系方便。

以教学年级为单位设计平面和布置层次。

交通流畅，满足安全疏散要求。处理好各种房间的关系。

布局紧凑，结构合理。有利于设备布置。

教学用房大部分要有合适的朝向和良好的通风条件。朝向以南向和东南向为主。

处理好学生厕所与饮水位置，避免交通拥挤，气味外溢。

B. 组合类型

- 一字形，体型简单，施工方便。
- 折线形，功能分区明确，相互干扰少。
- 天井形，也称庭院型，室外空间可以处理得更加丰富活泼。但要处理好东西向房间的防晒。
- 不规则形，有很强的适应性。
- 单元组合型，由若干教室组成一个单元后进行组合。有较大灵活性。

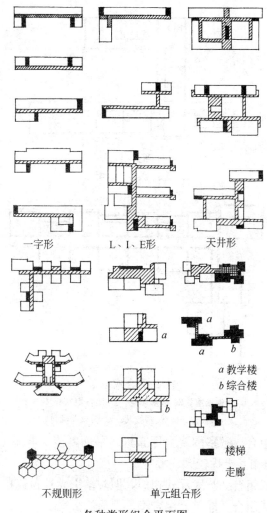

各种类形组合平面图

C. 组合方式

- 内廊式组合。布局紧凑，房屋进深大，经济，但教室之间干扰大。
- 外廊式组合。通风好，教室之间干扰小，走廊便于课间休息，但外墙面积增加。适用于南方。
- 内外廊混合式组合。采光通风好，教室之间干扰少。

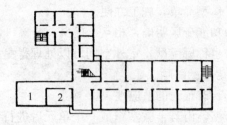

内廊式组合

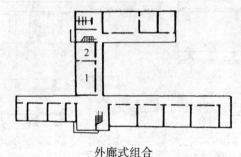

外廊式组合

1. 实验室；2. 准备室

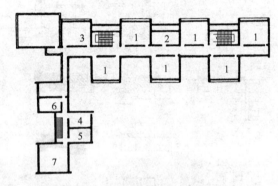

内外廊混合式组合

1. 普通教室；2. 教师休息；3. 事务室；4. 校长；
5. 教务；6. 仪器教具；7. 会议兼阅览

• 厅式组合。教室围绕大厅布置，平面紧凑，联系方便，有利于学生交往。但相互干扰较大。

• 院落式组合。与大厅式相似，但院落上无顶盖遮挡。

• 组团式组合。即单元组合型，但适当分散。

• 教学用房

1. 普通教室

（1）教室必须容纳规定人数所需的课桌、椅，其排列要有利于学生听讲，教师辅导和疏散。

（2）教室应有良好的采光、通风条件。

（3）教室应有良好的音质条件。

（4）教室布置及相关尺寸如下所示。

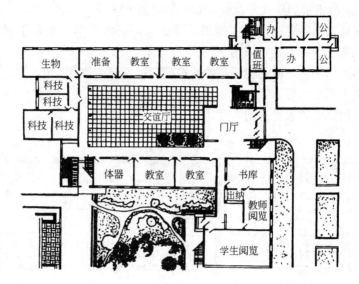

厅式组合

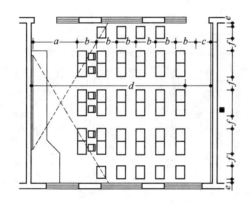

布置应满足视听及书写要求，便于通行并尽量不跨座而直接就座。

$a > 2000mm$　b 小学 $> 850mm$，中学 $> 900mm$

$c > 600mm$　d 小学 $< 8000mm$，中学 $< 8500mm$

$e > 120mm$　$f > 550mm$

① 教室布置及有关尺寸

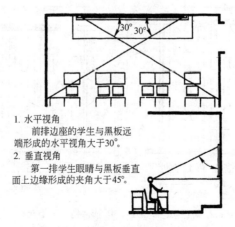

1. 水平视角
　　前排边座的学生与黑板远端形成的水平视角大于30°。
2. 垂直视角
　　第一排学生眼睛与黑板垂直面上边缘形成的夹角大于45°。

② 座位的良好视角

（5）教室平面形式及课桌椅布置形式如下图。

普通教室的平面形状有矩形，多边形，正方形等。矩形平面结构简单，施工方便，较多采用。

多边形平面可改善视听条件，造型新颖，但造价高。

正方形平面可以缩短视距，减少外墙和走道长度，但要注意水平视角控制要求和采光的均匀性。

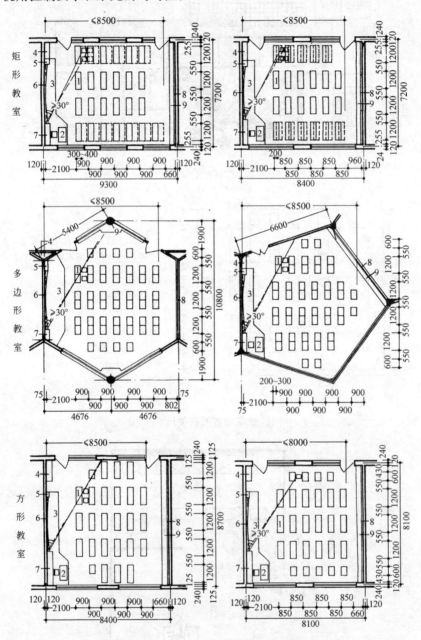

1. 课桌；2. 讲课桌；3. 讲台；4. 清洁柜；5. 音箱；6. 黑板；
7. 书柜架；8. 墙报布告板；9. 衣服雨具架

教室平面形式

（6）教室进行各种活动的桌椅布置形式。

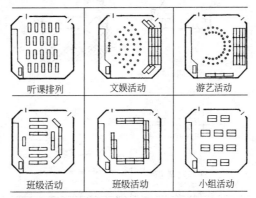

教室进行各种活动的桌椅布置形式

（7）教室组合类型如下表

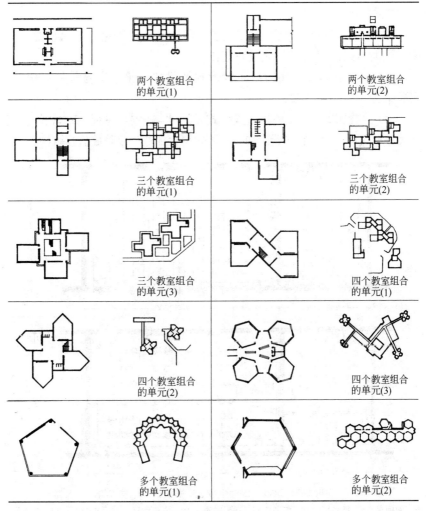

教室组合类型（一）

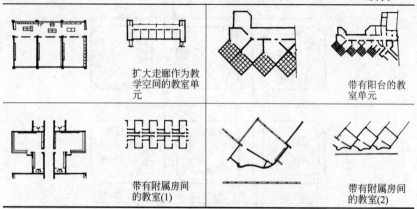

教室组合类型(二)

2. 专用教室

(1) 自然教室，进行各种自然现象的观测和简单的实验。应有良好的通风和朝向。

(2) 化学实验室，宜布置在底层，最好向北，避免东西向布置。当阳光可能直射入室内时，应设置遮阳。

(3) 物理实验室，实验桌布置形式及尺寸与化学实验室基本相同。实验桌旁一般不设水盆。

(4) 生物实验室，实验桌布置形式及尺寸与化学实验室基本相同。实验桌旁水盆可少设。宜设置南向。可将内窗台加宽，以陈放盆栽植物。

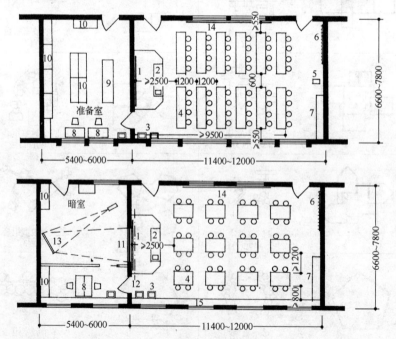

1. 黑板；2. 演示桌；3. 水盆；4. 学生桌；5. 放映机；6. 挂衣钩；7. 仪器柜；
8. 教师桌；9. 准备桌；10. 柜子；11. 透射荧幕；12. 荧幕挂杆；13. 反射镜；14. 布告栏

小学自然教室平面布置

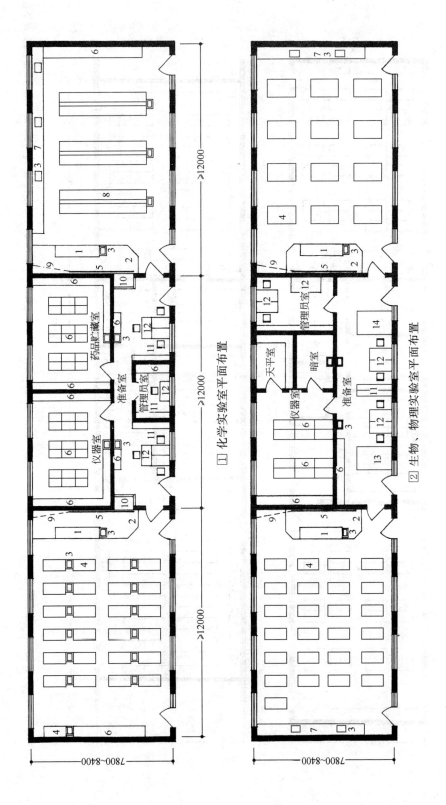

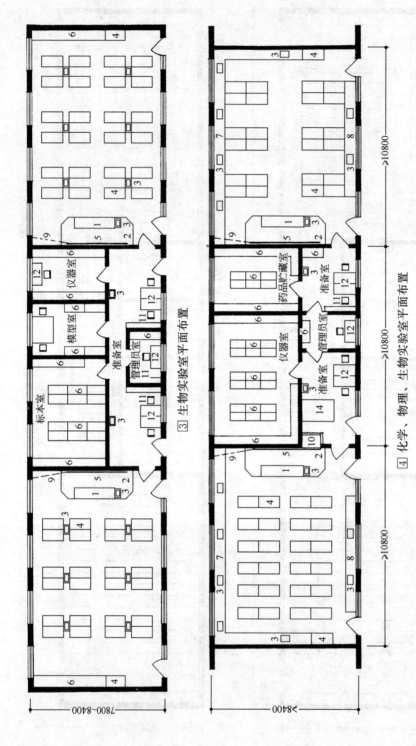

③ 生物实验室平面布置

④ 化学、物理、生物实验室平面布置

1. 教师演示台；2. 讲台；3. 水盆；4. 学生实验桌；5. 黑板；6. 柜子；7. 周边实验台；8. 岛式实验台；9. 幻灯银幕；10. 毒气柜；11. 书架；12. 教室桌；13. 工作台；14. 准备桌

(5) 音乐教室，供学生音乐课使用。平面可采用方形、扇形、多边形、矩形等。音乐教室发出的声音较大，又不希望受其他噪声的影响，因此，宜设置在建筑的尽端或顶层。不对其他教室直接开窗。宜设前厅，隔声廊等。

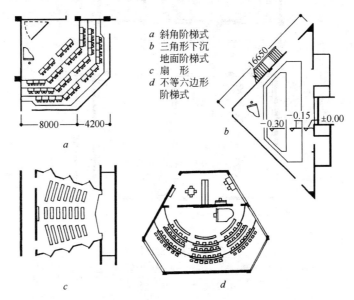

几种不同形状的音乐教室（国外）

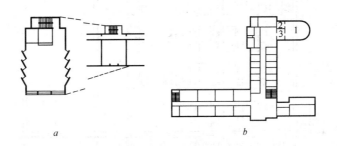

音乐教室的位置

1. 音乐教室；2. 乐器室；3. 隔声廊
a. 音乐教室放在顶层；b. 音乐教室放在走廊尽端

(6) 美术教室可兼作书法教室，要求采光条件好，光线要均匀柔和，宜北向采光或顶部采光。

3. 公共教室

(1) 微机教室，按一个班的容纳量设计。应附属有教师办公室、资料贮藏室、换鞋处等。

(2) 合班教室。是供两个班或一个年级使用的公共教室，有时也兼做视听教室或集会使用。合班教室的平面形状有矩形，正方形，扇形，多边形等。容量较大时，地面应做坡或阶梯形。由于使用人数多，应有两个及两个以上安全出入口。

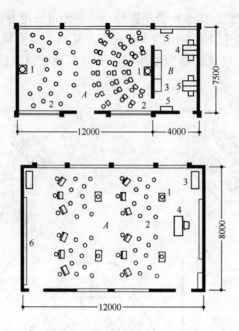

分组素描课的教室面积

1. 模型台；2. 画凳；3. 工具柜；4. 教师桌；5. 水池；6. 展览板
A. 素描教室；B. 教师室

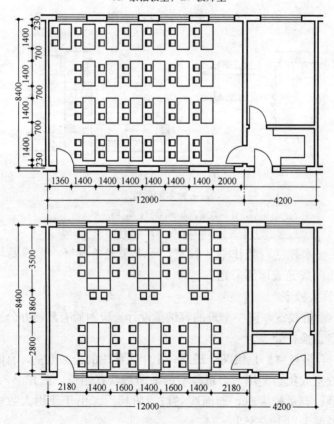

微机教室座位布置

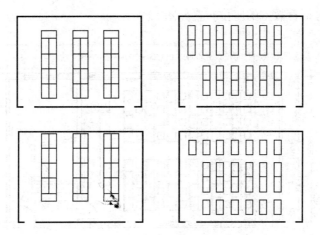

微机教室布置形式

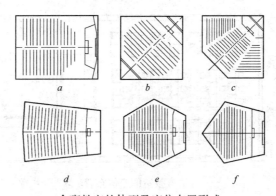

合班教室的体型及座位布置形式

4. 语言教室，是通过电化教学设备进行语言教学的专用教室，应设置控制室、准备室、录音室等附属用房。楼地面构造应便于布线。

(1) 语言教室房间组的布置如图

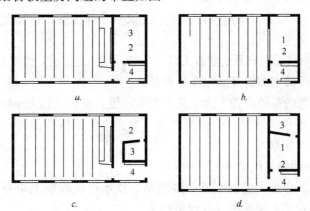

语言教室房间组的布置

a. 学生面向设于教室前面的控制台； b. 学生面向设于教室前部的控制室；
c. 学生面向设于教室前部的控制台； d. 学生面向设于教室前部的控制室
1. 控制室；2. 准备室；3. 录音室；4. 换鞋室

（2）语言教室的座位布置如图

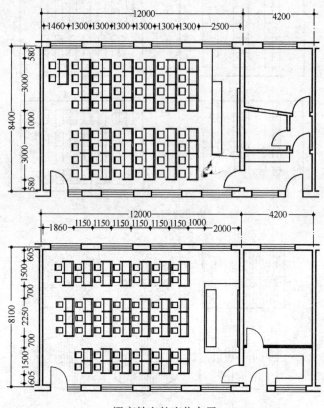

语言教室的座位布置

- 办公用房

1. 教学办公用房包括教研室、休息室等，应与教室有方便联系。以朝南为宜。可独立布置，通过连廊与教学楼连接起来。也可以与教学用房布置在同一幢教学楼中。

2. 行政用房宜设党政办公室、会议室、保健室、广播室、社团办公室和总务仓库等。

（1）行政用房宜靠近学校入口，一般设在一、二层，以便对外联系。

（2）广播室的窗宜面向操场布置。

（3）保健室的窗宜为南向或东南向布置。保健室的大小应能容纳常用诊疗设备和满足视力检查的要求。中、小学保健室多设一间，根据条件还可设观察室。

- 生活服务用房

生活服务用房包括厕所、淋浴室、饮水处、教职工单身宿舍、学生宿舍、食堂、锅炉房、自行车棚等。

1. 教学楼厕所应每层设置。

2. 当学校运动场中心距教学楼内最近厕所超过90m时，可设室外厕所，其面积宜按学生总人数的15%计算。

3. 当有条件时,学校厕所应采用水冲式厕所。学校水冲厕所应采用天然采光和自然通风,并应设排气管道。

4. 教学楼内厕所的位置,应便于使用和不影响环境卫生。在厕所入口处宜设前室或设遮挡措施。

5. 学校厕所卫生器具的数量应符合下列规定:

中、小学教学楼学生厕所,女生应按每 20 人设一个大便器(或 1000mm 长大便槽)计算;男生应按每 40 人设一个大便器(或 1000mm 长大便槽)和 1000mm 长小便槽计算。

6. 教学楼内厕所,应按每 90 人应设一个洗手盆(或 600mm 长盥洗槽)计算。

7. 教学楼内应分层设饮水处。宜按每 50 人设一个饮水器。

8. 饮水处不应占用走道的宽度,如图。

教学楼内厕所、饮水处位置

- 层数与层高

(1) 中、小学教学楼不应超过四层。

(2) 学校主要房间的层高,应符合下表的规定:

房间名称	净高(m)
中、小学教室	3.30~3.60
实验室	3.30~3.60
舞蹈教室	4.50~4.80
教学辅助用房	3.30~3.60
办公及服务用房	3.00~3.30

• 田径运动场尺寸

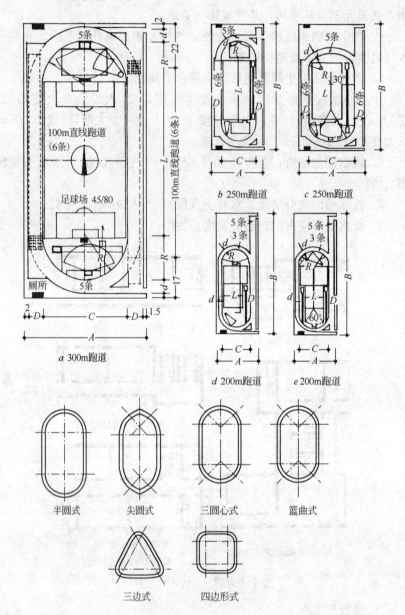

a 300m跑道　　b 250m跑道　　c 250m跑道

d 200m跑道　　e 200m跑道

半圆式　　尖圆式　　三圆心式　　篮曲式

三边式　　四边形式

学校田径运动场尺寸表（m）

学校运动场规格	场地尺寸				弯曲半径		跑道宽度	
	A	B	C	L	R	r	D	d
300m 跑道(a)	65.50	139.00	47.00	75.50	23.50	—	7.50	6.25
250m 跑道(b)	54.50	129.00	36.00	67.50	18.00	—	7.50	6.25
250m 跑道(c)	68.00	129.00	49.50	26.13	33.00	16.50	7.50	6.25
250m 跑道(d)	43.50	124.00	30.00	52.00	15.00	—	6.25	3.75
200m 跑道(e)	43.50	124.00	30.00	39.84	20.00	10.00	6.25	3.75

注：400m跑道及球场规格参照体育建筑部分。

学校田径运动场尺寸

- 安全与疏散

(1) 教学楼宜设置门厅。门厅为教学楼主要交通枢纽，既要合理集散人流，也可适当安排布告，展示等活动空间，此外，门厅常与建筑造型结合起来，增加立面的变化。

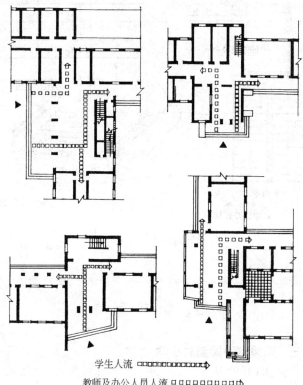

学生人流 ▭▭▭▭▭▭▭▭▭▭▭▭▭▭▭▭▭▭▭▭▭▭▭▭▭▭▭▭▭▭▭▭▭▭▭

教师及办公人员人流 ▭▭▭▭▭▭▭▭▭▭▭▭▭

门厅交通分析示意图

(2) 教学楼走道的净宽度应符合下列规定：

A. 教学用房：内廊不应小于2100mm；外廊不应小于1800mm。

B. 行政及教师办公用房不应小于1500mm。

(3) 寒冷或风沙大的地区，教学楼门厅入口应设挡风间或双道门。挡风间或双道门的深度，不宜小于2100mm。

(4) 有高差变化处必须设置台阶时，应设于明显及有天然采光处，踏步不应少于三级，并不得采用扇形踏步。

(5) 外廊栏杆(或栏板)的高度，不应低于1100mm。栏杆不应采用易于攀登的花格。

(6) 楼梯：

梯宽度及间距参照防火规范计算，每段踏步不得多于18步，不得少于3步。

楼梯间不应设置遮挡视线的隔墙，应直接采光。

楼梯井宽超过200mm时，应采取安全防护措施。

梯段不得采用螺形或扇形踏步。

楼梯基本尺寸如下：

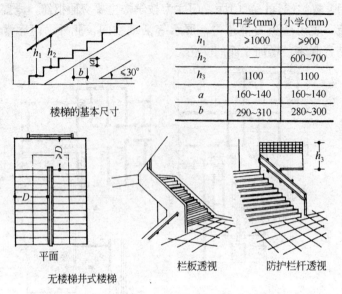

楼梯的基本尺寸

	中学(mm)	小学(mm)
h_1	≥1000	≥900
h_2	—	600~700
h_3	1100	1100
a	160~140	160~140
b	290~310	280~300

平面

无楼梯井式楼梯　　　栏板透视　　　防护栏杆透视

楼梯的基本尺寸和形式

四、参　考　图　录

示例一　无锡市沁园新村小学

规模：24班(1080人)　　　　　建筑面积：4220m²

设计单位：无锡市建筑设计院　　平均建筑面积：3.9m²/人

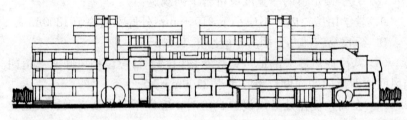

立面

(一)

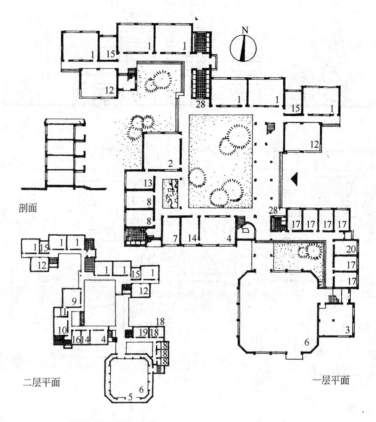

无锡市沁园新村小学

1. 普通教室；2. 自然教室；3. 厨房；4. 音乐教室；5. 跑马廊；6. 健身房兼礼堂；7. 体育器械室；8. 科技活动室；9. 学生阅览室；10. 教室阅览室；11. 书库；12. 展览厅；13. 准备室；14. 乐器室；15. 教师休息室；16. 广播室；17. 行政办公室；18. 教师办公室；19. 会议室；20. 配电间

(二)

示例二 厦门市湖滨中学

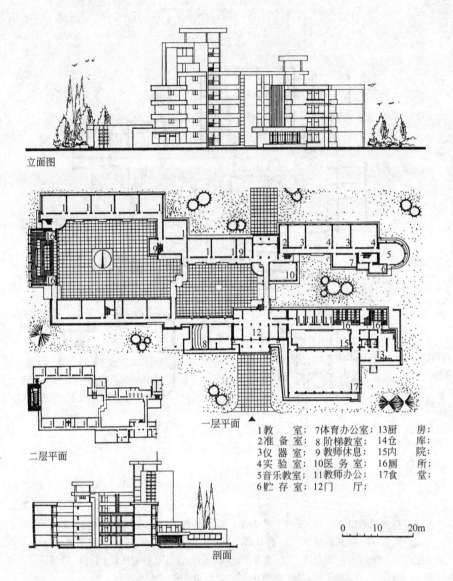

立面图

一层平面

二层平面

剖面

1教　　室；7体育办公室；13厨　　房；
2准　备　室；8阶梯教室；14仓　　库；
3仪　器　室；9教师休息；15内　　院；
4实　验　室；10医务室；16厕　　所；
5音乐教室；11教师办公；17食　　堂；
6贮　存　室；12门　　厅；

学 校 名 称	厦门市湖滨中学
规　　　模	30班(1500人)
建 筑 面 积	12410m²
平均建筑面积	8.27m²/人
设 计 单 位	厦门市建筑工程局设计室
设 计 年 度	1983

设计三　大学生活动中心建筑设计指导任务书

一、教学目的与要求

1. 通过设计，理解与掌握具有综合功能要求的休闲、娱乐公共建筑的设计方法与步骤。
2. 通过设计，理解综合解决人、建筑、环境的关系的重要性。
3. 通过设计，培养解决建筑功能、技术、建筑艺术等相互关系和组织空间的能力。
4. 通过设计，初步理解室外环境的设计原则和建立室外环境设计观念。
5. 通过设计，基本掌握科学的设计方法和职业建筑师设计工作的操作技能。
6. 通过设计，了解和自觉运用国家有关法规、规范和条例。

二、课程设计任务与要求

（一）设计任务书

1. 设计任务：我国某高校，为满足大学生课余活动的需要，提供大学生自我实践和社会参与的机会，并为校学生会及其主要文化社团提供相应的活动场所，拟建一座大学生活动中心。用地位于某高校校园内，建筑红线内用地面积 3000m²，详见附图(地形图)。
2. 设计要求
   (1) 要求平面功能合理，空间构成流畅、自然。室内外空间组织协调。
   (2) 结合基地环境，处理好校园环境与建筑的关系，做好相应的室内、外环境设计。
   (3) 考虑所在地区气候特征，保证良好的采光通风条件，创造较好的室外使用空间。
   (4) 考虑所处大学校园的环境特征，立面有特色、造型新颖，体现高校建筑的文化特点，反映当代大学生精神风貌。
   (5) 建筑层数以三层以内为宜。要求做到技术上合理，可行性强。
3. 技术指标
   (1) 总建筑面积约 2000m²（正负 10%），绿地面积不小于 30%。

(2) 面积分配（以下指标均为使用面积）

A. 学生活动用房：总面积 560～580m²

多功能厅	250m²	小型集会兼报告厅
展览用房	60～80m²	可结合门厅、休息厅开敞式布置
交谊用房	250m²	包括舞厅、茶座、管理间及小卖部等

B. 学生辅导用房：总面积 440m²

综合排练厅	120m²
各类专业教室	320m²
其中：美术教室	80m²
书法教室	80m²
语言教室	80m²
微型计算机教室	80m²

C. 专业工作用房：总面积 280～300m²

美术书法工作室	60m²	
音乐、舞蹈工作室	80m²	
摄影工作室	60～80m²	含暗室
青少年生活指挥部	20m²	
学生会期刊编辑部	60m²	可分为2～3间

D. 公共服务用房：总面积 280～300m²

值班管理室	20～30m²	结合门厅布置
开水间	10～15m²	
茶室（休闲吧）	60～80m²	
小卖部（小型书店、器材店）	30～40m²	

门厅、休息厅、厕所、库房等，面积设计者自定，要满足基本使用要求和相应的设计规范

E. 学生会办公用房：总面积 180～200m²

各部办公室	20×4=80m²	
小型会议室	30～40m²	
校广播站	60m²	含播音、录音、编辑、机房等

注：以上面积未含交通面积，设计者可根据使用要求自定。

4. 图纸内容及要求：

(1) 图纸内容

- 总平面图1：500，全面表达建筑与周围环境和道路关系。
- 首层平面1：200，包括建筑周围绿地、庭院等外部环境设计，适当布置建筑小品。
- 其他各层平面和屋顶平面1：200。进行简单的家具布置。
- 立面图1：200（不少于2个）
- 剖面图1：200（1～2个）
- 透视图：外观和室内透视至少一个，或建筑模型1个。

- 设计说明和经济技术指标。

(2) 图纸要求：
- 图幅统一采用 A1(594mm×841mm)，可不画图框。
- 图线粗细有别，运用合理；文字与数字书写工整。宜采用手工工具作图，彩色渲染。
- 透视图表现手法不拘。

5. 地形图

(1) 用地条件说明：
- 该用地位于某大学校园中心位置。
- 该用地西面为实验楼。东面为图书馆，北面为学生宿舍。南面为校园绿地。
- 东面有 12m 宽校园主干道。西侧、北侧有 9m 宽校园次干道。

(2) 地形图

(二) 教学进度与要求

1.（第 1 周）

讲解设计任务书。参观有关活动中心建筑。

课后收集有关资料，并做调研报告。

2.（第 2、3 周）

讲授原理课。分析任务书及设计条件。

做体块模型，进行多方案比较(2～3 个)。

第一次草图检查，讲评。

3.（第 4、5 周）

确定发展方案。进行第二次草图设计。

针对方案存在的主要问题进行调整。

做工作模型。

4.（第 6、7 周）

第二次草图检查，讲评。

推敲完善，进一步细化方案，进行工具草图绘制。

完善工作模型。

5.（第 8 周）

绘制正图。

绘制彩色透视效果图或完成正式模型。

交图。

(三) 参观调研提要

1. 结合实例考虑建筑与环境的关系如何？
2. 结合实例分析平面组合有何特点？空间构成的方式怎样？
3. 建筑采用何种风格？如何体现高校建筑的文化特点，反映当代大学生精神风貌？
4. 门厅空间流线如何组织？多功能区域的组织如何分流？

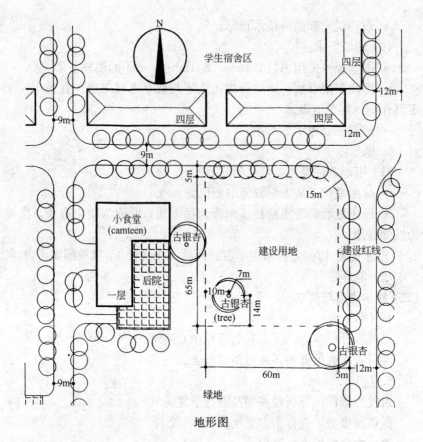

地形图

5. 如何合理安排学生各类活动用房之间的关系，以及各用房与公共用房之间的位置安排？

6. 各专业用房有何特点？室内家具如何布置？

7. 卫生间位置如何？怎样布置？

8. 找出 1～2 个你认为设计精彩的地方，说出理由。

9. 找出 1～2 个你认为设计不合理的地方，说出理由。

(四) 参考书目

1. 胡仁禄编著. 休闲娱乐建筑设计. 北京：中国建筑工业出版社，2001

2. 建筑资料集编委会编. 建筑设计资料集. 北京：中国建筑工业出版社，1994

3. [美]约翰·O·西蒙兹著. 景观设计学—场地规划与设计手册. 北京：中国建筑工业出版社，2000

4. 全国高等学校建筑学专业指导委员会编. 全国大学生建筑设计竞赛获奖方案集(1993～1997). 北京：中国建筑工业出版社，1998

5. 建筑设计防火规范. 北京：中国建筑工业出版社，1997

6.《建筑学报》，《世界建筑》，《建筑师》等各类建筑杂志中有关学生活动中心建筑设计的文章及实例。

三、设计指导要点

(一) 基地选择

1. 新建活动中心宜有独立的建筑基地，并应符合学校文化事业的要求。
2. 学生活动中心位置应考虑便于学生前来参加各种活动。宜设在校区中心地段或靠近宿舍区，交通方便。
3. 面积适当，地形较完整，便于布置建筑和室外活动场地。
4. 日照、通风条件良好。附近无污染源。环境优美。

(二) 总平面设计

1. 活动中心的总平面设计除了布置建筑外，还应结合地形的使用要求布置室外活动场地、庭院、道路、停车场、绿化、环境小品等，创造优美的空间环境。
2. 总平面应注意以下问题：
   (1) 功能分区明确，合理组织人流和车辆交通路线，对喧闹与安静的用房应有合理的分区与适当的分隔。
   (2) 基地按使用需要，至少应设两个出入口。当主要出入口紧临主要交通干道时，应按规划部门要求留出缓冲距离。
   (3) 安排好各种流线，如观演流线、学习流线、专业工作流线、管理流线等，使其不交叉混杂，便于管理。
   (4) 在基地内应设置自行车和机动车停放场地（如附近已安排停车场时可不设置），并考虑设置画廊、橱窗等宣传设施。
3. 当活动中心基地距教学楼、图书馆等建筑较近时，馆内噪声较大的观演厅、排练室、游艺室等，应布置在离开上述建筑一定距离的适当位置，并采取必要的防止干扰措施。

(三) 建筑设计

1. 各类用房的组成与要求

大学生活动中心由学生活动用房、学生辅导用房、专业工作用房、公共服务用房、学生会办公用房等部分组成。

(1) 学生活动用房。包括多功能厅，展览厅，交谊用房。
- 多功能厅

A. 多功能厅包括门厅、观演厅、舞台和放映室等。

B. 观演厅的规模一般不宜大于 500 座。

C. 当观演厅规模超过 300 座时，观演厅的座位排列、走道宽度、视线及声学设计以及放映室设计，均应符合《剧场建筑设计规范》和《电影院建筑设计规范》的有关规定。

D. 当观演厅为 300 座以下时，可做成平地面的综合活动厅，舞台的空间高度可与观众厅同高，并应注意音质和语言清晰度的要求。

E. 观演厅平面形式如下图所示。

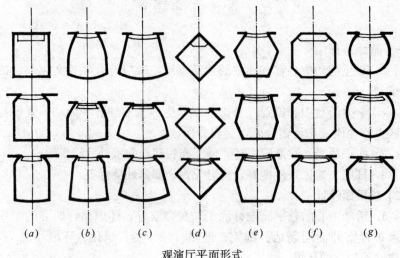

观演厅平面形式

- 展览厅(陈列室)

A. 展览用房包括展览厅或展览廊、贮藏间等。每个展览厅的使用面积不宜小于 $65m^2$。

B. 展览厅内的参观路线应通顺，并设置可供灵活布置的展版和照明设施。

C. 展览厅应以自然采光为主，并应避免眩光及直射光。

D. 展厅内观众通道不小于 2～3m。高度一般小于 5m。

E. 展览厅(廊)出入口的宽度及高度应符合安全疏散、搬运展板和展品的要求。

F. 展厅布置形式如后图。

- 交谊用房

包括舞厅、茶座、管理间及小卖部等。

A. 舞厅包括舞池、演奏台、存衣间、吸烟室、灯光控制室和贮藏间等。

B. 舞厅的活动面积每人按 $2m^2$ 计算。座席占定员数的 80% 以上。

C. 为跳舞需要，舞池不宜狭长，宽度宜大于 10m。

D. 舞厅应具有单独开放的条件及直接对外的出入口。

E. 舞厅应设光滑耐磨的地面，较好的室内装修与照明，并应有良好的音质条件。

F. 茶座应附设准备间，准备间内应有开水设施及洗涤池。

G. 舞厅的位置应避免影响其他房间的正常使用。

H. 舞厅形式及各项布置如后图。

(2) 学生辅导用房。

包括综合排练厅和各类专业教室。

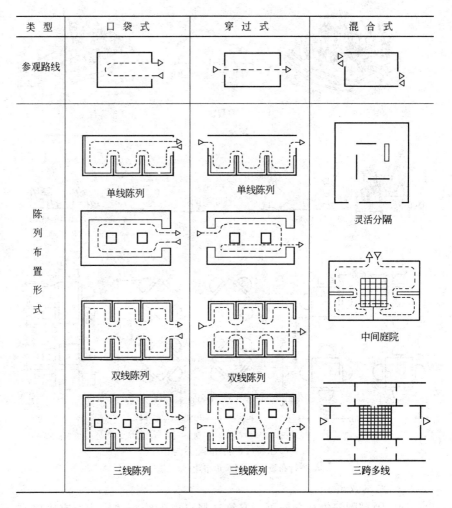

展厅布置形式

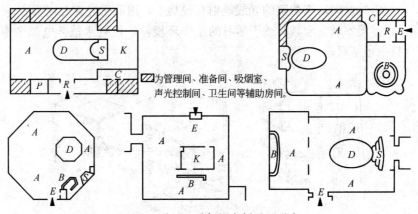

图 3-8 歌厅、歌舞厅实例平面形式

A. 座席；B. 酒吧；C. 存衣；D. 舞池；E. 入口；G. 休息；
K. 配餐间；P. 化妆；R. 门厅；S. 乐台

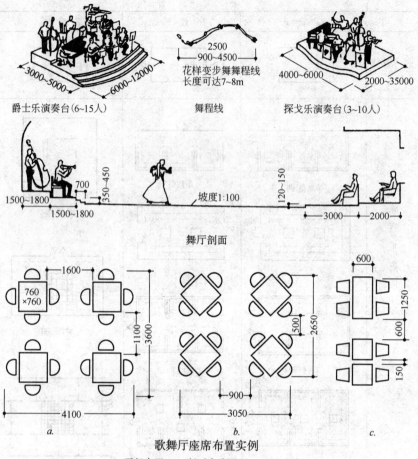

- 美术教室

A. 因需围着模型台作画，又需选择良好的绘画角度，故室内应有较宽裕的面积；

B. 绘画时需有恒定的光线透射在模型上，因而采光宜北向为宜；

C. 美术教室应具有适于学习的工作环境，如设置水池、电源冬季保持一定室温等。

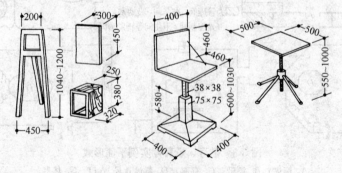

① 素描用具及模型台

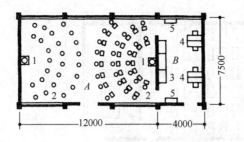

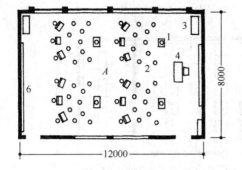

② 分组素描课的教室面积　　　　　　　　　美术教室布置图

1. 模型台；　A. 素描教室；
2. 画凳；　　B. 教师室
3. 工具柜；
4. 教师桌；
5. 水池；
6. 展览板

- 书法教室

A. 一般不应超过 30 人，其面积指标最低为 $2.8m^2/$人。

B. 书法室所用家具应每人一桌一椅。每座均应直接就坐，不得跨座就位。

C. 朝向南北均可，但需避免阳光的直射。采光窗地比不低于 1∶6。

- 语言教室

A. 语言教室规模以不超过 30 人为宜，规范规定不小于 $2.1m^2/$人；

B. 语言教室座位布置多采用成排成行面向教室的布置方式；

C. 为重复发挥该教室效能，需设置配套用房，即语言学习室、准备室等。

- 微机教室

A. 计算机工作台所占面积较大，微机室应有教宽裕的面积，规范定为 $2.1m^2/$人；

B. 计算机工作台的布置，应便于学生操作及教室巡回辅导；

C. 计算机工作台布置必须保证全部座位有良好的视觉条件，操作时不产生直接眩光；

D. 机房应保证良好的温度、湿度。

(3) 专业工作用房。

包括美术书法工作室，音乐、舞蹈工作室，摄影工作室，青少年生活指挥部，学生会期刊编辑部等。

- 音乐工作室

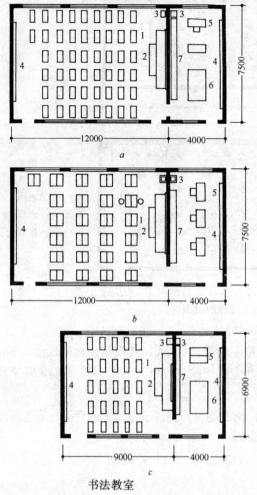

书法教室

a、b. 50人教室；c. 25人教室

1. 书画桌；2. 讲桌；3. 水池；4. 展板；5. 教师桌；6. 准备桌；7. 工具柜

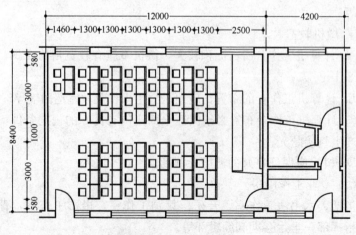

语言教室的座位布置（一）

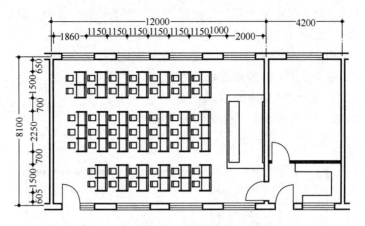

语言教室的座位布置(二)

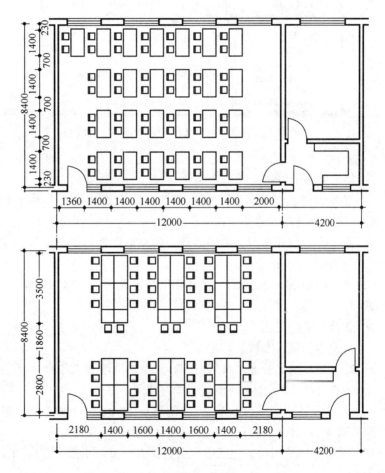

微机教室座位布置

应附设1～2间琴房。每间琴房使用面积不小于6m²，做隔声处理。
- **舞蹈工作室**

A. 综合排练室的位置应考虑噪声对毗邻用房的影响。

B. 室内应附设卫生间、器械贮藏间。有条件者可设淋浴间。
C. 沿墙应设练功用把杆，宜在一面墙上设置照身镜。
D. 根据使用要求合理地确定净高，并不应低于3.6m。
E. 综合排练室的使用面积每人按$6m^2$计算。
F. 室内地面宜做木地板。
G. 综合排练室的主要出入口宜设隔声门。

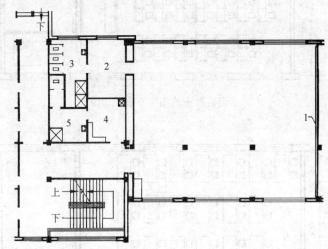

1. 照身镜；2. 更衣室；3. 卫生间；4. 休息室；5. 器材间

综合排练室

- 美术书法工作室

A. 是组织培训各美术书法爱好者的基本训练，举办各种书画欣赏、作品展出等活动的专业工作室。

B. 除了完成辅导培训、组织活动、研究创作外，还负责活动中心各种临时的宣传、装饰活动。

C. 使用面积不小于$24m^2$。北面或顶部采光为宜。室内设洗涤池，挂镜线。

- 摄影工作室

A. 应附设摄影室及洗、印暗室。
B. 暗室应有遮光及通风换气设施，设置冲洗池和工作台。
C. 暗室可设2~4个小间供培训学习使用。

(4) 公共服务用房。包括茶室（休闲吧），小卖部（小型书店、器材店值班管理室），开水间、门厅、休息厅、厕所、库房等。

(5) 学生会办公用房。包括学生会各部办公室，小型会议室和校广播站等。

2. 交通与疏散

(1) 观演厅、展览厅、舞厅、大游艺室等人员密集的用房宜设在底层，并有直接对外安全出口。

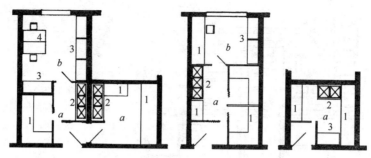

1. 工作台；2. 冲洗水池；3. 橱柜；4. 办公桌
a. 印放冲洗间；*b*. 明室工作间
摄影暗室布置

（2）活动中心内走道净宽不应小于下表的规定。

分 类	双面布房(m)	单面布房(m)
学生活动部分	2.10	1.80
学习辅导部分	1.80	1.50
专 业 工 作	1.50	1.20

（3）活动中心群众活动部分、学习辅导部分的门均不得设置门槛。

（4）凡在安全疏散走道的门，一律向疏散方向开启，并不得使用旋转门、推拉门和吊门。

（5）展览厅、舞厅、大游艺室的主要出入口宽度不应小于1.50m。

（6）活动中心屋顶作为屋顶花园或室外活动场所时，其护栏高度不应低于1.20m。设置金属护栏时，护栏内设置的支撑不得影响群众活动。

（7）人员密集场所和门厅、楼梯间以及疏散走道上，应设置事故照明和疏散指示标志。

3. 空间组合

空间组合方法

（1）按功能分区进行空间组合；
（2）按各房间的功能关系进行空间组合；
（3）根据使用特点进行空间组合；
（4）满足各使用房间有良好的物理环境进行组合；
（5）满足安全疏散要求进行组合。

• 空间组合形式

A. 集中式

集中式组合布局紧凑，用地经济。功能分区宜按楼层进行划分。可设置屋顶花园，以增加露天活动场地。

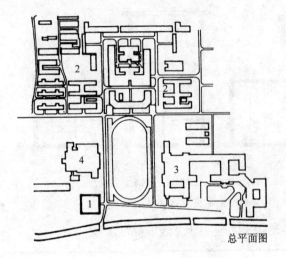

1. 学生中心；
2. 学生宿舍；
3. 图书馆；
4. 体育馆

总平面图

北京清华大学学生中心
集中式

B. 分散组合式

当占地较大，或基地被山坡、水面、树木分割得比较零散时，可采用分散式组合。这种组合流线较长，与环境有良好的结合。可分期建设。

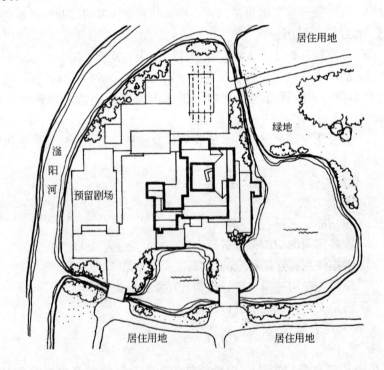

分散组合式

C. 庭院式组合

庭院式组合可在庭院中设置绿化或安排室外活动场地。庭院可以是单院，也可以是多院。在庭院上加盖玻璃顶，可形成中庭。

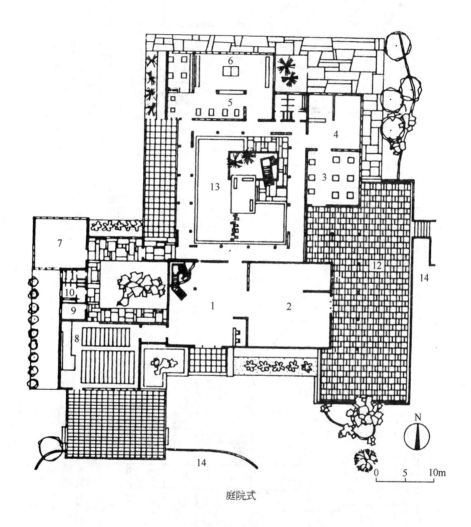

庭院式

河北邯郸苏曹镇文化中心
1. 门厅；2. 展览厅；3. 棋奕室；4. 冷饮厅；5. 游艺室；6. 乒乓球室；
7. 科技活动室；8. 科技报告厅；9. 休息室；10. 男厕所；
11. 女厕所；12. 平台；13. 水池；14. 湖面

四、参考图录

示例一 德国奥伯赫逊青少年会馆

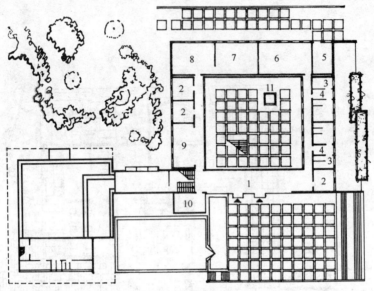

地下层平面

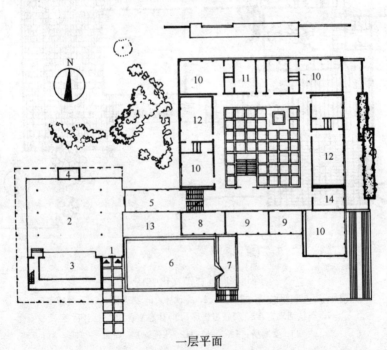

一层平面

1. 入口；2. 娱乐厅；3. 舞台；4. 放映间；5. 连廊；6. 高水池；7. 低水池；
8. 女孩活动室；9. 阅览室；10. 游艺室；11. 音乐室；12. 集会室；
13. 更衣室；14. 开水间

示例二　长春市青年宫

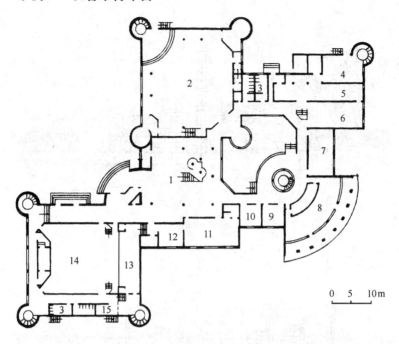

1. 休息大厅；2. 多用途厅；3. 卫生间；4. 活动室；5. 保龄球房；6. 台球室；7. 录像室；8. 音乐茶座；9. 美术室；10. 洽谈室；11. 贵宾室；12. 接待室；13. 舞台；14. 学术报告厅；15. 休息室

一层平面

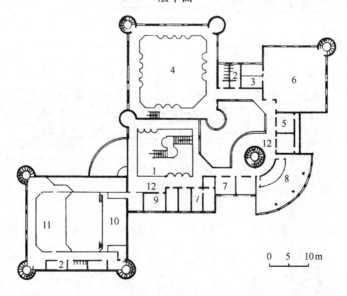

1. 休息大厅上空；2. 卫生间；3. 休息室；4. 多用途厅上空；5. 更衣间；6. 体操武术练习馆；7. 办公室；8. 餐饮娱乐；9. 小会议室；10. 舞台上空；11. 楼座；12. 展廊

二层平面

示例三　清华大学学生中心

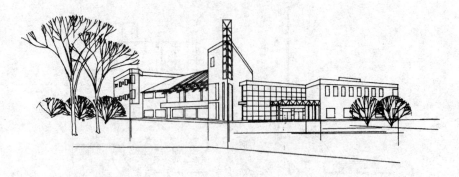

透视效果图

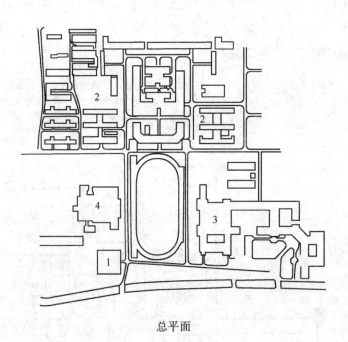

总平面

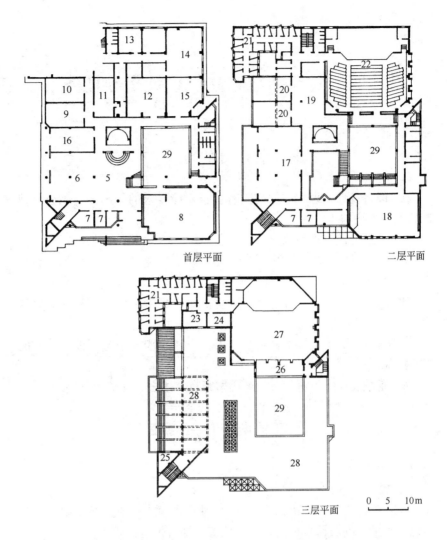

首层平面　二层平面　三层平面

0　5　10m

1. 学生中心；2. 学生宿舍；3. 图书馆；4. 体育馆；5. 门厅；6. 班级活动室；7. 办公室；8. 舞蹈室；9. 家政教室；10. 话剧排练室；11. 摄影教室；12. 交响乐排练室；13. 电声排练室；14. 军乐排练室；15. 民乐排练室；16. 图书资料室；17. 陈列厅；18. 音乐教室；19. 休息厅；20. 绘画教室；21. 琴房；22. 多功能厅；23. 电子琴排练室；24. 手风琴排练室；25. 小卖部；26. 录音放映室；27. 多功能厅上空；28. 屋顶平台；29. 内院

设计四 建筑师之家建筑设计指导任务书

一、教学目的与要求

1. 通过设计，理解与掌握具有综合功能要求的休闲、娱乐公共建筑的设计方法与步骤。
2. 通过设计，理解综合解决人、建筑、环境的关系的重要性。
3. 通过设计，培养解决建筑功能、技术、建筑艺术等相互关系和组织空间的能力。
4. 通过设计，初步理解室外环境的设计原则和建立室外环境设计观念。
5. 通过设计，基本掌握科学的设计方法和职业建筑师设计工作的操作技能。
6. 通过设计，了解和自觉运用国家有关法规、规范和条例。

二、课程设计任务与要求

(一) 设计任务书

1. 设计任务

拟在某市近郊一湖边约 4000m² 的地段内建一建筑师活动中心。基地地势平整，湖滨风景秀丽。基地内有一棵古树需保留（见附图）。

2. 设计要求

(1) 功能合理，空间组织及建筑造型表现文化娱乐建筑的特点。
(2) 建筑应对空间进行整体处理，结构合理，构思新颖，解决好功能与形式之间的关系，处理好空间之间的过渡与统一。
(3) 处理好拟建建筑与城市环境、自然环境的关系。
(4) 重视室内外环境设计。绿化率不小于30%。

3. 技术指标

(1) 总建筑面积 2000m²（正负10%），绿地面积不小于30%。
(2) 面积分配（以下指标均为使用面积）。

A. 活动部分
- 学术报告厅：150座，设固定座椅，225m²；
- 小型会议厅：2个，每个30~45m²；
- 多功能舞厅：200m²；

- 建筑信息资料室：90m²；
- 学习室：6~8 个，每个 15~20m²；
- 展览厅：90m²，可结合门厅、休息厅布置；
- 活动室：台球、乒乓球、棋牌、录像、卡拉 OK 等共 200m²。

B. 餐饮部分
- 大餐厅：150m²；
- 小餐厅：3~4 个，每个 20m²；
- 厨房：200m²，包括加工间、备餐间、库房、管理用房等；
- 咖啡酒吧及小卖，包括准备间、吧台等，共 90m²。

C. 管理部分
- 值班、办公、医务、更衣、浴室、仓库等共约 150m²。

D. 其他
- 车库：可停四辆小汽车；
- 设备用房，包括配电间、空调机房、水泵房，共 100m²。

4. 图纸内容及要求：

(1) 图纸内容

总平面图 1：500，全面表达建筑与周围环境和道路的关系。

首层平面 1：200，包括建筑周围绿地、庭院等外部环境设计，适当布置建筑小品。

其他各层平面和屋顶平面 1：200。进行简单的家具布置。

立面图 1：200(不少于 2 个)。

剖面图 1：200(1~2 个)。

透视图：外观和室内透视各一个或建筑模型 1 个。

设计说明和经济技术指标。

(2) 图幅要求

图幅不小于 A2。

图线粗细有别，运用合理；文字与数字书写工整。

5. 地形图

(1) 用地条件说明：
- 该用地位于某市近郊一湖边约 4000m² 的地段内。
- 该用地西南面为一人工湖。东面为一中学校。西面为城区中心绿地。北面为住宅区。
- 用地北侧为 16m 宽城市道路。东面为 12m 宽城市次干道。

(2) 地形图

(二) 教学进度与要求

1. (第 1 周)

讲解设计任务书。参观有关活动中心建筑。

课后收集有关资料，并做调研报告。

2. (第 2、3 周)

讲授原理课。分析任务书及设计条件。
做体块模型，进行多方案比较（2~3个）。
第一次草图检查，讲评。

3.（第4、5周）
确定发展方案。进行第二次草图设计。
针对方案存在的主要问题进行调整。
做工作模型。

4.（第6、7周）
第二次草图检查，讲评。
推敲完善，进一步细化方案，进行工具草图绘制。
完善工作模型。

5.（第8周）
绘制正图。
绘制彩色透视效果图或完成正式模型。
交图。

(三) 参观调研提要

1. 结合实例考虑建筑与环境的关系如何？
2. 结合实例分析平面组合有何特点？空间构成的方式怎样？
3. 建筑采用何种风格？如何体现反映当代建筑师的性格特点？
4. 门厅空间流线如何组织？多功能区域的组织如何分流？
5. 如何合理安排各类活动用房之间的关系，以及各用房与公共用房之间的位置安排？
6. 各专业用房有何特点？室内家具如何布置？
7. 卫生间位置如何？怎样布置？
8. 找出1~2个你认为设计精彩的地方，说出理由。
9. 找出1~2个你认为设计不合理的地方，说出理由。

(四) 参考书目

1. 胡仁禄编著. 休闲娱乐建筑设计. 北京：中国建筑工业出版社，2001
2. 建筑资料集编委会编. 建筑设计资料集. 北京：中国建筑工业出版社，1994
3. [美]约翰·O·西蒙兹著. 景观设计学—场地规划与设计手册. 北京：中国建筑工业出版社，2000
4. 全国高等学校建筑学专业指导委员会编. 全国大学生建筑设计竞赛获奖方案集(1993~1997). 北京：中国建筑工业出版社，1998
5. 建筑设计防火规范. 北京：中国建筑工业出版社，1997
6.《建筑学报》，《世界建筑》，《建筑师》等各类建筑杂志中有关专业俱乐部、活动中心等建筑设计的文章及实例。

三、设计指导要点

参见大学生活动中心建筑设计指导任务书。

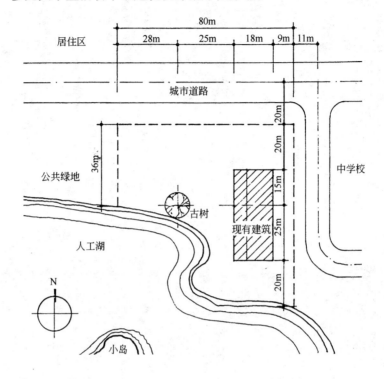

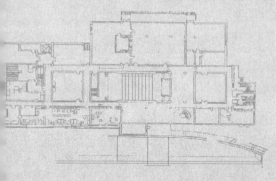

第三章 三年级上学期设计题目

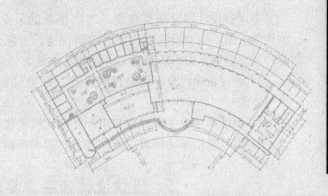

建筑课程设计指导任务书

设计一　长途汽车客运站建筑设计指导任务书

一、教学目的与要求

本课程设计属交通类建筑。本次作业的重点是处理好车流、人流的流线关系，同时反映现代交通建筑快速、方便、安全、舒适的特点。此外，在造型上应力求新颖，并适当考虑地方特色。教学要求是：

1. 通过长途汽车客运站建筑设计，理解与掌握交通建筑的设计方法与步骤；
2. 训练和培养学生处理和组织复杂流线的能力；
3. 培养学生解决建筑功能、技术、艺术等相互关系的能力。

二、课程设计任务与要求

(一) 设计任务书

1. 设计任务

随着我国国民经济的发展，某市公路交通客运量成倍增长，原有客运站的规模及运送旅客的能力已不能满足要求，现拟在该市中心边缘区接近火车站附近选址，新建一座长途汽车客运站。要求按新建客运站年均日旅客发送量为 3000 人次，日发车量 80 辆，停车场驻车 40 辆考虑，规模属城市三级站。

2. 设计要求

- 合理安排汽车进、出站口，布置停车场和有效发车位。
- 建筑布局合理，分区明确，使用方便，流线简捷。
- 站前广场应明确划分车流路线、客流路线、停车区域、活动区域及服务区域。

3. 建筑组成及要求

(1) 客运营业部分

候车厅	800~1200m^2	售票厅	120~200m^2
售票室	50m^2（设售票窗口 6~8 个）		
票据库	9m^2	医务室	20m^2
行包托运处	80m^2	行包库房	120m^2
行包提取处	50m^2	小件寄存处	10m^2
问讯处	10m^2	饮水及盥洗	50m^2

小卖部（总计）100m²

旅客厕所按旅客最大聚集量 600 人计算卫生器具数量，男女人数对等。

出口处设验票、补票室及供到站旅客使用的厕所，面积自定。

其他如电话厅等自定。

（2）站内业务部分

站务员室	50m²（3～4 间）	值班站长室	20m²
调度室	20m²	财务室	20m²
统计室	20m²	公安值勤	10～15m²
广播室	12m²	会议室	100m²

司机休息室 40m²（可分男女各一间） 外地司机驻站招待所 60m²

工作人员盥厕自定。

（3）站台部分

发车站台发车数（有效发车位数量）8～12 个

站内停车场应能停放 40 辆驻站车。

（4）站前广场部分

站前广场应能集散大量的车流和人流，要求有停放大小汽车 10 辆和自行车 200 辆的场地，面积由设计者自行安排。

（5）附属建筑部分：（只要求在总平面上表示）

工作人员生活服务楼（包括食堂）   100m²

锅炉房   80m²

客车维修车间   500m²（洗车、修车）

4. 图纸内容及要求

（1）图纸内容

- 总平面图 1∶500～1∶1000
- 首层平面 1∶300
- 其他各层平面，包括屋顶平面 1∶300
- 立面 2～3 个 1∶300
- 剖面 1～2 个 1∶300
- 透视或鸟瞰图（外观透视图大小不小于 40cm×40cm）
- 设计说明及技术经济指标

（2）图纸要求

- 图纸规格：纸张为 A1 绘图纸（或 750mm×500mm），表现手法水粉、水彩自定。
- 每张图要有图名（或主题）、姓名、班级、指导教师。

5. 地形图

选定建筑基地有两处（见附图），基地地形一位于城市干道与环城公路交叉口，西去一公里为火车站，基地地势平坦。基地地形二位于城市干道南侧，基地地势平坦。

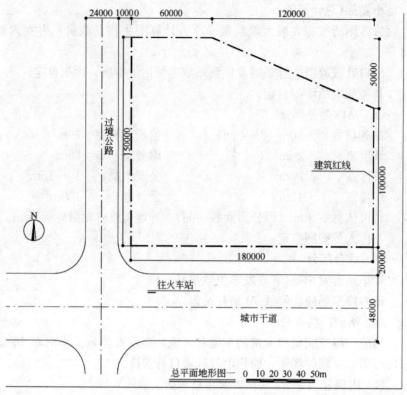

总平面地形图一 0 10 20 30 40 50m

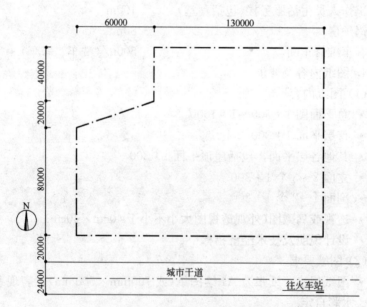

总平面地形图二 0 10 20 30 40 50m

（二）教学进度与要求

进度安排：

1. 讲解设计任务书，参观有关长途汽车站等交通建筑

（第1周）

（课后收集有关资料，做调研报告）

2. 讲授原理课，分析任务书及设计条件，第一次徒手草图，进行多方案比较（2~3个） （第2、3周）

3. 修改一草，进行第二次草图设计 （第4、5周）

4. 课堂讲评二草，并修改，进行第三次草图，核查技术指标

（第6、7周）

5. 绘制正图 （第8周）

（三）参观调研提要

1. 所处城市区位——选址是否合理？
2. 与周边建筑环境是否协调？
3. 总平面布局中进、出口的设置方式如何？
4. 站前广场的人、车流如何组织？
5. 旅客流线（即客流）、车流、行包流线等的组织方式如何？
6. 候车厅的空间布局，以及与售票厅、行包托运处之间的关系。
7. 有效车位以及站内停车场如何布局？
8. 找出调研汽车站中1~2个设计较好的方面，并说明理由？
9. 找出调研汽车站中1~2个设计不合理之处，并说明理由？
10. 画出总平面、各层平面、透视草图若干。

（四）参考书目

1. 建筑设计资料集（第6集）. 北京：中国建筑工业出版社，1994
2. 汽车客运站建筑设计. 章竟屋编著. 北京：中国建筑工业出版社，2000
3. 汽车客运站建筑设计规范 JGJ 60—99
4. 建筑设计防火规范 GBJ 16—87（2001年版）
5. 交通类建筑设计相关书籍。
6. 《建筑学报》，《时代建筑》等相关的专业杂志。

三、设计指导要点

（一）站址选择

汽车客运站站址选择应符合下列规定：

1. 符合城市规划的总体交通要求；
2. 与城市干道联系密切，流向合理且出入方便；
3. 地点适中，方便旅客集散和换乘其他交通；
4. 具有必要的水源、电源、消防、通信、疏散及排污等条件。

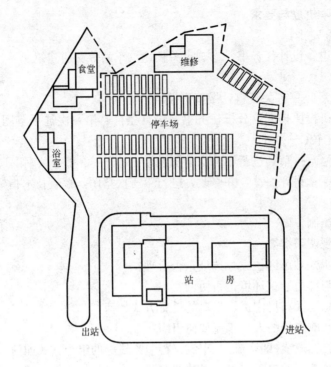

重庆南坪站

(二) 总平面设计

1. 汽车客运站总平面设计应符合下列规定：

(1) 总平面布置应包括站前广场、站房、停车场、附属建筑、车辆进出口及绿化等内容；

(2) 布局合理，分区明确，使用方便，流线简捷，应避免旅客、车辆及行包流线的交叉；

(3) 布置紧凑，合理利用地形，节约用地，并留有发展余地，与周围建筑关系应协调；

(4) 应处理好站区内排水坡度，防止积水。

2. 汽车进站口、出站口应符合下列规定：

(1) 一、二级汽车站进站口、出站口应分别独立设置，三、四级站宜分别设置；汽车进站口、出站口宽度均不应小于 4m；

(2) 汽车进站口、出站口与旅客主要出入口应设不小于 5m 的安全距离，并应有隔离措施；

(3) 汽车进站口、出站口距公园、学校、托幼建筑及人员密集场所的主要出入口距离不应小于 20m；

(4) 汽车进站口、出站口应保证驾驶员行车安全视距。

3. 汽车客运站站内道路应按人行道路、车行道路分别设置。双车道宽度不应小于 6m；单车道宽度不应小于 4m；主要人行道路宽度不应小于 2.5m。

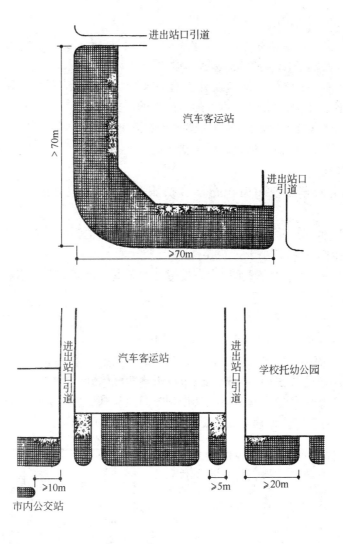

(三) 站前广场

1. 站前广场应与城市交通干道相连。
2. 站前广场应明确划分车流路线、客流路线、停车区域、活动区域及服务区域。
3. 旅客进出站路线应短捷流畅；应设残疾人通道，其设置应符合现行行业标准《方便残疾人使用的城市道路和建筑物设计规范》JGJ 50 的规定。
4. 站前广场位于城市干道尽端时，宜增设通往站前广场的道路；位于干道一侧时，宜适当加大站前广场进深。

(四) 站房设计

1. 汽车客运站的站房应由候车、售票、行包、业务及驻站、办公等用房组成。
2. 站房设计应做到功能分区明确，客流、货流安排合理，有利安全营运和方便使用。

3. 汽车客运站的候车厅、售票厅、行包房等主要营运用房的建筑规模，应按旅客最高聚集人数计算。

4. 一、二级站的站房设计应有方便残疾人、老年人使用的设施。三、四级站的站房设计宜有方便残疾人的设施。

5. 严寒及寒冷地区的站房建筑应有防寒设施；夏热冬冷、夏热冬暖地区应采取隔热、通风、降温措施。

- 候车厅

（1）候车厅使用面积指标应按旅客最高聚集人数每人 $1.10m^2$ 计算。

（2）候车厅室内空间应符合采光、通风和卫生要求。采用自然通风时，室内净高不宜小于 3.60m。

（3）一、二级站候车厅内宜设母婴候车室，母婴候车室应邻近站台并单独设检票口。

（4）候车厅内应设检票口，每三个发车位不得少于一个。当检票口与站台有高差时，应设坡道，其坡度不得大于 1/12。

（5）候车厅应充分利用天然采光，窗地面积比不应小于 1/7。

（6）候车厅室内空间处理应采取吸声减噪措施。

（7）候车厅应设置座椅，其排列方向应有利于旅客通向检票口，每排座椅不应大于 20 座，二端并应设不小于 1.50m 通道。

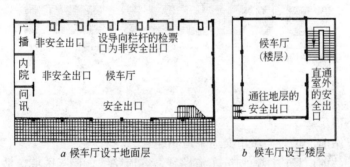

候车厅的安全疏散

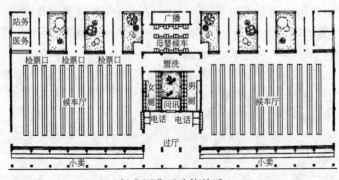

候车厅典型功能关系

(8) 候车厅内应设饮水点；候车厅附近应设男女厕所及盥洗室。

(9) 问讯处位置应邻近旅客主要出入口，使用面积不应小于 $6m^2$，问讯处前应设不小于 $10m^2$ 的旅客活动场地。

- **售票厅**

(1) 售票厅除四级站可与候车厅合用外，其余应分别设置，其使用面积应按每个售票口 $15m^2$ 计算。

(2) 售票厅应设于地面层，不应兼作过厅。售票厅与行包托运处、候车厅等应联系方便，并单独设置出入口。

(3) 售票口设置应符合下列规定：

A. 售票窗口数应取旅客最高聚集人数除以 120；

注：120 为每小时每个窗口可售票数。

B. 窗口中距不应小于 1.20m；靠墙窗口中心距墙边也不应小于 1.20m。

C. 窗台高度不宜高于 1.10m，窗台宽度不宜大于 0.60m。

(4) 售票窗口前宜设导向栏杆，栏杆高度宜为 1.20m～1.40m。

(5) 售票厅除满足天然采光及自然通风外，宜保留一定墙面，用于公布各业务事项。

通道区	排队区	售票室
3~4m	人工售票 12~13m，微机售票 8~9m	>4m
	此范围内不宜开设供旅客通往相邻空间的通道	

注：排队长度按每人 0.45m 计，队列按 25 人左右考虑

传统售票厅面积计算法

- **售票室和票据库**

(1) 售票室的使用面积按每个售票口不应小于 $5m^2$ 计算。

(2) 售票室室内地面至售票口窗台面不宜高于 0.80m。

(3) 采用计算机售票时，售票室地面应有防静电措施。

(4) 一、二、三级站应设票据库，使用面积不应小于 $9m^2$。

(5) 票据库应采取防火、防盗、防鼠、防潮措施。票据库耐火等级不应低于 2 级。

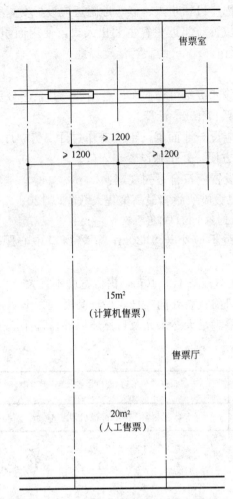

售票厅的面积尺寸

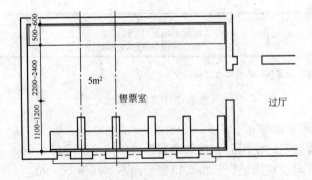

售票室平面布置

- **行包托运处、行包提取处和小件行包寄存处**

(1) 行包托运处、行包提取处，一、二级站应分别设置；三、四级站可设于同一空间。

(2) 一、二级站可设行包装卸机械和传输设施。

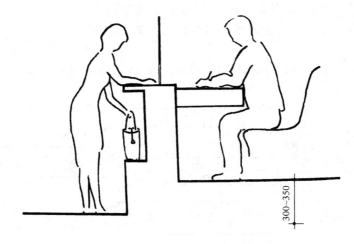

售票室与售票厅地面不等高处理

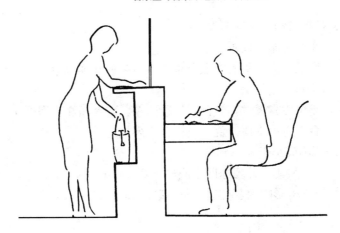

售票室与售票厅地面等高处理

(3) 行包托、取受理处柜台面距离地面不宜高于 0.50m。

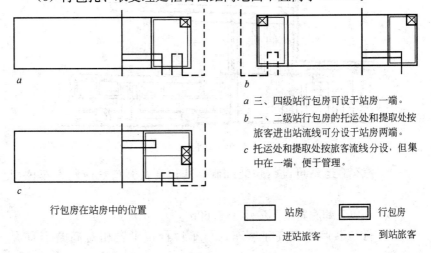

行包房在站房中的位置

a 三、四级站行包房可设于站房一端。
b 一、二级站行包房的托运处和提取处按旅客进出站流线可分设于站房两端。
c 托运处和提取处按旅客流线分设,但集中在一端,便于管理。

（4）行包托、取受理处应有可关闭受理口的设施。

（5）行包托、取受理处与行包托、取厅之间的门，宽度不应小于1m。

（6）行包库房及小件行包寄存处必须具有防盗、防鼠、防水、防潮等设施。

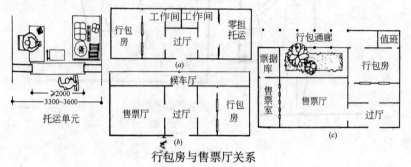

行包房与售票厅关系

- **站台、行包装卸廊和发车位**

（1）汽车客运站应设置站台。

（2）站台设计应有利旅客上下车、行包装卸和客车运转，站台净宽不应小于2.50m。

（3）发车位为露天时，站台应设置雨篷，雨篷净高不得低于5m。

（4）站台雨篷承重柱设置，应符合下列规定：

A. 净距不应小于3.50m；

B. 柱子与候车厅外墙净距不应小于2.50m；

C. 柱子不得影响旅客交通、行包装卸和行车安全。

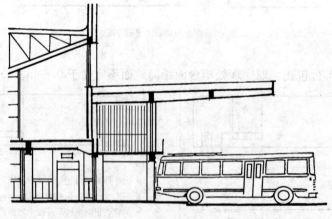

客车与站台

（5）汽车客运站可设行包装卸廊，其长度及开口数应与发车位相适应。

（6）行包装卸廊宽度不应小于3.60m。

（7）行包装卸廊应高于客车，与车顶行包平台相对高差不宜大于0.30m。

(8) 行包装卸廊的栏杆应考虑承受向外水平推力时的整体构造强度。

(9) 行包装卸廊栏杆高度不应小于 1.20m，车位处应设推拉门，宽度不宜小于 1.20m。

(10) 行包装卸廊与站场间应设简捷的垂直交通设施。

(11) 客流不得通过行包装卸廊。

(12) 发车位地面设计应坡向外侧，坡度不应小于 5‰。

- **其他用房**

(1) 问讯处应邻近旅客主要入口处，使用面积不宜小于 $6m^2$，问讯处前应设不小于 $8m^2$ 的旅客活动场地。

(2) 一、二级站宜设计算机控制室，其地面应有防静电措施。

(3) 无监控设备的广播室宜设在便于观察候车厅、站场、发车位的部位，使用面积不宜小于 $6m^2$，并应有隔声措施。

(4) 调度室应邻近站场、发车位，应设外门。一、二级站的调度室使用面积不宜小于 $20m^2$；三、四级站的使用面积不宜小于 $10m^2$。

(5) 一、二级站应设医务室。医务室应邻近候车厅，其使用面积不应小于 $10m^2$。

(6) 站内应设供旅客使用的通信设施。

(7) 旅客使用的厕所及盥洗台除应按下表计算其设备数量外，尚应符合下列规定：

A. 应设置前室，一、二级站应单独设盥洗室；

B. 厕所应有天然采光和良好通风，当采用自然通风时应防止异味串入其他空间。

厕所及盥洗设备指标

房间名称	设备内容（按旅客最高聚集人数计）
男 厕	每 80 人设大便器一个和小便斗一个（或小便槽 700mm 长）
女 厕	每 50 人设大便器一个
盥 洗 台	每 150 人设 1 个盥洗位（夏热冬冷、夏热冬暖地区按每 125 人计）

注：• 男旅客按旅客最高聚集人数的 60% 计，其余 40% 为女旅客；
  • 母婴候车室设有专用厕所时应扣除其数量；
  • 大便器至少设两个。

(8) 一、二、三级站应设到站旅客使用的厕所。

- **附属建筑**

(1) 汽车客运站附属建筑应有维修车间、洗车台、办公室等，其内容和规模可根据站级及需要设置。

(2) 维修车间应按一级维护及小修规模设置。维修车间场地宜与城镇道路直通，并与站场有隔离设施。

（3）一、二级站旅客出站口处应设验票、补票室。

(五) 停车场

1. 停车场容量应按交通部现行行业标准《汽车客运站级别划分和建筑要求》JT/T 200—95 的规定计算。

2. 停车场的停车数大于 50 辆，其汽车疏散口不应少于两个；停车总数不超过 50 辆时可设一个疏散口。

3. 停车场内的车辆宜分组停放，车辆停放的横向净距不应小于 0.80m，每组停车数量不宜超过 50 辆，组与组之间防火间距不应小于 6m。

4. 发车位和停车区前的出车通道净宽不应小于 12m。

5. 停车场的进、出站通道，单车道净宽不应小于 4m，双车道净宽不应小于 6m；因地形高差通道为坡道时，双车道则不应小于 7m。

6. 停车场应合理布置洗车设施及检修台。通向洗车设施及检修台前的通道应保持不小于 10m 的直道。

7. 停车场周边宜种植常绿乔木绿化环境及降低周边环境噪声。

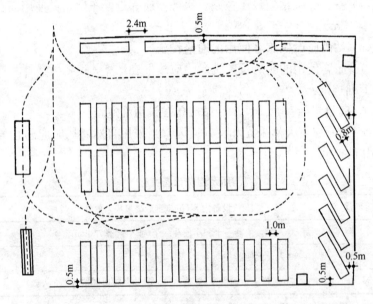

混合停车示意

(六) 防火设计

• 防火

1. 汽车客运站防火及疏散设计除应符合本规范外，尚应符合国家现行建筑设计防火规范的有关规定。

2. 汽车客运站的耐火等级，一、二、三级站不应低于二级，四级站不应低于三级。

3. 站房的吊顶及闷顶内的吸声、隔热、保温等构造不应采用易燃及受高温散发有毒烟雾的材料。

4. 各级汽车客运站的停车场和发车位除设室外消火栓外，还必须设置适用于扑灭汽油、柴油、燃气等易燃物质燃烧的消防设施。体积超过 5000m³ 的站房应设室内消防给水。

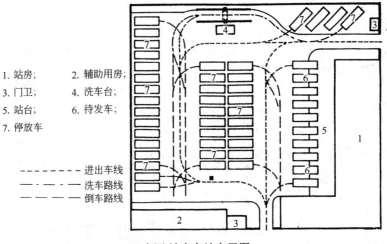

1. 站房；　2. 辅助用房；
3. 门卫；　4. 洗车台；
5. 站台；　6. 待发车；
7. 停放车

－－－－－ 进出车线
—·—·— 洗车路线
———— 倒车路线

50 辆驻站客车站布置图

- **疏散**

1. 候车厅内安全出口不得少于两个，每个安全出口的平均疏散人数不应超过 250 人。

2. 候车厅安全出口必须直接通向室外，室外通道净宽不得小于 3m。

3. 候车厅安全出口净宽不得小于 1.40m，太平门应向疏散方向开启，严禁设锁，不得设门槛。如设踏步应距门线 1.40m 处起步；如设坡道，坡度不得大于 1/12，并应有防滑措施。

4. 候车厅内带有导向栏杆的进站口均不得作为安全出口计算。

5. 楼层设置候车厅时，疏散楼梯不得小于两个，疏散楼梯应直接通向室外，室外通道净宽不得小于 3m。

6. 安全出口必须设置明显标志及事故照明设施。

7. 候车厅及疏散通道墙面不应采用具有镜面效果的装修饰面及假门。

四、参考图录

示例一 淮安汽车站

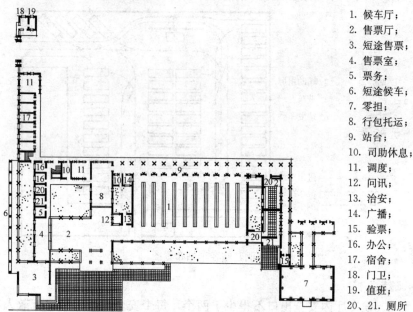

1. 候车厅；
2. 售票厅；
3. 短途售票；
4. 售票室；
5. 票务；
6. 短途候车；
7. 零担；
8. 行包托运；
9. 站台；
10. 司助休息；
11. 调度；
12. 问讯；
13. 治安；
14. 广播；
15. 验票；
16. 办公；
17. 宿舍；
18. 门卫；
19. 值班；
20、21. 厕所

淮安汽车站底层平面

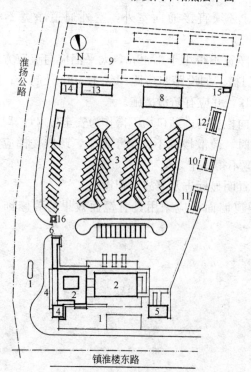

1. 站前广场；
2. 站房；
3. 停车场；
4. 短途区；
5. 零担区；
6. 进出站口；
7. 值班室；
8. 维修；
9. 生活区；
10. 洗车台；
11. 加油站；
12. 修车台；
13. 食堂；
14. 浴室；
15. 厕所；
16. 门卫

汽车站总平面

示例二　黄山市汽车客运站

总建筑面积：4405m²

发车位：16个

设计单位：黄山市建筑设计研究院

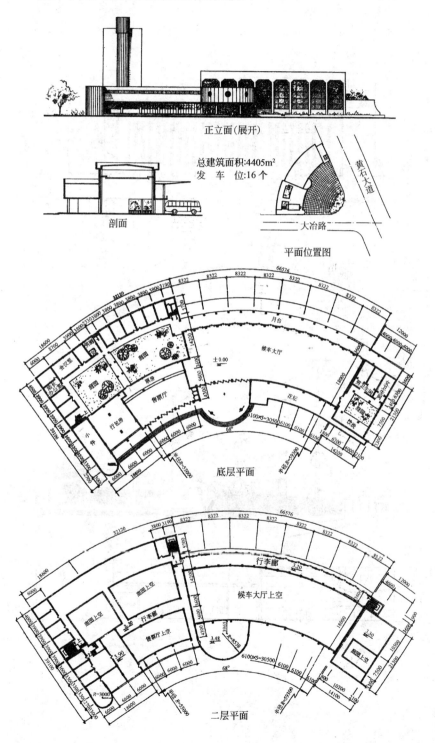

示例三 南京长途汽车东站

发车位：20个

设计单位：南京市建筑设计研究院

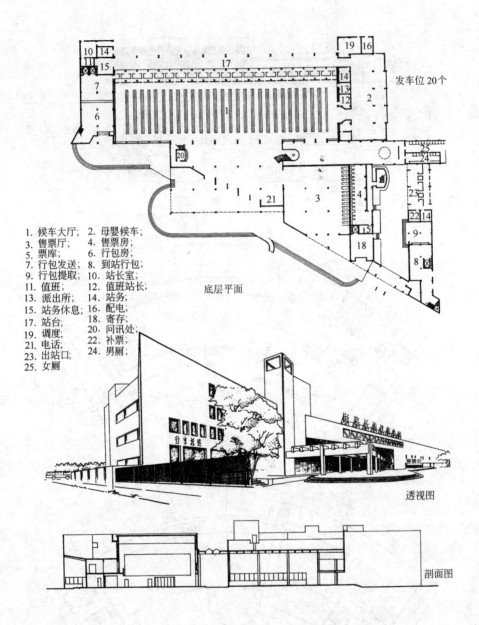

1. 候车大厅； 2. 母婴候车；
3. 售票厅； 4. 售票房；
5. 票库； 6. 行包房；
7. 行包发送； 8. 到站行包；
9. 行包提取； 10. 站长室；
11. 值班； 12. 值班站长；
13. 派出所； 14. 站务；
15. 站务休息； 16. 配电；
17. 站台； 18. 寄存；
19. 调度； 20. 问讯处；
21. 电话； 22. 补票；
23. 出站口； 24. 男厕；
25. 女厕

示例四　海口汽车客运站滨崖站
设计单位：海南省建筑设计研究院

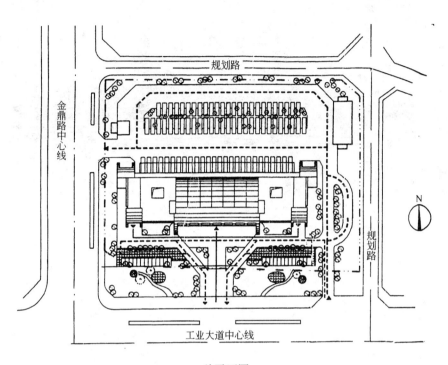

总平面图

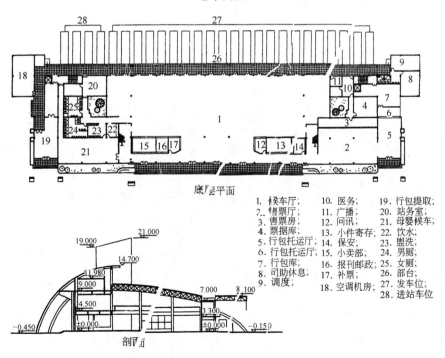

底层平面

1. 候车厅；
2. 售票厅；
3. 售票房；
4. 票据库；
5. 行包托运厅；
6. 行包托运厅；
7. 行包库；
8. 司助休息；
9. 调度；
10. 医务；
11. 广播；
12. 问讯；
13. 小件寄存；
14. 保安；
15. 小卖部；
16. 报刊邮政；
17. 补票；
18. 空调机房；
19. 行包提取；
20. 站务室；
21. 母婴候车；
22. 饮水；
23. 盥洗；
24. 男厕；
25. 女厕；
26. 部台；
27. 发车位；
28. 进站车位

剖面

透视图

设计二 山地旅馆建筑设计指导任务书

一、教学目的与要求

本课程设计为处于山地的小型旅馆。本次作业除进一步了解旅馆建筑的设计特点外,重点掌握山地建筑设计手法,包括建筑如何与地形适应,室外场地如何与原有地形结合,原有绿化、水体如何加以利用和保护,如何减少土石方与工程造价,如何形成山地建筑造型特色等。本次设计要求学生制作地形与建筑的工作模型,培养并提高学生对空间环境的思维能力。课程设计的目的是:

1. 通过小型旅馆建筑设计,理解与掌握具有综合功能要求的中小型公共建筑的设计方法与步骤;
2. 综合解决人、建筑、环境的关系,重点熟悉并解决建筑的竖向关系以及坡地建筑的设计特点;
3. 训练和培养学生建筑构思和空间组合的能力;
4. 综合考虑建筑与竖向地形相结合的布局方式。

二、课程设计任务与要求

(一) 设计任务书

1. 设计任务

拟在某山地景区的山谷地带建一规模在 100~120 床位的山地旅馆,总用地面积约为 $1.23hm^2$,总建筑面积约为 $4800m^2$(正负 5%),不包括环境景观中心的亭、廊、榭等园林建筑。

2. 设计要求

充分考虑依山傍水的自然环境,融人工于自然,体现朴实、灵巧、活泼、丰富的建筑风格。建筑不允许破坏山溪景观的完整性,应尽量保留高大乔木。忌设计为城市旅馆模式。建筑层数不宜高,以 4 层以内为宜。

建筑控制线退红线要求:沿路退 6m,其余各边退 3m。

建筑容积率不得大于 0.5,建筑密度不得大于 22%,绿地率不得小于 40%。

建筑要求:

- 平面功能合理,流线清晰;

- 空间构成流畅、自然；
- 立面注意特色、造型新颖，具有地方特色；
- 处理好建筑与山地环境的关系。

3. 建筑组成及要求

(1) 客房部分：（包括客房、服务、交通面积），总建筑面积 2100~2200m²，共 100~120 床。

A. 客房部分：双床标准间使用面积 14~16m²，单床间使用面积 9~10m²。

- 单床客房 15%~20%
- 双床客房 80%
- 双套间客房 5%

每套客房应有单独卫生间，应配置有：

卫生设备：1.7m 以上浴盆、带梳妆台脸盆、坐式马桶，面积 3~3.5m²。（也可淋浴房，0.9m×0.9m²）

家具设备：每人一床、床头柜、茶几、沙发、电视等；双套间另增三人沙发。

B. 服务部分：建筑面积 83~110m²。

- 服务台、值班室 30~40m²
- 更衣室 15~20m²
- 被服库 15~20m²
- 储藏间 15~20m²
- 卫生间包括清洁间，供工作人员用 4~5m²

服务部分按服务单元设置，一般每层一服务单元，管理客房以 30~50 间为宜。

(2) 公用部分：建筑面积 540~670m²。

- 门厅 100~120m²
- 休息、会客 40~60m²
- 总服务台 20m²，包括服务台办公室
- 小型超市 30~40m²
- 银行、邮电（可与总台合并） 20~30m²
- 商务中心（传真、复印、打字等） 25~30m²，可与邮电合设
- 冷饮、网吧、茶座、小酒吧 80~100m²，可单设或在大厅中
- 多功能大厅 120~1500m²，可作会场或餐厅，与厨房有联系
- 小件寄存 30m²，可与服务台合设，宜有一物品存放间
- 美容美发室 15~20m²
- 医务室 15~20m²

- 公共卫生间 15～20m²
- 其他 60m²

(3) 餐饮部分：建筑面积 1010～1100m²。
- 中餐厅 150m²，可对外营业
- 西餐厅 50m²
- 5～6 间大小包间 80～100m²，应设卫生间
- 配餐间 60m²，包括中餐、西餐、职工餐厅配餐间，应分设
- 咖啡厅和舞厅 150m²，可分设
- 酒吧间 80m²
- 职工餐厅 100m²
- 中餐厨房 100m²
- 西餐厨房 30～50m²
- 咖啡厨房 15m²
- 职工厨房 50～60m²
- 储藏冷库 20m²
- 库房 50～60m²，靠近厨房及货运入口，分 2～3 间
- 职工休息室 20～30m²
- 管理室 15～20m²
- 更衣室 20～30m²，男女分设

(4) 行政部分：建筑面积 250～350m²。
- 经理室 30～40m²，2 间，分正副经理
- 财务室 15m²，1 间
- 管理办公室 60m²，可为大房间或分 2～3 间
- 小会议室 45m²
- 库房 30～40m²，可分 2～3 间或 1 大间
- 职工休息娱乐室 40m²
- 职工更衣室 30m²，男女分设
- 卫生间 20～30m²，男女分设
- 开水间 15m²
- 职工医务室 15～18m²
- 电话总机房 30m²，2 间

(5) 工程维修、机房、后勤部分：建筑面积 450m²。
- 办公室 20～30m²，2～3 间
- 木工室 30m²

- 管、钳、电工房　　　　　　30m²
- 电梯机房　　　　　　　　　（设有电梯时考虑，面积按电梯型号确定）
- 变配电室　　　　　　　　　40～60m²
- 职工浴室　　　　　　　　　100m²
- 卫生间　　　　　　　　　　20～30m²
- 车库　　　　　　　　　　　60～80m²
- 水泵房　　　　　　　　　　30m²
- 洗衣房　　　　　　　　　　60m²

注：木工、管工、钳工、电工房、车库、水泵房、锅炉房、洗衣房等均可不设在主体建筑内，在总平面图上确定其位置即可。

4. 图纸内容及要求

（1）图纸内容
- 总平面图 1∶300～1∶500

（全面表达建筑与原有地段关系及周边道路状况，并绘出场地设计剖面 1～2 个）
- 首层平面 1∶100 或 1∶200（包括建筑周边绿地、庭院等外部环境设计）
- 其他各层平面，包括屋顶平面 1∶100 或 1∶200
- 立面 2～3 个 1∶100 或 1∶200
- 剖面 1～2 个 1∶100 或 1∶200
- 透视或鸟瞰图（外观透视图，不小于 40cm×40cm）
- 设计说明及技术经济指标

（2）图纸要求
- 图纸规格：纸张为 A1 绘图纸（或 750mm×500mm），表现手法用水粉、水彩自定。
- 每张图要有图名（或主题）、姓名、班级、指导教师。

5. 地形图

用地条件说明：

（1）该用地位于福建武夷山区的天峪谷或假定为其他地区，总用地面积为 12339.5m²。

（2）用地位于天峪谷中段，西侧有旅游专线道路，沿路北上至山谷深处有十余个旅游度假村及众多的自然景观。路西侧约 50m 为天峪河，水面宽 10m，水流湍急，景色宜人。

（3）用地为坡地，高程见下图。基地植被良好，多为杂生灌木，中有高大乔木，有良好的景观价值，应尽量予以保留。基地内有山溪穿过，终年长流，水质极佳。溪中多石，错落有致，溪水形成约 3m 高的瀑布，冲击成水潭，深约 1m。

（4）旅游专线道路宽 12m，其中车行道 8m，两侧路肩各为 2 米。

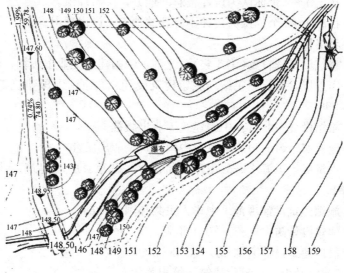

地形图

(二) 教学进度与要求

进度安排：

1. 讲解设计任务书，参观有关旅馆建筑(宜包括山地旅馆)，(课后收集有关资料，并做调研报告)。　　　　　　　　　　(第1周)

2. 讲授原理课，分析任务书及设计条件，第一次徒手草图，做体块模型，进行多方案比较(2～3个)　　　　　　　　　(第2、3周)

3. 修改一草，进行第二次草图设计，做工作模型。(第4、5周)

4. 讲评二草，并修改，进行第三次草图即正草，工作模型在原基础上进行推敲。　　　　　　　　　　　　　　　　　(第6、7周)

5. 绘图，附模型照片于图中。　　　　　　　　　　(第8周)

(三) 参观调研提要

1. 景观旅馆的总平面布局与地形的关系如何？

2. 旅馆的功能、流线是否合理、清晰？停车场的布置方式以及数量如何确定？

3. 旅馆客房部分中客房套型分类、卫生间尺寸、客房及内部家具、卫浴设备的布置如何？

分层服务台、开水间、被服间等的位置与客房的关系是否合理？

4. 门厅空间多流线、多功能区域的组织如何分流？

5. 商务中心、行李寄存的面积如何确定，休息厅、茶吧的布局方式以及与门厅的空间关系是否合理？

6. 厨房的内部分区及操作流程如何？餐厅大、小空间及内部格局的布置以及与厨房的对应关系是否合理？

7. 行政办公、职工工作、起居等后勤空间与主体功能空间的布局关系如何，布局是否合理？

8. 找出1~2个你认为设计精彩的地方，说出理由。

9. 找出1~2个你认为设计不合理的地方，说出理由。

(四) 参考书目

1. 建筑设计资料集(第4集). 北京：中国建筑工业出版社，1994

2. 唐玉恩，张皆正主编. 旅馆建筑设计. 北京：中国建筑工业出版社，1996

3. 旅馆设计. 北京：中国建筑工业出版社

4. 建筑实录(1~4). 北京：中国建筑工业出版社

5. 卢济威，王海松著. 山地建筑设计. 北京：中国建筑工业出版社，2001

6. 旅馆建筑设计规范. 中华人民共和国建设部

7. 建筑设计防火规范. 2001年版

8. 民用建筑设计通则 GB 50352—2005

9. 《建筑学报》，《时代建筑》等相关的专业杂志。

三、设计指导要点

(一) 基地选择

1. 基地的选择应符合当地城市规划要求，并应选在交通方便、环境良好的地区。

2. 在历史文化名城、风景名胜区及重点文物保护单位附近，基地的选择及建筑布局，应符合国家和地方有关管理条例和保护规划的要求。

3. 在城镇的基地应至少一面临接城镇道路，其长度应满足基地内组织各功能区的出入口、客货运输、防火疏散及环境卫生等要求。

(二) 总平面设计

1. 总平面布置应结合当地气候特征以及所处的具体地理环境。

2. 主要出入口必须明显，并能引导旅客直接到达门厅。主要出入口应根据使用要求设置单车道或多车道。

3. 不论采用何种建筑形式，均应合理划分旅馆建筑的功能分区，组织各种出入口，使人流、货流、车流互不交叉。

4. 在综合性建筑中，旅馆部分应有单独分区，并有独立的出入口；对外营业的商店、餐厅等不应影响旅馆本身的使用功能。

5. 总平面布置应合理安排各种管道，做好管道综合，并便于维护和检修。

6. 总平面布置应处理好主体建筑与辅助建筑的关系。对各种设备所产生的噪声和废气应采取措施，避免干扰客房区和邻近建筑。

7. 应根据所需停放车辆的车型及辆数在基地内或建筑物内设置停车空间，或按城市规划部门规定设置公用停车场地。

8. 基地内应根据所处地点布置一定的绿化，做好绿化设计。

(三) 建筑设计

1. 公共用房及辅助用房应根据旅馆等级、经营管理要求和旅馆附近可提供使用的公共设施情况确定。

2. 建筑布局应与管理方式和服务手段相适应，做到分区明确、联系方便，保证客房及公共用房具有良好的居住和活动环境。

3. 建筑热工设计应做到因地制宜，保证室内基本的热环境要求，发挥投资的经济效益。

4. 建筑体形设计应有利于减少空调与采暖的冷热负荷，做好建筑围护结构的保温和隔热，以利节能。

5. 采暖地区的旅馆客房部分的保温隔热标准应符合现行的《民用建筑节能设计标准》的规定。

6. 锅炉房、冷却塔等不宜设在客房楼内，如必须设在客房楼内时，应自成一区，并应采取防火、隔声、减振等措施。

7. 室内应尽量利用天然采光。

8. 电梯。

(1) 一、二级旅馆建筑3层及3层以上，三级旅馆建筑4层及4层以上，四级旅馆建筑6层及6层以上，五、六级旅馆建筑7层及7层以上，应设乘客电梯。

(2) 乘客电梯的台数应通过设计和计算确定。

(3) 主要乘客电梯位置应在门厅易于看到且较为便捷的地方。

(4) 客房服务电梯应根据旅馆建筑等级和实际需要设置，五、六级旅馆建筑可与乘客电梯合用。

(5) 消防电梯的设置应符合现行的《高层民用建筑设计防火规范》的有关规定。

9. 当旅馆建筑中采用方便残疾人设施时，应符合现行的《方便残疾人使用的城市道路和建筑物设计规范》的有关规定。

- 客房部分

(1) 客房

A. 客房类型分为：套间、单床间、双床间（双人床间）、多床间；多床间内床位数不宜多于4床。

B. 客房不宜设置在无窗的地下室内，当利用无窗人防地下空间作为客房时，必须设有机械通风设备。

C. 客房内应设有壁柜或挂衣空间。

D. 客房的隔墙及楼板应符合隔声规范的要求。

E. 客房之间的送风和排风管道必须采取消声处理措施，设置相当于毗邻客房间隔墙隔声量的消声装置。

F. 天然采光的客房间，其采光窗洞口面积与地面面积之比不应小于1/8。

G. 跃层式客房内楼梯允许设置扇形踏步,距内缘0.25m处的宽度不应小于0.22m。

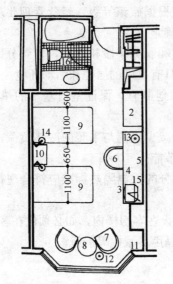

1. 壁柜;
2. 行李架;
3. 电视机;
4. 写字桌;
5. 镜子;
6. 坐椅;
7. 沙发;
8. 茶几;
9. 单人床;
10. 床头柜;
11. 窗帘;
12. 立灯;
13. 台灯;
14. 床头灯;
15. 冰箱;
16. 客房卫生间;
17. 厨房

标准客房单元

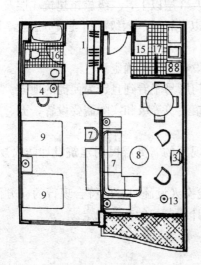

套房客房单元

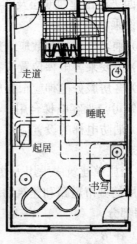

客房活动区域分析

(2) 客房净面积不应小于下表的规定

旅馆客房净面积(m²)

建筑等级	一级	二级	三级	四级	五级	六级
单床间	12	10	9	8	—	—
双床间	20	16	14	12	12	10
多床间	每床不小于4					

注:双人床间可按双床间考虑。

(3) 卫生间

A. 客房附设卫生间应符合下表的规定；

B. 对不设卫生间的客房，应设置集中厕所和淋浴室。每件卫生器具使用人数不应大于下表的规定；

C. 当卫生间无自然通风时，应采取有效的通风排气措施；

客房附设卫生间

旅馆等级	一级	二级	三级	四级	五级	六级
净面积(m²)	≥5.0	≥3.5	≥3.0	≥3.0	≥2.5	—
占客房总数百分比(%)	100	100	100	50	25	—
卫生器具件数(件)	不应少于3			不应少于2		—

每件卫生器具使用人数

		洗脸盆或水龙头	大便器	小便器或0.6m长小便槽	淋浴喷头	
					严寒地区寒冷地区	温暖地区炎热地区
男	使用人数60人以下	10	12	12	20	15
	超过60人部分	12	15	15	25	18
女	使用人数60人以下	8	10	—	15	10
	超过60人部分	10	12	—	18	12

D. 卫生间不应设在餐厅、厨房、食品贮藏、变配电室等有严格卫生要求或防潮要求用房的直接上层；

E. 卫生间不应向客房或走道开窗；客房上下层直通的管道井，不应在卫生间内开设检修门；

F. 卫生间管道应有可靠的防漏水、防结露和隔声措施，并便于检修。

(4) 室内净高

A. 客房居住部分净高度，当设空调时不应低于2.4m；不设空调时不应低于2.60m。

B. 利用坡屋顶内空间作为客房时，应至少有8㎡面积的净高度不低于2.4m。

C. 卫生间及客房内过道净高度不应低于2.1m。

D. 客房层公共走道净高度不应低于2.1m。客房内走道宽度不低于1.1m。

(5) 客房层服务用房

A. 服务用房宜设服务员工作间、贮藏间和开水间，可根据需要设置服务台。

B. 一、二、三级旅馆建筑应设消毒间；四、五、六级旅馆建筑应有消毒设施。

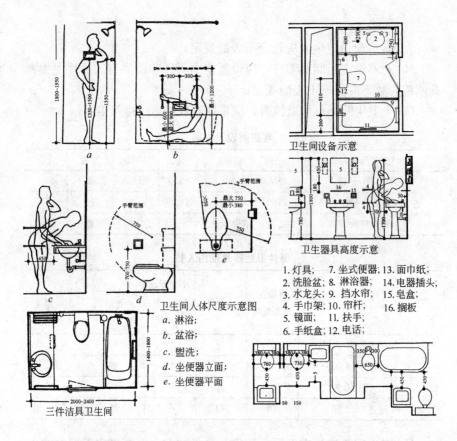

卫生间设备示意

卫生器具高度示意

1. 灯具； 7. 坐式便器； 13. 面巾纸；
2. 洗脸盆； 8. 淋浴器； 14. 电器插头；
3. 水龙头； 9. 挡水帘； 15. 皂盒；
4. 手巾架； 10. 帘杆； 16. 搁板
5. 镜面； 11. 扶手；
6. 手纸盒； 12. 电话；

卫生间人体尺度示意图
a. 淋浴；
b. 盆浴；
c. 盥洗；
d. 坐便器立面；
e. 坐便器平面

三件洁具卫生间

C. 客房层全部客房附设卫生间时，应设置服务人员厕所。

D. 客房层开水间应设有效的排气措施，不应使蒸汽和异味窜入客房。

E. 同楼层内的服务走道与客房层公共走道相连接处如有高差时，应采用坡度不大于1∶10的坡道。

（6）门、阳台

A. 客房入口门洞宽度不应小于0.9m，高度不应低于2.1m。

B. 客房内卫生间门洞宽度不应小于0.75m，高度不应低于2.1m。

C. 既作套间又可分为两个单间的客房之间的连通门和隔墙，应符合客房隔声标准。

D. 相邻客房之间的阳台不应连通。

• **公共部分**

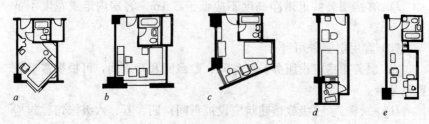

单人间客房平面

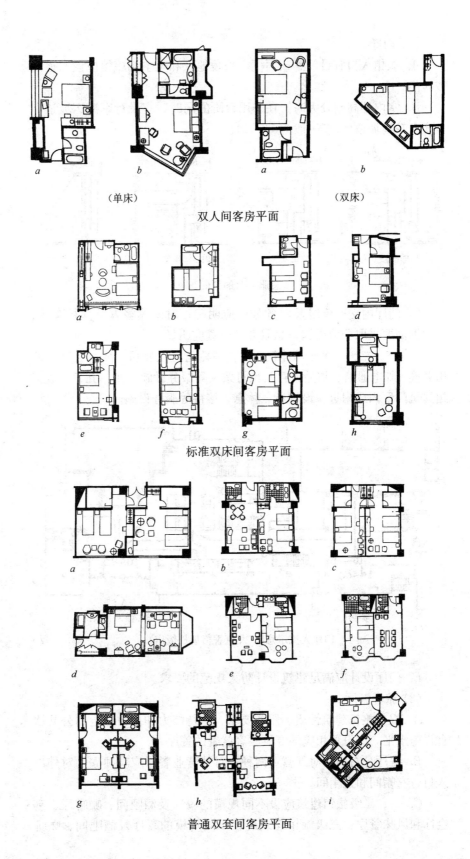

（单床） （双床）

双人间客房平面

标准双床间客房平面

普通双套间客房平面

(1) 门厅

A. 旅馆入口宜设门廊或雨棚，采暖地区和全空调旅馆应设双道门或转门。

B. 室内外高差较大时，在采用台阶的同时，宜设行李搬运坡道和残疾人轮椅坡道（坡度一般为 1∶12）。

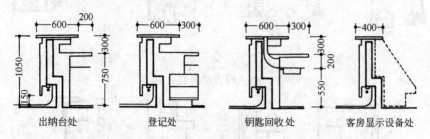

总服务台的剖面

C. 门厅内交通流线及服务分区应明确；对团体客人及其行李等，可根据需要采取分流措施；总服务台位置应明显。

D. 一、二、三级旅馆建筑门厅内或附近应设厕所、休息会客、外币兑换、邮电通信、物品寄存及预订票证等服务设施；四、五、六级旅馆建筑门厅内或附近应设厕所、休息、接待等服务设施。

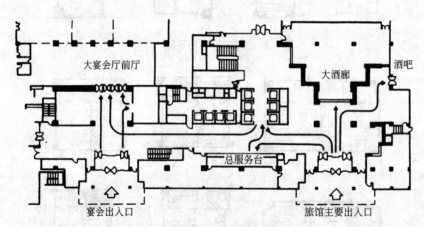

门厅人流示意图（北京香格里拉饭店）

E. 门厅设计应满足建筑设计防火规范的要求。

(2) 旅客餐厅

A. 根据旅馆建筑性质、服务要求、接待能力和旅馆邻近的公共饮食设施水平，应设置相应的专供旅客就餐的餐厅。

B. 餐厅分对内与对外营业两种。对外营业餐厅应有独立的对外出入口、衣帽间和卫生间。

C. 一、二级旅馆建筑应设不同规模的餐厅及酒吧间、咖啡厅、宴会厅和风味餐厅；三级旅馆建筑应设不同规模的餐厅及酒吧间、咖啡厅和宴会厅；四、五、六级旅馆建筑应设餐厅。

D. 一、二、三级旅馆建筑餐厅标准不应低于现行的《饮食建筑设计规范》中的一级餐馆标准；四级旅馆建筑餐厅标准不应低于二级餐馆标准；五、六级旅馆建筑餐厅标准不应低于三级餐馆标准。

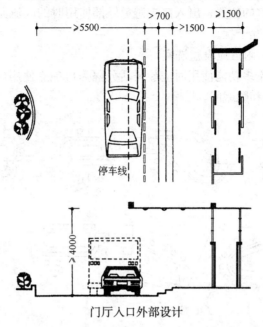

门厅入口外部设计

E. 为旅客就餐的餐厅座位数，一、二、三级旅馆建筑不应少于床位数的 80%；四级不应少于 60%；五、六级不应少于 40%。

F. 餐饮空间不宜过大，80 座左右规模为宜，最大不超过 200 座。

G. 顾客入座路线和服务员服务路线应尽量避免重叠。服务路线不宜过长（最大不超过 40m），并且尽量避免穿越其他用餐空间。大型多功能厅或宴会厅应设备餐廊。

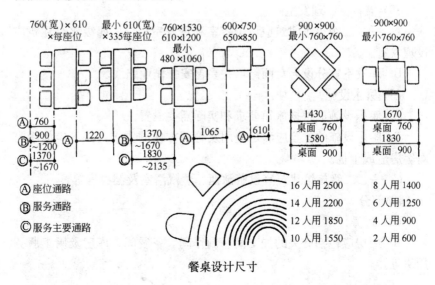

餐桌设计尺寸

H. 旅客餐厅的建筑设计除应符合上述各款规定外，还应按现行的《饮食建筑设计规范》中有关餐馆部分的规定执行。

(3) 会议室

A. 大型及中型会议室不应设在客房层。

B. 会议室的位置、出入口应避免外部使用时的人流路线与旅馆内部客流路线相互干扰。

C. 会议室附近应设盥洗室。

D. 会议室多功能使用时应能灵活分隔为可独立使用的空间，且应有相应的设施和贮藏间。

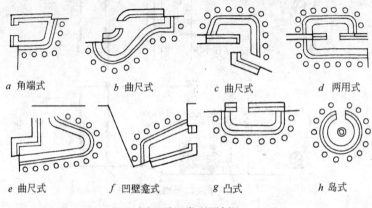

酒吧平面类型图例

(4) 商店

A. 一、二、三级旅馆建筑应设有相应的商店；四、五、六级旅馆建筑应设小卖部。设计时可参照现行的《商店建筑设计规范》执行。

B. 商店的位置、出入口应考虑旅客的方便，并避免噪声对客房造成干扰。

(5) 美容室、理发室

A. 一、二级旅馆建筑应设美容室和理发室；三、四级旅馆建筑应设理发室。

B. 理发室宜分设男女两部，并妥善安排作业路线。

(6) 康乐设施。

A. 康乐设施应根据旅馆要求和实际需要设置。

B. 康乐设施的位置应满足使用及管理方便的要求，并不应使噪声对客房造成干扰。

C. 一、二级旅馆建筑宜设游泳池、蒸汽浴室及健身房等。

- **辅助部分**

(1) 厨房

A. 厨房应包括有关的加工间、制作间、备餐间、库房及厨工服务用房等。

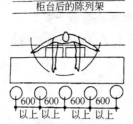
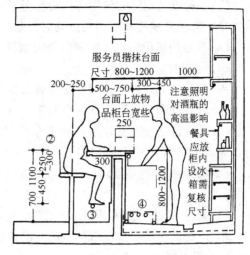

① 灯具以偏柜台中心内侧为佳；
② 高柜台时，凳脚以固定在地面为佳；
③ 搁脚架位置要使鞋不碰到柜台壁；
④ 为便于煤气给排水管线检修，管线以明露为佳。

酒吧柜台尺寸

B. 厨房的位置应与餐厅联系方便，并避免厨房的噪声、油烟、气味及食品储运对公共区和客房区造成干扰。

C. 厨房平面设计应符合加工流程，避免往返交错，符合卫生防疫要求，防止生食与熟食混杂等情况发生。

D. 厨房净高（梁底高度）不低于2.8m，隔墙不低于2m；对外通道上的门宽不小于1.1m，高度不低于2.2m；其他分隔门，宽不小于0.9m；厨房内部通道不得小于1m。通道上应避免设台阶。

E. 在厨房适当位置设置职工洗手间、更衣室及厨师长办公室。

F. 厨房与餐厅连接，尽量做到出入口分设，使送菜与收盘分道，并避免气味窜入餐厅。

G. 厨房的建筑设计除应符合上述各款规定外，还应按现行的《饮食建筑设计规范》中有关厨房部分的规定执行。

(2) 洗衣房

A. 各级旅馆应根据条件和需要设置洗衣房。

B. 洗衣房应靠近服务电梯（或污衣井），同时避免噪声对外干扰。

C. 洗衣房的平面布置应分设工作人员出入口、污衣入口及洁衣出口，并避开主要客流路线。

D. 洗衣房的面积应按洗作内容、服务范围及设备能力确定。

E. 一、二、三级旅馆应设有衣物急件洗涤间。

(3) 设备用房

A. 旅馆应根据需要设置有关给排水、空调、冷冻、锅炉、热力、燃气、备用发电、变配电、防灾中心等机房，并应根据需要设机修、木工、电工等维修用房。

B. 设备用房应首先考虑利用旅馆附近已建成的各种有关设施或与附近建筑联合修建。

C. 各种设备用房的位置应接近服务负荷中心。运行、管理、维修应安全、方便并避免其噪声和振动对公共区和客房区造成干扰。

D. 设备用房应考虑安装和检修大型设备的水平通道和垂直通道。

（4）备品库

A. 进货口和垃圾清运口位置应远离客人活动区。

B. 进货处和垃圾处理部分应紧靠后台，进出口宜分设。

C. 进货台一般需要容纳两辆卡车同时卸货（大于600间客房规模时，应容纳三辆卡车同时卸货）。

D. 备品库应包括家具、器皿、纺织品、日用品及消耗物品等库房。

E. 备品库的位置应考虑收运、贮存、发放等管理工作的安全与方便。

F. 库房的面积应根据市场供应、消费贮存周期等实际需要确定。

（5）职工用房

A. 职工用房包括行政办公、职工食堂、更衣室、浴室、厕所、医务室、自行车存放处等项目，应根据旅馆的实际需要设置。

B. 职工用房的位置及出入口应避免职工人流路线与旅客人流路线互相交叉。

（四）防火与疏散

1. 旅馆建筑的防火设计除应执行现行的防火规范外，还应符合下面的规定：

高层旅馆建筑防火设计的建筑物分类应符合下列规定。

建筑物的分类

建筑高度＼旅馆建筑等级	一级	二级	三级	四级	五级	六级
≤50m	一类	一类	二类	二类	二类	二类
＞50m	一类	一类	一类	一类	一类	一类

2. 一、二类建筑物的耐火等级、防火分区、安全疏散、消防电梯的设置等均应按现行的《高层民用建筑设计防火规范》执行。

3. 集中式旅馆的每一防火分区应设有独立的、通向地面或避难层的安全出口，并不得少于两个。

4. 旅馆建筑内的商店、商品展销厅、餐厅、宴会厅等火灾危险性大、安全性要求高的功能区及用房，应独立划分防火分区或设置相应耐火极限的防火分隔，并设置必要的排烟设施。

5. 旅馆的客房、大型厅室、疏散走道及重要的公共用房等处的建筑装修材料，应采用非燃烧材料或难燃烧材料，并严禁使用燃烧时产生有毒气体及窒息性气体的材料。

6. 公共用房、客房及疏散走道内的室内装饰，不得将疏散门及其标志遮蔽或引起混淆。

7. 各级旅馆建筑的自动报警及自动喷水灭火装置应符合现行的《火灾自动报警系统设计规范》,《自动喷水灭火系统设计规范》的规定。

8. 消防控制室应设置在便于维修和管线布置最短的地方,并应设有直通室外的出口。

9. 消防控制室应设外线电话及至各重要设备用房和旅馆主要负责人的对讲电话。

10. 旅馆建筑应设火灾事故照明及明显的疏散指示标志,其设置标准及范围应符合防火规范的规定。

11. 电力及照明系统应按消防分区进行配置,以便在火灾情况下进行分区控制。

12. 当高层旅馆建筑设有垃圾道、污衣井时,其井道内应设置自动喷水灭火装置。

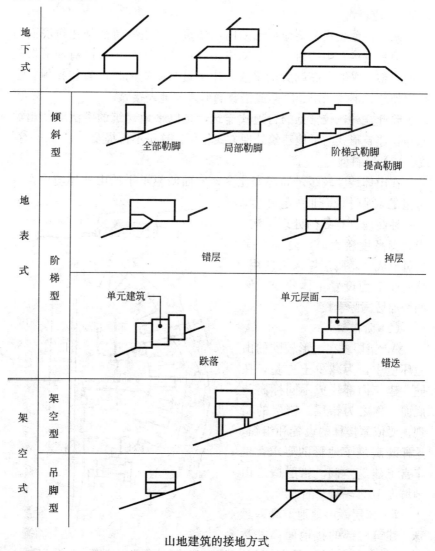

山地建筑的接地方式

(五) 山地建筑设计——山地建筑的接地形态

山地建筑的接地形态是山地建筑与自然基面相互关系的概括和描述，它表现了山地建筑克服地形障碍获取使用空间的不同形态模式。接地状态的不同，决定了山地建筑对地表的改动程度及其本身的结构形式。设计中根据地形选择不同的接地形态，是思考建筑结合地形布局的关键因素。根据建筑底面与山体地表的不同关系，山地建筑的接地方式可分为地下式、地表式和架空式三大类。

1. 地下式

采用"地下式"接地形态的山地建筑，其形体位于地表以内，对于山地地表的破坏相对减少。

有利于保护地形和自然植被，同时地下建筑也有很好的节能效果，冬暖夏凉。中国传统的地下式建筑窑洞。例如陇东庆阳县南大街张宅。

2. 地表式

采用"地表式"接地形态的山地建筑，其主要特征是建筑底面与山体地表直接发生接触。为了减少倾斜地形的改变，可以对地形做较小的修整，采取提高勒脚的手法，让建筑与倾斜的地面直接接触；也可以使建筑形成错层、跌落或错叠的形式与地表接触。

除此之外，较常见的台地式建筑，是以平地建筑的手法对待山坡基地，建筑形式与平地建筑处理方式相似，这里不再提及。

（1）倾斜型

在山体坡度较缓，局部变化多，地面崎岖不平的山地环境中，将房屋的勒脚提高到一定高度，是一种简捷、有效的处理手法。当勒脚高度较大时，内部空间也可形成"勒脚层"以供使用，然后在上面设置主体建筑。例如新加坡国际学校。

（2）阶梯型

A. 错层。在地形较陡的山地环境中，为减少土方量，在同一建筑内部形成不同标高的底面，称之为错层。错层的实现主要依靠楼梯的设置和组织，这样既满足了地形的要求，也丰富了建筑空间。错层适应山地坡度10%～30%的地形。

B. 掉层。山地地形高差悬殊，建筑内部的接地面高差达到一层或以上时，形成掉层。

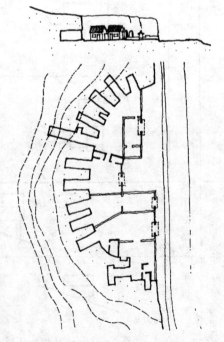

陇东庆阳县南大街张宅（沿等高线组织窑洞）

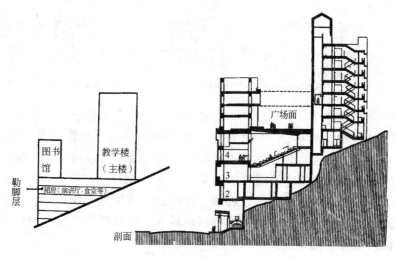

新加坡国际学校

掉层适应山地坡度30%～60%的地形。其形式有纵向掉层、横向掉层和局部掉层三种。

建筑布置垂直于等高线，即出现纵向掉层。纵向掉层跨越等高线较多，则底部常以阶梯的形式顺势掉落，为保证掉层部分的采光和通风，适应于面东或面西的山坡横向掉层的建筑，多沿等高线布置，其掉层部分只有一面可以开窗，建筑采光和通风多受影响；局部掉层的建筑因其平面布置和使用上都较特殊，一般在复杂的地形或建筑形体多变时采用。

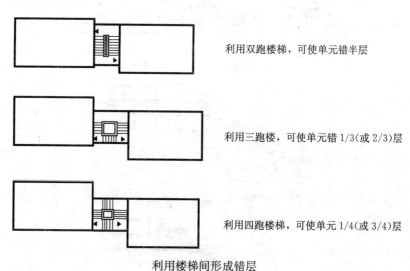

利用楼梯间形成错层

C. 跌落式。单元式建筑顺势跌落，呈阶梯状的布置方式。由于以单元为单位跌落，其平面一般不受影响，所以布置方式较为自由。此种方式通常在住宅建筑中运用较多。

D. 错叠(台地)式。错叠与跌落式相似，也由建筑单元组合，通常

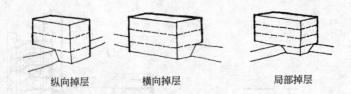

纵向掉层　　　横向掉层　　　局部掉层

建在单坡基地上。主要形式是建筑单元沿山坡重叠建造，下单元的屋顶成为上单元的平台。由于外形是规则的踏步状，也称之为台阶式。错叠式较适合住宅和旅馆等山地建筑，设计时可通过对单元进深和阳台大小的调节来适应不同坡地地形。

错叠式建筑设计应注意视线干扰问题，特别是居住建筑。为了阻止视线，通常将上层平台的栏杆做成具有一定宽度的花台，避免正常情况下上下层的对视。

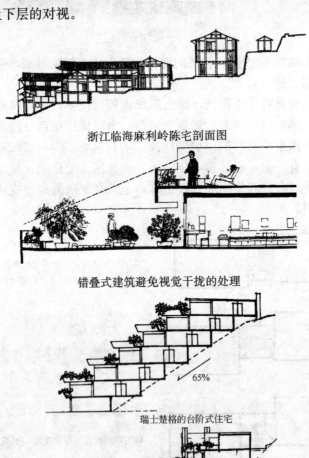

浙江临海麻利岭陈宅剖面图

错叠式建筑避免视觉干扰的处理

瑞士楚格的台阶式住宅

瑞士利斯塔的台阶式住宅

(3) 架空式

采用"架空式"形式的山地建筑，其底面与基地完全或局部脱开，以柱子或建筑局部支撑建筑的荷载。架空式建筑脱离地面，有利于建筑的防潮，并能减少虫蝎的干扰，对地形也有很强的适应能力。根据底面的架空程度，分为架空和吊脚两种类型。架空的建筑，其底面与基地完全分开，用柱子支撑；吊脚的建筑底面局部坐落于地表，局部架空，如四川的吊脚楼民居样式。

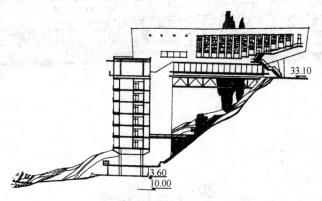

俄罗斯索契黑海之滨疗养院

四、参考图录

示例一　上海龙柏饭店

建筑面积：12443m²

客房数：161 间

平均每间客房建筑面积：77.3m²

层数：6 层

建造年代：1982 年

设计单位：华东建筑设计院

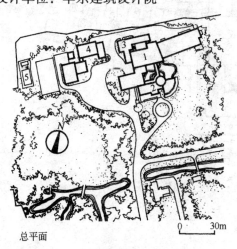

总平面图

总平面

透视

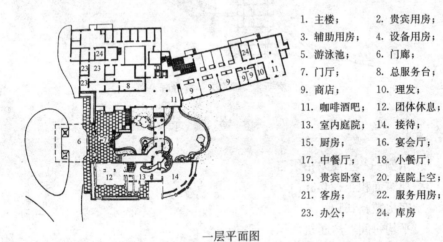

1. 主楼；	2. 贵宾用房；
3. 辅助用房；	4. 设备用房；
5. 游泳池；	6. 门廊；
7. 门厅；	8. 总服务台；
9. 商店；	10. 理发；
11. 咖啡酒吧；	12. 团体休息；
13. 室内庭院；	14. 接待；
15. 厨房；	16. 宴会厅；
17. 中餐厅；	18. 小餐厅；
19. 贵宾卧室；	20. 庭院上空；
21. 客房；	22. 服务用房；
23. 办公；	24. 库房

一层平面图

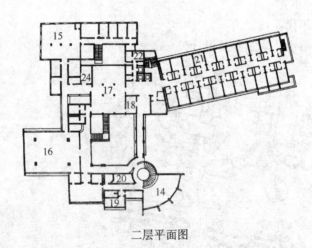

二层平面图

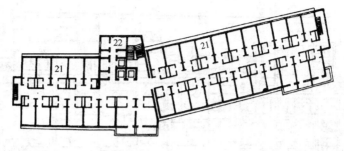

标准层

标准层平面图

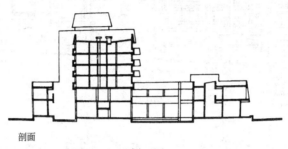

剖面

剖面图

示例二 山东曲阜

阙里宾舍

建筑面积：13669.2m²

客房数：175 间

平均每间客房建筑面积：78.1m²

层数：2 层

建造年代：1986 年

设计单位：建设部建筑设计研究院

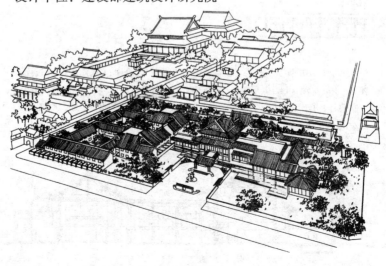

鸟瞰图

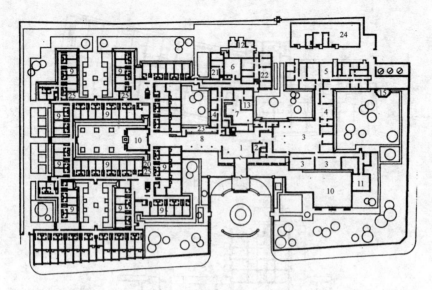

一层平面

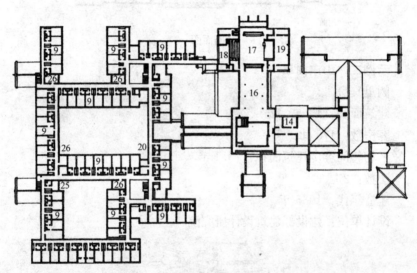

二层平面

1. 门厅；2. 酒吧；3. 餐厅；4. 备餐；5. 厨房；6. 仓库；7. 商店；8. 过厅；
9. 客房；10. 水池；11. 俱乐部；12. 配电；13. 理发室；14. 办公室；15. 半里亭；
16. 休息厅；17. 会议厅；18. 放映室；19. 会议室；20. 开水间；21. 广播天线；
22. 电话机房；23. 总服务台；24. 冷冻机房；25. 服务配电；26. 通风机房

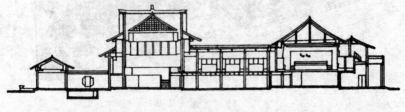

剖面

示例三　广州矿泉客舍

建筑面积：54358m²
客房数：100 间
层数：2 层
建造年代：20 世纪 70 年代扩建
设计师：莫伯治

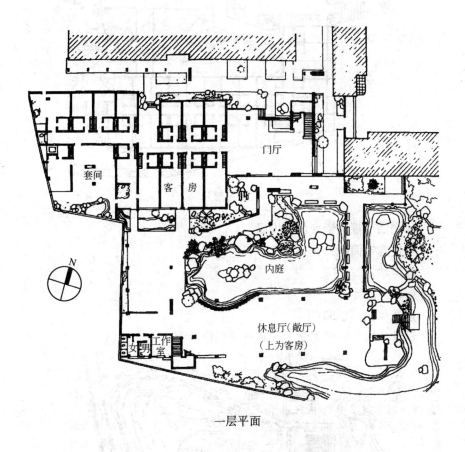

一层平面

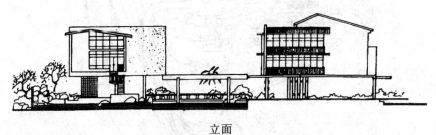

立面

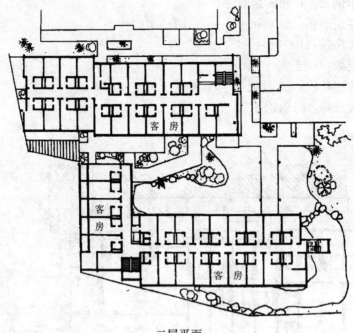

二层平面

示例四 福建崇安武夷山庄

主楼建筑面积：3641m²

客房数：32间

层数：2层

建造年代：1983年

设计单位：东南大学与福建省建筑设计院合作

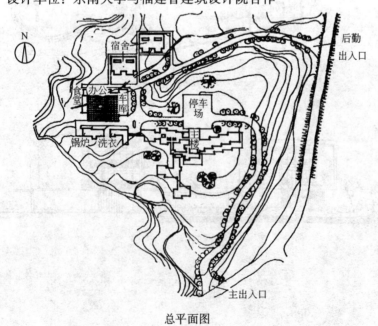

总平面图

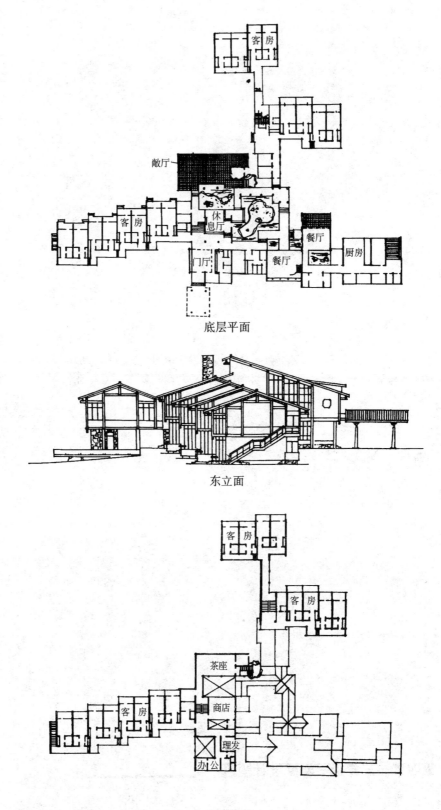

底层平面

东立面

二层平面

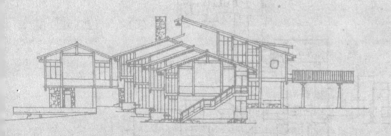

第四章 三年级下学期设计题目

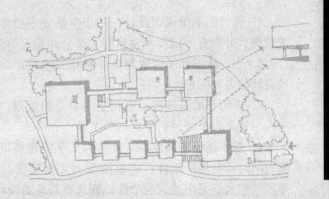

设计一　图书馆建筑设计指导任务书

一、教学目的与要求

1. 通过图书馆课程设计，初步掌握处理功能较复杂、造型艺术要求较高、并带有一定技术含量的大型公共建筑的设计方法。

2. 充分认识和了解规划条件和相关规范，综合处理好大型公共建筑设计的各种问题。

3. 训练和培养建筑构思和空间组合的能力，处理好复杂功能建筑室内与室外以及建筑造型之间的关系。

4. 初步理解艺术性要求较高的文化类建筑设计中，在满足复杂功能的同时，从场所精神、建筑流派、文化气质、地域特色、生态技术等不同切入点突出建筑的个性，创造有新意的设计作品。

二、课程设计任务与要求

(一) 设计任务书

1. 设计任务

为改善大学教学环境，方便师生的学习和教学，拟在某大学教学区内建造一图书馆，总建筑面积约为 7500m²，总藏书量为 55 万册，总建筑投资 1200 万元。

地段 A：拟在河南省某学院内建一图书馆，选址于校前广场教学楼东侧，总用地面积约 5200m²，基地详见地形一。

地段 B：拟在浙江某大学某校区内建一图书馆，选址于科技馆北侧，新教科大楼东南侧，总用地面积约 7120m²，基地详见地形二。

2. 设计要求

充分考虑地形条件，以及周围条件对建筑的影响。遵循相关设计规范。建筑密度小于 40%，绿化率大于 30%。建筑要求：

- 妥善处理主次入口位置，安排好建筑外部的人流、车流的布局和外部环境设计。
- 合理组织内部功能，妥善处理人流、书流，内部工作人员流线与读者流线。
- 造型注意体现图书馆的文化个性，考虑不同地域的地方特色。

3. 建筑组成及要求

(1) 书库：总建筑面积为 2800m²。分基本书库、辅助书库、视听及缩微资料库。

A. 基本书库（总建筑面积为 2200m²）。

包括流通书库、本馆特藏书库、保存书库。各种书库之间应相对隔断。特藏及保存书库是流通量较小的书库，占基本书库总面积的 1/3 左右，按闭架及密集书库设计。其余按开架借阅要求设计，库内放置阅览桌椅。

B. 期刊书库（总建筑面积 400m²）

包括现刊库（100m²），过刊库（60m²），科技情报资料库（240m²），并分别与期刊部、科技情报资料室和相应的阅览室邻近。

C. 视听、缩微资料库（总建筑面积 200m²）

收藏视听、缩微资料用，库位要分别与它们的阅览室、管理工作室相邻近。室内要考虑温湿度和相应的防火措施。

(2) 阅览室：总建筑面积为 2100m²。

分设科技书、科技期刊、科技情报资料、视听资料、音乐视听、缩微资料、研究生、学生阅览室等八种阅览室。共设阅览座位 700 座。各阅览室面积及座位分配比详附表。

A. 阅览室均需开架，陈列各种书刊资料，楼面荷载相同于基本书库。大阅览室附近，分别设置静电复印机。各阅览区分别安装图书监测仪和设置固定壁橱或供读者放置书包的小格箱，并设读者休息室若干处，以及工作人员的工作场所，阅览桌一般采用四人、六人桌。

B. 缩微资料阅览室，室内配置一台具有复制功能的缩微阅读器及一般缩微阅读器 5 台，室内门窗要求遮光措施。缩微资料管理，服务工作室需和库房邻近。

C. 视听资料阅读室

· 第一视听室设座位 10 个，供读者使用录音磁带、唱片、幻灯片等视听资料。

· 第二视听室设座位 15 个，供读者使用录像带、8mm 电影片。室内备有 8mm 电影放映机、幻灯、投影机、活动银幕等。

视听阅读室要求具有一定水平的影像及音响效果。管理工作室及视听资料库与之相邻。

(3) 读者公共活动用房：总建筑面积约 1000m² 左右。

包括门厅、目录厅、出纳室、计算机检索终端室、读者休息空间、学术报告厅、陈列展览、接待室及其他用房。

A. 门厅：是读者出入馆的主要人流交汇处，是建筑水平、垂直的交通枢纽。

B. 目录、出纳厅：应设总目录厅及各层分目录厅。目录厅既要设置在读者入馆、入库的位置上，又要尽量避免成为交通过道。

C. 计算机检索终端室：位置应设置在图书总目录厅邻近。

D. 学术报告厅：建筑面积 $300m^2$，设置座位 200 座，厅内备有放录间、16～35mm 幻灯、投影等设备，并设有集中控制室，每个座位上装有同声传译设备。

E. 陈列展览及接待室：展览室能根据不同需要进行分隔，展览室亦可以用展览廊形式出现。接待室内宜设置卫生间及空调设备，可作接待外宾用。

F. 其他用房：在门厅附近设置读者问询接待室、存物处以及读者休息处等。

(4) 图书加工、技术业务工作用房：总建筑面积约 $1100m^2$。

A. 编目加工部：分隔成数间，室内需存放一定数量的书架，目录柜。位置设于进送书方便处。

B. 各书流通部：分典藏室（一间），馆际互借工作室（一间），流通出纳工作室（二间）。其中典藏室设于底层。总目录厅附近设流通部工作室及馆际互借室。

C. 照相室和消毒室各一间。

D. 期刊部：应与期刊出纳室相近。

E. 阅览部：位置设于阅览区。

F. 参考咨询部：设在教师阅览区，设有工作室及参考检索工具书查阅室。

G. 科技情报资料室：设于科技情报资料库及科技情报资料阅览室附近。

H. 技术服务管理部：设于底层，以组织和管理各项新技术和现代化设备的应用。

I. 视听资料管理室：设在视听资料及音像阅览室与资料库附近。

J. 照相缩微工作室：设于底层，缩微室在工作中要求避免振动的影响，需设置双层密闭，装置空调设备，照相缩微片冲洗间需设防腐蚀措施。缩微材料库主要储存感光材料和纸张等，应有较好保管条件，如防火、灭火装置等，门要有遮光设施。

K. 复印室：设于底层，分设静电复印室、胶印室、材料室、管理工作室等。需恒温恒湿。

L. 宣传工作室：靠近陈列、展览等处。

M. 油印室：设于编目加工部附近。

N. 计算机房及附属用房，分主机房和工作辅助用房两部分。

- 主机房：设双层密闭，空调。采用活动硬木地板，磁带和磁盘库考虑屏蔽。
- 工作辅助用房：包括软硬件工作室、监控终端室、高速打印机室、维修室、更衣室、贮藏室等。计算机房设于底层。

(5) 行政办公用房及设备用房：总建筑面积约 $500m^2$。

A. 编目加工部：分隔成数间，室内需存放一定数量的书架。
　B. 行政办公用房：设馆长室、政工办公室、行政办公室、业务接待室、值班室、收发室、会议室、贮藏室、工作人员办公室等。
　C. 设备用房：设置配电室、水泵房、电梯机房、中央控制室、电话总机等。

附表各种用房使用面积分配如下：
总建筑面积 7500m², K—68％

A. 书库	1900m²
・基本书库	1500m²
・期刊书库	270m²
・视听、缩微资料库	130m²
B. 阅览室	1420m²
・科技图书阅览室	170m²
・科技期刊　　现刊 60 座	120m²
过刊 25 座	50m²
・科技情报资料阅室	35m²
・教师阅览室(60 座)	80m²
・研究生阅览室(75 室)	170m²
・学生阅览室(350 座)	680m²
・缩微资料阅览室(10 座)	25m²
・视听资料阅览室	60m²
第一视听(10 座)	25m²
第二视听(15 座)	35m²
C. 读者公共活动用房	680m²
・门厅	100m²
・目录、出纳厅	100m²
・计算机检索终端室	40m²
・学术报告厅 200 座	300m²
・陈列展览及接待室	60m²
・其他用房(休息、存放等)	80m²
D. 技术业务用房	700m²
・采访交换室	40m²
・图书流通	80m²
・编目加工室	60m²
・照相室	40m²
・消毒室	40m²
・期刊部	30m²
・阅览部	20m²
・参考咨询部	20m²

- 科技情报资料部 20m²
- 技术服务管理部 20m²
- 视听资料管理部 20m²
- 照相缩微工作室 90m²
- 复印室 60m²
- 图书修整装订室 40m²
- 宣传工作室 20m²
- 油印室 30m²
- 计算机房 80m²

E. 行政办公及辅助用房 200m²
- 馆长室 20m²
- 办公室 4×20m² 80m²
- 会议室 40m²
- 值班室 20m²
- 贮藏、休息等用房（若干间） 40m²

F. 设备用房 120m²
- 交配电、空调制冷、水泵、风机、电梯机房等用房。

4. 图纸内容及要求

(1) 图纸内容
- 总平面 1∶500（表达屋顶平面、注明层数；画出室外环境设计；注明各出入口；表达建筑与周围道路的关系；注指北针）
- 各层平面 1∶200～1∶300（首层表现局部室内外关系；画剖切符号、标注标高。各层标注标高）
- 立面 2～3 个 1∶200～1∶300（至少一个立面能看到主要入口；标注标高）
- 剖面 1～2 个 1∶200～1∶300（标注室内外地面、各层楼地面、建筑檐口和最高处的标高）
- 透视或鸟瞰图，表现手法水粉、水彩自定。
- 建筑外观模型照片不同角度至少 3 张，裱贴于图纸上时，注意与其他图纸内容的组织，模型比例自定，但不宜太小。
- 设计说明及技术经济指标

(2) 图纸要求
- 图纸规格：纸张为 A1 大小绘图纸（或 750mm×500mm），效果图 A2 规格，可不画图框。
- 每张图要有图名（或主题）、姓名、班级、指导教师。

5. 地形图

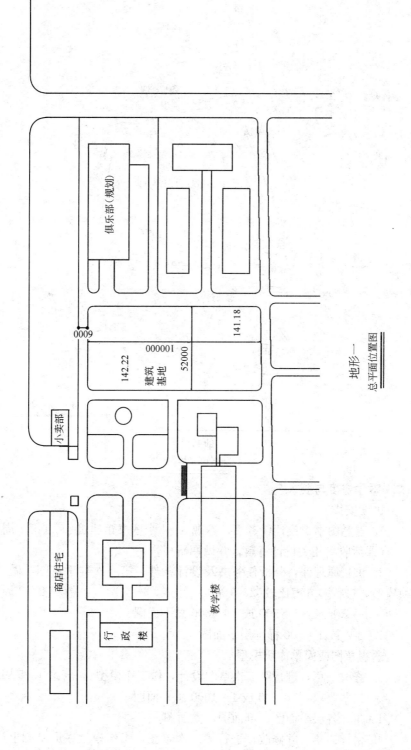

地形一
总平面位置图

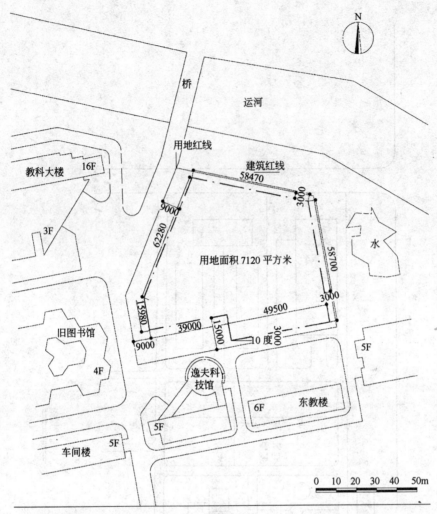

地形二
图书馆地形图

(二) 教学进度与要求

进度安排：

1. 熟悉图书馆设计任务书，参观3～4个图书馆建筑。（第1周）
（课后收集相关设计资料，并做调研报告）

2. 讲授原理课，分析任务书及设计条件，第一次徒手草图，做体块模型，进行多方案比较(2～3个)。 （第2、3周）

• 一草要求：1∶500 或 1∶1000 总平面图

1∶300 或 1∶500 标准层平面图

透视草图或简单体块模型

3. 修改一草，进行第二次草图设计，做工作模型。 （第4、5周）

• 二草要求：1∶500 或 1∶1000 总平面图

1∶300 各层平面图、剖面图、立面图

4. 讲评二草，并修改，进行第三次草图，工作模型在原基础上进行推敲。

(第6、7周)
- 三草要求：1∶500总平面图

1∶200各层平面图、剖面图、立面图

工作模型

设计指标

5. 绘制正图，附模型照片于图中。　　　　　　　　　　(第8周)

(三) 参观调研提要

1. 总平面中建筑与场地出入口的关系？
2. 图书馆的主要功能分区和功能关系如何？
3. 各出入口的位置与各流线如何组织？
4. 各阅览室的家具布置与开间的关系？有无采光和照明上要求？要求各是什么？
5. 书库与阅览、出纳空间的关系，书架尺寸与建筑层高、净高、开间的关系如何？
6. 藏书空间对采光、通风、防火的要求如何？
7. 门厅、展示空间与出纳、检索的空间关系如何组织？
8. 报告厅的布局和要求，书流与业务用房布局的关系如何？
9. 不同功能空间的层高要求有无不同？有的话，要求分别是多少？
10. 图书馆建筑的立面开窗方式以及主入口的位置和造型处理方式如何？
11. 找出1~2个你认为设计精彩的地方，说出理由并画出草图。
12. 找出1~2个你认为设计不合理的地方，说出理由。

(四) 参考书目

1. 《建筑设计资料集》(7)　　　　　　　　中国建筑工业出版社
2. 《现代图书馆建筑设计》　　　　　　　中国建筑工业出版社
3. 《公共建筑设计系列——图书馆建筑》　江西科技技术出版社
4. 《图书馆建筑设计》　　　　　　　　　鲍家声编著
5. 《现代建筑集成—图书馆建筑》　　　　百通集团
6. 《建筑设计资料集成》(4)　　　　　　 日本建筑学会编
7. 《快速建筑设计资料集》(上、中、下)　中国建筑工业出版社
8. 《图书馆建筑设计规范》(38—87)
9. 《建筑设计防火规范》　　　　　　　　中华人民共和国建设部
10. 《民用建筑防火设计规范》
11. 《现行建筑设计规范大全》
12. 《世界建筑》、《建筑学报》等有关期刊：
- 现代高效能图书馆建筑设计问题探讨——《建筑学报》1982年3、4期
- 深圳图书馆设计——《建筑学报》1987年6期

三、设计指导要点

(一) 基地

1. 馆址的选择应符合当地的总体规划及文化建筑的网点布局。

2. 馆址应选择位置适中、交通方便、环境安静、工程地质及水文地质条件较有利的地段。

3. 馆址与易燃、易爆、噪声和散发有害气体、强电磁波干扰等污染源的距离,应符合有关安全卫生环境保护标准的规定。

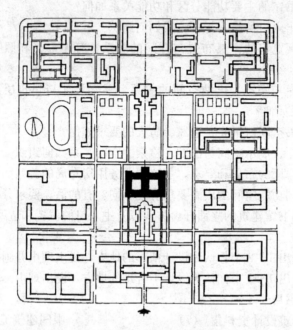

西安交通大学图书馆位置

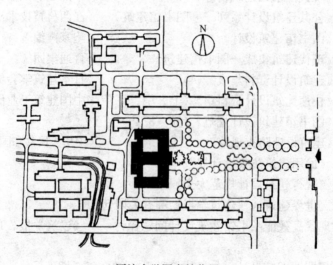

同济大学图书馆位置

4. 图书馆宜独立建造。当与其他建筑合建时，必须满足图书馆的使用功能和环境要求，并自成一区，单独设置出入口。

5. 留有必要的扩建余地，以便发展。

(二) 总平面布置

1. 总平面布置应功能分区明确、总体布局合理、各区联系方便、互不干扰，并留有发展用地。

2. 交通组织应做到人、车分流，道路布置应便于人员进出、图书运送、装卸和消防疏散。并应符合现行行业标准《方便残疾人使用的城市道路和建筑物设计规范》JGJ50 的有关规定。

3. 图书馆的室外环境除当地规划部门有专门的规定外，新建公共图书馆的建筑物基地覆盖率不宜大于 40%。

4. 除当地有统筹建设的停车场或停车库外，基地内应设置供内部和外部使用的机动车停车场地和自行车停放设施。

5. 馆区内应根据馆的性质和所在地点做好绿化设计。绿化率不宜小于 30%。栽种的树种应根据城市气候、土壤和能净化空气等条件确定。绿化与建筑物、构筑物、道路和管线之间的距离，应符合有关规定。

(三) 建筑设计

1. 图书馆建筑设计应根据馆的性质、规模和功能，分别设置藏书、借书、阅览、出纳、检索、公共及辅助空间和行政办公、业务及技术设备用房。

2. 图书馆的建筑布局应与管理方式和服务手段相适应，合理安排采编、收藏、外借、阅览之间的运行路线，使读者、管理人员和书刊运送路线便捷畅通，互不干扰。

3. 图书馆各空间柱网尺寸、层高、荷载设计应有较大的适应性和使用的灵活性。藏、阅空间合一者，宜采取统一柱网尺寸，统一层高和统一荷载。

4. 图书馆的四层及四层以上设有阅览室时，宜设乘客电梯或客货两用电梯。

5. 图书馆各类用房除有特殊要求者外，应利用天然采光和自然通风。

6. 各类用房在平面设计时，应按其噪声等级分区布置。
- 静区：研究室、专业研究室、微缩、珍善本、舆图阅览室、普通阅览室、报刊阅览室。
- 较静区：电子阅览室、集体视听室、办公室。
- 闹区：陈列(厅)室、读者休息区、目录厅、出纳厅、门厅、洗手间、走廊、其他公共活动区。

7. 电梯井道及产生噪声的设备机房，不宜与阅览室毗邻。并应采取消声、隔声及减振措施，减少其对整个馆区的影响。

8. 建筑设计应进行无障碍设计，并应符合现行行业标准《方便残疾人使用的城市道路和建筑物设计规范》JGJ 50 的有关规定。

9. 建筑设计应与现代化科学技术密切结合，宜根据建设条件为建筑物的智能化和可持续发展提供可能性。

- **藏书空间**

（1）图书馆的藏书空间分为基本书库、特藏书库、密集书库和阅览室藏书四种形式，各馆可根据具体情况选择确定。小型馆的各种书库以集中设置为宜。

（2）基本书库的结构形式和柱网尺寸应适合所采用的管理方式和所选书架的排列要求。框架结构的柱网宜采用 1.20m 或 1.25m 的整数倍模数。

（3）基本书库要与辅助书库、目录室、出纳台、阅览室等保持便捷的联系。各开架阅览室的藏书则可分散存放，使读者能在最短的时间内借阅图书资料。

（4）合理利用空间，尽量提高单位空间的容积率，减少工作人员的劳动量，提高工作效率。应配置相应的运输设备。

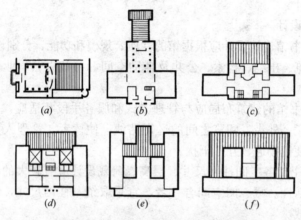

阅览室在前，书库在后的几种布置方式

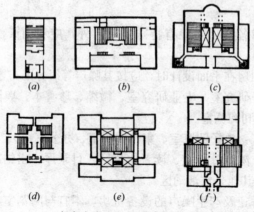

书库在中央的几种布置方式

（5）书库应具备长期保存图书资料的良好条件。要考虑防火、防晒、防潮、防虫、防紫外线、保温、隔热、通风等因素。

（6）库区宜设工作人员更衣室、清洁卫生间、专用厕所和库内办公室。

(a) 不佳的层高关系

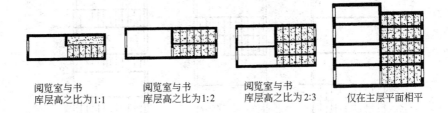

(b) 较好的层高关系

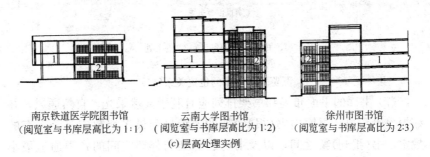

(c) 层高处理实例

c 层高示例 1. 阅览室；2. 书库

阅览室与书库的层高关系

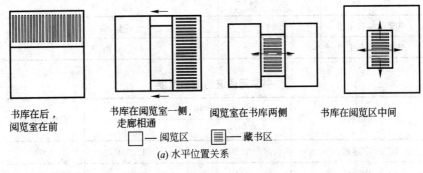

(a) 水平位置关系

阅览室与书库的位置关系（一）

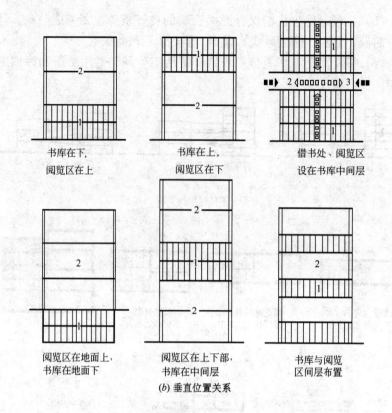

1. 书库；2. 阅览区；3. 借书处

阅览室与书库的位置关系(二)

（7）书库的平面布局和书架排列应有利于天然采光、自然通风，并缩短提书距离；书库内书(报刊)架的连续排列最多档数应符合下表的规定，书(报刊)架之间，以及书(报刊)架与外墙之间的各类通道最小宽度应符合书架间通道最小宽度的规定。

书库书架连续排列最多档数

条　件	开　架	闭　架
书架两端有走道	9档	11档
书架一端有走道	5档	6档

书架间通道的最小宽度

通道名称	常用书库		不常用书库
	开架(m)	闭架(m)	
主通道	1.50	1.20	1.00
次通道	1.10	0.75	0.60
档头通道(即靠墙通道)	0.75	0.60	0.60
书架间行道	1.00	0.75	0.60

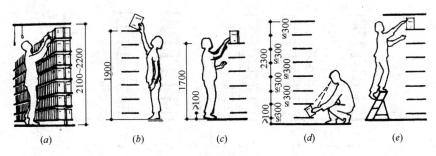

书架格数与高度

(a)用于闭架书库；(b)按女性身高考虑；(c)用于开架书库；(d)一般书架；(e)太高取书不便

(8) 书架宜垂直于开窗的外墙布置。书库采用竖向条形窗时，应对正通道并允许书架档头靠墙，书架连续档数应符合本要求第 7 条及书库书架连续排列最多档数表的规定。书库采用横向条形窗，其窗宽大于书架之间的行道宽度时，书架档头不得靠墙，书（报刊）架与外墙之间应留有通道，其尺寸应符合本要求上表的规定。

(9) 珍善本书库应单独设置。缩微、视听、电子出版物等非书资料应按使用方式确定存放位置，这些文献资料应设特藏书库收藏、保管。

(10) 书库库区可设工作人员更衣室、清洁室和专用厕所，但不得设在书库内。

(11) 书库、阅览室藏书区净高不得小于 2.40m。当有梁或管线时，其底面净高不宜小于 2.30m；采用积层书架的书库结构梁（或管线）底面之净高不得小于 4.70m。

(12) 书库内工作人员专用楼梯的梯段净宽不应小于 0.80m，坡度不应大于 45 度，并应采取防滑措施。书库内不宜采用螺旋扶梯。

(13) 二层及二层以上的书库应至少有一套书刊提升设备。四层及四层以上不宜少于两套。六层及六层以上的书库，除应有提升设备外，宜另设专用货梯。书库的提升设备在每层均应有层面显示装置。

(14) 书库安装自动传输设备时，应符合设备安装的技术要求。

(15) 书库与阅览区的楼、地面宜采用同一标高。无水平传输设备时，提升设备（书梯）的位置宜邻近书刊出纳台。设备井道上传递洞口的下沿距书库楼、地面的高度不宜大于 0.90m。

(16) 书库荷载值的选择，应根据藏书形式和具体使用要求区别确定。

(17) 书库形状的选择应满足提书距离短、造价经济的要求。根据书库的统计分析，书库平面的长边和短边之比为 3.1∶1 时的提书距离最短，正方形或接近正方形的平面外墙较少而显经济。故一般多采用正方形或接近正方形的平面。

(18) 书库内楼梯的宽度一般为 800～1000mm。楼梯之间的距离以不超过 25m 为宜。

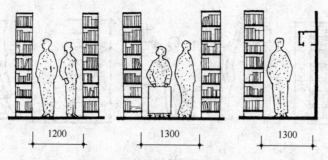

书库走道人流活动参考尺寸(mm)

书库内主要通道的宽度(mm)

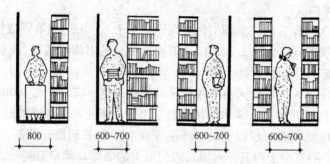

书库内次要通道的宽度(mm)

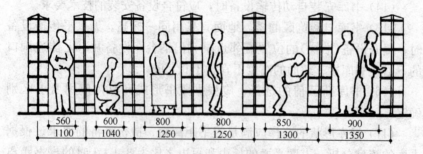

闭架书库书架排列和人的活动尺寸(mm)

- **阅览空间**

(1) 各类图书馆应按其性质、任务，或针对不同的读者对象分别设置各类阅览室。

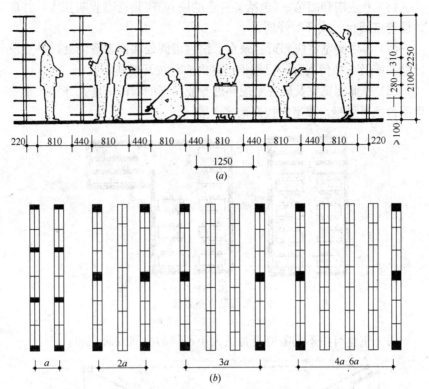

(a)书架布置间距；(b)书库开间

(图中 a 可取为 1200、1250、1300mm 或 1500mm 等)

(2) 阅览区域应光线充足、照度均匀，防止阳光直晒。东西向开窗时，应采取有效的遮阳措施。

(3) 阅览室的辅助书库一般采取下列方式布置：
- 在阅览室附近辟专室做辅助书库。
- 在阅览室内设开架书库。

(4) 普通报刊阅览室宜设在入口附近，便于闭馆时单独开放。

(5) 使用频繁，开放时间长的阅览室宜邻近门厅布置。如不设辅助书库时，应与借阅厅有便捷的联系。

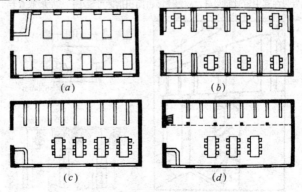

开架阅览室布置形式

(a)周边式；(b)成组布置；(c)分区布置；(d)夹层布置

(6) 专业期刊阅览室(包括各专业的期刊)应临近专业期刊库,并单独设置借阅台,或开架管理。

(7) 参考阅览室应邻近目录室、馆内借阅处和读者咨询处,并宜设辅助书库及单独借阅台、目录柜。室内亦可按开架式布置。

(8) 专业阅览室及研究室应邻近专业图书的辅助书库,并宜设单独借阅台及目录柜,或室内按开架式布置。

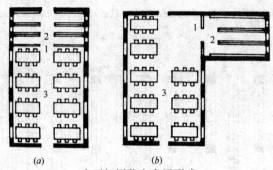

半开架阅览室布置形式
1. 出纳台; 2. 书库; 3. 阅览室

研究室也可按不同需要设置成大小不等的单间或研究厢。

报刊阅览室示意图
一般读者只在其中短时间阅览,故每座所占面积指标可较小。常沿墙放置若干坐椅。

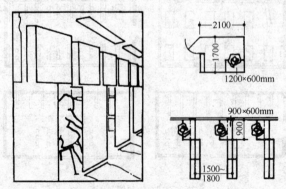

专业阅览室(个人研究室)

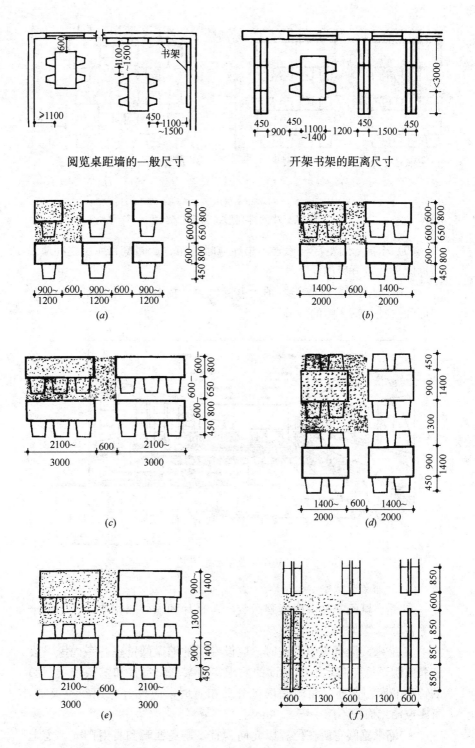

(a) 单人桌 1.8～2.61m²/座；(b) 双人单面桌 1.2～1.98m²/座
(c) 三人单面桌 1.4～2.16m²/座；(d) 四人双面桌 1.1～1.76m²/座
(e) 六人双面桌 1.08～1.74m²/座；(f) 站式阅览台 1.0m²/座

阅览桌椅的排列形式与尺寸（一）

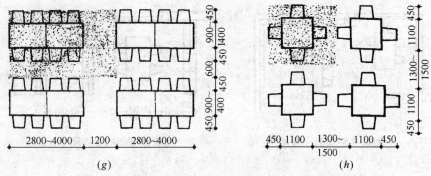

(g)八人双面桌 1.2~1.88m²；(h)四人方桌 1.44~1.6m²/座

阅览桌椅的排列形式与尺寸(二)

(9) 珍善本阅览室与珍善本书库应毗邻布置。阅览和库房之间应设缓冲区，并设分区门。

(10) 舆图阅览室应能容纳大型阅览桌、描图台，并有完整的大片墙面和悬挂大幅舆图的设施。

舆图阅览室示意图

(11) 缩微览阅室

- 缩微览阅室是供阅读缩微胶卷、平片和缩微照相卡片、印刷卡片等各种缩微读物的阅览室。

- 缩微阅读机集中管理时，应设专门的缩微阅览室。室内家具设施和照明环境应满足缩微阅读的要求，缩微览阅室宜和缩微胶卷(片)的特藏书库相连通。缩微阅读机分散布置时，应设置专用阅览桌椅，每座位使用面积不应小于 $2.30m^2$。

- 缩微览阅室所在位置以北向为宜，避免西晒和直射阳光，窗上应设遮光装置(如窗帘、百叶窗等)。

- 应避免在地下室及房屋的最上层。

- 硝酸基胶片的储藏室应按甲类生产采取防火及防爆措施，且每间储藏室的容积不宜大于 $20\sim30m^3$。

缩微阅览部布置示例

1. 目录柜；
2. 工具书书架；
3. 查目桌；
4. 管理、出纳台；
5. 加公桌；
6. 阅览桌；
7. 活动打字机桌；
8. 贮藏柜；
9. 工作台

（12）视听资料室

• 视听资料包括录音片、录音带、幻灯片、影片、电视及录像磁带、磁盘等。

• 集体和个人使用的音像资料视听室宜自成区域，便于单独使用和管理，所在位置要求安静，与其他阅览室之间互不干扰。

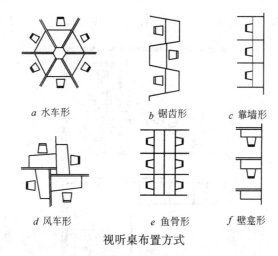

a 水车形　　b 锯齿形　　c 靠墙形

d 风车形　　e 鱼骨形　　f 壁龛形

视听桌布置方式

• 音像视听室应由视听室、控制室和工作间组成。视听室的座位数应按使用要求确定。每座位占使用面积不应小于 $1.50m^2$。当按视听功能分别布置时，应采取防止音像互相干扰的隔离措施。

• 存放资料的库房应设空调，以保证资料的安全存放。如存放可燃性材料应有防火措施。

（13）电子出版物阅览室宜靠近计算机中心，并与电子出版物库相连通。

（14）珍善本书、舆图、缩微、音像资料和电子出版物阅览室的外窗均应有遮光设施。

（15）阅览区的建筑开间、进深及层高，应满足家具、设备合理布置的要求，并应考虑开架管理的使用要求，同时应有较大的楼面荷载。

视听室平面布置示例

(16) 阅览区应根据工作需要在入口附近设管理(出纳)台和工作间,并宜设复印机、计算机终端等信息服务、管理和处理的设备位置。工作间使用面积不宜小于 $10m^2$,并宜和管理(出纳)台相连通。

(17) 阅览区不得被过往人流穿行,独立使用的阅览空间不得设于套间内。

(18) 各阅览区老年人及残疾读者的专用阅览座席应邻近管理(出纳)台布置。

(19) 阅览空间每座占使用面积设计计算指标应符合附录1的规定。

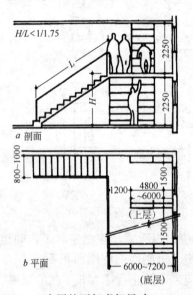

夹层的开架书架尺寸

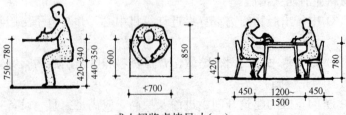

成人阅览桌椅尺寸(一)

188　建筑课程设计指导任务书

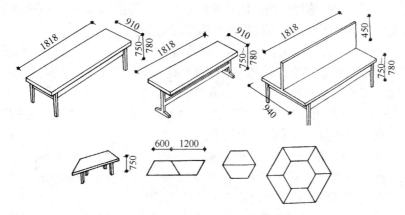

成人阅览桌椅尺寸(二)

- **目录检索、出纳空间(借阅处)**

（1）目录检索包括卡片目录、书本目录和计算机终端目录三部分内容，各部分的比例各馆可根据实际需要确定。

（2）目录检索空间应靠近读者出入口，并与出纳空间相毗邻。当与出纳共处同一空间时，应有明确的功能分区。

（3）目录室中常附设咨询处，以便辅导读者查目及解答读者提问。

（4）在中小型图书馆中，也可不单设目录室，而将目录柜设与出纳空间或阅览室处。

（5）目录检索空间如利用过厅、交通厅或走廊设置目录柜时，查目区应避开人流主要路线。

（6）目录柜组合高度：成人使用者，不宜大于1.50m。少年儿童使用者，不宜大于1.30m。

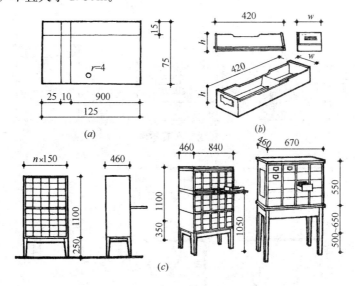

卡片目录柜形式和大小

（7）目录检索空间内采用计算机检索时，每台微机所占用的使用面积按 2.00m² 计算。计算机检索台的高度宜为 0.78～0.80m。

（8）中心（总）出纳台应毗邻基本书库设置。出纳台与基本书库之间的通道不应设置踏步；当高差不可避免时，应采用坡度不大于 1∶8 的坡道。出纳台通往库房的门，净宽不应小于 1.40m，并不得设置门坎，门外 1.40m 范围内应平坦无障碍物。平开防火门应向出纳台方向开启。

（9）出纳空间应符合下列规定：

· 出纳台内工作人员所占使用面积，每一工作岗位不应小于 6.00m²，工作区的进深当无水平传送设备时，不宜小于 4.00m；当有水平传送设备时，应满足设备安装的技术要求。

· 出纳台外读者活动面积，按出纳台内每一工作岗位所占使用面积的 1.20 倍计算，并不得小于 18.00m²；出纳台前应保持宽度不小于 3.00m 的读者活动区。

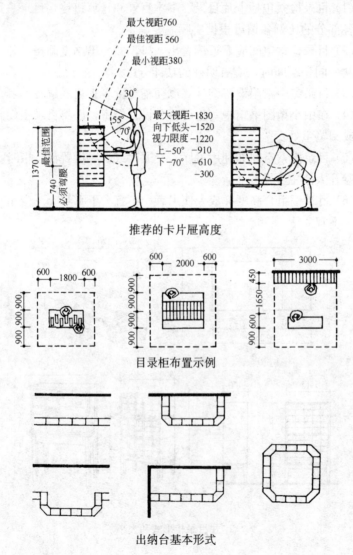

推荐的卡片屉高度

目录柜布置示例

出纳台基本形式

• 出纳台宽度不应小于 0.60m。出纳台长度按每一工作岗位平均 1.50m 计算。出纳台兼有咨询、监控等多种服务功能时,应按工作岗位总数计算长度。出纳台的高度:外侧高度宜为 1.10～1.20m;内侧高适合出纳工作的需要。

(a) (b) (c)

出纳台内外高差的处理
(a)出纳台内外地面等高,工作人员需坐高椅来与读者保持一致;
(b)出纳台内外地面等高,出纳台设计成分别适应站、坐两种不同高度的工作面;
(c)出纳台内外地面不等高,将出纳台地面抬高,以保持同一水平工作面

- **公共活动及辅助服务空间**

(1) 公共活动及辅助服务空间包括门厅、寄存处、陈列厅、报告厅、读者休息处(室)、饮水处、读者服务部及厕所等,可根据图书馆的性质、规模及实际需要确定。

(2) 门厅应符合下列规定:

• 应根据管理和服务的需要设置验证、咨询、收发、寄存和监控等功能设施;

• 多雨地区,其门厅内应有存放雨具的设备;

• 严寒及寒冷地区,其门厅应有防风沙的门斗。

(3) 门厅的使用面积可按每阅览座位 $0.05m^2$ 计算。

(4) 一般宜将浏览性读者用房和公共活动用房(如演讲厅、陈列室等)靠近门厅布置,使之方便和不影响阅览室的安静。

(5) 寄存处应符合下列规定:

• 位置应在读者出入口附近;

• 可按阅览座位的 25% 确定存物柜数量,每个存物柜占使用面积按 $0.15～0.20m^2$ 计算。

(6) 陈列厅(室)应符合下列规定:

• 各类图书馆应有陈列空间。可根据规模、使用要求分别设置新书陈列厅(室)、专题陈列室或书刊图片展览处;

• 门厅、休息处、走廊兼作陈列空间时,不应影响交通组织和安全疏散;

• 陈列室应采光均匀,防止阳光直射和产生眩光。

(7) 报告厅应符合下列规定:

• 报告厅与主馆可以毗邻，也可以单独设置。但300座位以上规模的报告厅应与阅览区隔离，独立设置。建筑设计应符合厅堂设计规范的有关规定；

• 与阅览区毗邻设置时，应设单独对外的出入口，以便报告厅能独立对外，避免人流对阅览区的干扰；

• 报告厅宜设专用的休息处、接待处及厕所；

• 报告厅应满足幻灯、录像、电影、投影和扩声等使用功能的要求；

• 300座以下规模的报告厅，厅堂使用面积每座位不应小于0.80m²，放映室的进深和面积应根据采用的机型确定；

• 报告厅如设侧窗，应设有效的遮光设施；

• 报告厅的附属房间应较完善，讲台附近宜设带卫生间的休息室。

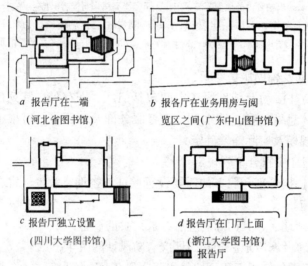

a 报告厅在一端
(河北省图书馆)

b 报告厅在业务用房与阅览区之间(广东中山图书馆)

c 报告厅独立设置
(四川大学图书馆)

d 报告厅在门厅上面
(浙江大学图书馆)
▨▨▨ 报告厅

报告厅与主馆的位置关系

(8) 读者休息处位置宜临近入口，使用面积可按每个阅览座位不小于0.10m²计算。设专用读者休息处时，房间最小面积不宜小于15.00m²。规模较大的馆，读者休息处宜分散设置。

(9) 公用和专用厕所宜分别设置。公共厕所卫生洁具按使用人数男女各半计算，并应符合下列规定：

• 成人男厕按每60人设大便器一具，每30人设小便斗一具；

• 成人女厕按每30人设大便器一具；

• 洗手盆按每60人设一具；

• 公用厕所内应设污水池一个；

• 公用厕所中应设供残疾人使用的专门设施。

• **行政办公、业务及技术设备用房**

(1) 图书馆行政办公用房包括行政管理用的各种办公室和后勤总务

用的各种库房、维修间等，其规模应根据使用要求确定。可以组合在建筑中，也可以单独设置。建筑设计可按现行行业标准《办公建筑设计规范》JGJ67 的有关规定执行。

（2）图书馆的业务用房包括采编、典藏、辅导、咨询、研究、信息处理、美工等用房；技术设备用房包括电子计算机、缩微、照像、静电复印、音像控制、装裱维修、消毒等用房。

（3）采编用房应符合下列规定：

• 位置应与读者活动区分开，与典藏室、书库、书刊入口有便捷联系；

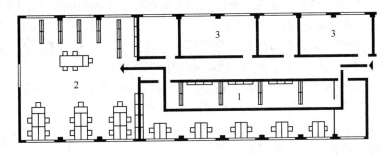

采编室平面布置示例
1. 拆包验收及分类登录；2. 编目；3. 辅助用房

• 中小型图书馆的采编工作常在 1 到 2 个间房间中进行，宜设在底层。大型图书馆的采编用房应根据其规模、性质分成若干室布置，或单独设在一幢建筑内。

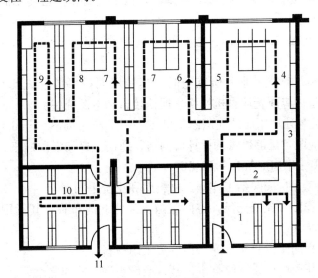

编目室平面布置示例
1. 临时存包处；2. 存放台 3. 订购片柜；4. 采购；5. 登记；
6. 分类；7. 编目；8. 加工；9. 校对；10. 临时存放；11. 入库上架

• 平面布置应符合采购、交换、拆包、验收、登记、分类、编目和加工等工艺流程的要求；
- 拆包间应邻近工作人员入口或专设的书刊入口。进书量大者，入口处应设卸货平台；
- 每一工作人员的使用面积不宜小于 10.00m²；
- 应配置足够的计算机网络、通信接口和电源插座。
- 期刊的编目、典藏和流通可自成一独立系统，靠近期刊阅览室借阅台。

（4）典藏用房应符合下列规定：
- 当单独设置时，应位于基本书库的入口附近；
- 典藏室的使用面积，每一工作人员不宜小于 6.00m²，房间的最小使用面积不宜小于 15.00m²；
- 内部目录总量可按每种藏书两张卡片计算，每万张卡片占使用面积不宜小于 0.38m²，房间的最小使用面积不宜小于 15.00m²。
- 待分配上架书刊的存放量，可按每 1000 册图书或 300 种资料为一周转基数。其所占使用面积不应小于 12.00m²。

（5）图书馆可根据自身的职能范围，设置专题咨询和业务辅导用房，并应符合下列规定：
- 专题咨询和业务辅导用房的使用面积，可按每一工作人员不小于 6.00m² 分别计算；
- 业务辅导用房应包括业务资料编辑室和业务资料阅览室；
- 业务资料编辑室的使用面积，每一工作人员不宜小于 8.00m²；
- 业务资料阅览室可按 8~10 座位设置，每座位占使用面积不宜小于 3.50m²；
- 公共图书馆的咨询、辅导用房，宜分别配备不小于 15.00m² 的接待室。

（6）图书馆设有业务研究室时，其使用面积可按每人 6.00m² 计算，研究室内应配置计算机网络、通信接口和电源插座。

（7）信息处理用房的使用面积可按每一工作人员不小于 6.00m² 计算，室内应配备足够数量的计算机网络、通信接口和电源插座。

（8）美工用房应符合下列规定：
- 美工用房应包括工作间、材料库和小洗手间；
- 工作间应光线充足，空间宽敞，最好北向布置，其使用面积不宜小于 30.00m²；
- 工作间附近宜设小库房存放美工用材料；
- 工作间内应设置给排水设施，或设小洗手间与之毗邻。

（9）计算机网络管理中心的机房应位置适中，并不得与书库及易燃易爆物存放场所毗邻。机房设计应符合现行国家标准《电子计算机机房设计规范》GB 50174 的规定。

（10）缩微与照像用房应符合下列规定：

• 缩微复制用房宜单独设置，建筑设计应符合生产工艺流程和设备的操作要求；

• 缩微复制用房应有防尘、防振、防污染措施，室内应配置电源和给、排水设施；宜根据工艺要求对室内温度、湿度进行调节控制；当采用机械通风时，应有净化措施；

• 照像室包括摄影室、拷贝还原工作间、冲洗放大室和器材、药品储存间；

• 摄影室、拷贝还原工作间应防紫外线和可见光，门窗应设遮光措施，墙壁、顶棚不宜用白色反光材料饰面；

• 冲洗放大室的地面、工作柜面和墙裙应能防酸碱腐蚀，门窗应设遮光措施，室内应有给、排水和通风换气设施；

• 应根据规模和使用要求分别设置胶片库和药品库。胶片库的温度、湿度应符合规范的有关规定。

(11) 专用的复印机用房应有通风换气设施。室内温度、湿度可根据所选用的机型要求确定。小型复印机可分散设置在各借、阅区内，其位置应便于工作人员管理。普通复印机每台工作面积需 $6\sim 8m^2$。

(12) 音像控制室（以下简称控制室）应符合下列规定：

• 幕前放映的控制室，进深不得小于 3.00m，净高不得小于 3.00m；

• 控制室的观察窗应视野开阔。兼作放映孔时，其窗口下沿距控制室地面应为 0.85m，距视听室后部地面应大于 1：80m；

• 幕后放映的反射式控制室，进深不得小于 2.70m，地面宜采用活动地板。

(13) 装裱、整修用房应符合下列规定：

• 室内应光线充足，宽畅，有机械通风装置；

• 有给、排水设施和加热用的电源；

• 每工作岗位使用面积不应小于 $10.00m^2$，房间的最小面积不应小于 $30.00m^2$。

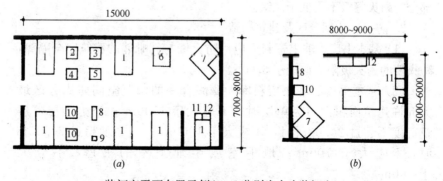

装订室平面布置示例（a、b 分别为大小装订室）
1. 工作台；2. 锯口机；3. 锁线机；4. 订书机；5. 打眼机；6. 切书机；
7. 切纸机；8. 起背机；9. 熬胶炉；10. 压力机；11. 烫金机；12. 铅字架

(14) 消毒室应符合下列规定：
- 消毒室仅适用于化学方法杀虫、灭菌；
- 消毒室面积不宜小于 10.00m²，建筑构造应密封；
- 地面、墙面应易于清扫、冲洗。并应设机械排风系统。废水、废气的排放应符合现行国家标准《污水综合排放标准》GB 89，《大气污染物排放标准》GB 16279 的有关规定；
- 当采用物理方法杀虫灭菌对，其消毒装置可靠近总（中心）出纳台设置。

(15) 图书馆配有卫星接收及微波通讯装置时，天线等接受装置除应符合现行行业标准《民用建筑电气设计规范》JGJ/T 16 的有关规定外，应在其附近设面积不小于 15.00m² 的机房。机房建筑设计应满足设备安装的技术要求。

(四) 消防和疏散

1. 耐火等级

(1) 图书馆建筑防火设计，除应符合本节所列条文外，尚应符合现行国家标准《建筑设计防火规范》GBJ 16、《高层民用建筑设计防火规范》GB 50045 的有关规定；当建筑物附有平战结合的地下人防工程时，尚应符合现行国家标准《人民防空工程设计防火规范》GBJ 98 的有关规定。

(2) 藏书量超过 100 万册的图书馆、书库，耐火等级应为一级。

(3) 图书馆特藏库、珍善本书库的耐火等级均应为一级。

(4) 建筑高度超过 24.00m，藏书量不超过 100 万册的图书馆、书库，耐火等级不应低于二级。

(5) 建筑高度不超过 24.00m，藏书量超过 10 万册但不超过 100 万册的图书馆、书库，耐火等级不应低于二级。

(6) 建筑高度不超过 24.00m，建筑层数不超过三层，藏书量不超过 10 万册的图书馆，耐火等级不应低于三级，但其书库和开架阅览室部分的耐火等级不得低于二级。

2. 防火、防烟分区及建筑构造

(1) 基本书库、非书资料库应用防火墙与其毗邻的建筑完全隔离，防火墙的耐火极限不应低于 3.00h。

(2) 基本书库、非书资料库，藏阅合一的阅览空间防火分区最大允许建筑面积：当为单层时，不应大于 1500m²；当为多层，建筑高度不超过 24.00m 时，不应大于 1000m²；当高度超过 24.00m 时，不应大于 700m²；地下室或半地下室的书库，不应大于 300m²。

当防火分区设有自动灭火系统时，其允许最大建筑面积可按上述规定增加 1.00 倍，当局部设置自动灭火系统时，增加面积可按该局部面积的 1.00 倍计算。

(3) 珍善本书库、特藏库，应单独设置防火分区。

(4) 采用积层书架的书库，划分防火分区时，应将书架层的面积合并计算。

(5) 书库、非书资料库、珍善本书库、特藏书库等防火墙上的防火门应为甲级防火门。

(6) 装裱、照像等业务用房不应与书库、非书资料库贴邻布置。书库内部不得设置休息、更衣等生活用房，不得设置复印、图书整修、计算机机房等技术用房。

(7) 书库楼板不得任意开洞，提升设备的井道井壁（不含电梯）应为耐火极限不低于 2.00h 的不燃烧体，井壁上的传递洞口应安装防火闸门。

(8) 书库、非书资料库，藏阅合一的藏书空间，当内部设有上下层连通的工作楼梯或走廊时，应按上下连通层作为一个防火分区，当建筑面积超过第 2 条的规定时，应设计成封闭楼梯间，并采用乙级防火门。

(9) 图书馆的室内装修应符合现行国家标准《建筑内部装修设计防火规范》GB 50222 的有关规定。

3. 安全疏散

(1) 图书馆的安全出口不应少于两个，并应分散设置。

(2) 书库、非书资料库、藏阅合一的藏书空间，每个防火分区的安全出口不应少于两个。但符合下列条件之一的，可设一个安全出口：

- 建筑面积不超过 100.00m² 的特藏库、胶片库和珍善本书库；
- 建筑面积不超过 100.00m² 的地下室或半地下室书库；
- 除建筑面积超过 100.00m² 的地下室外的相邻两个防火分区，当防火墙上有防火门连通，且两个防火分区的建筑面积之和不超过规范规定一个防火分区面积的 1.40 倍时；
- 占地面积不超过 300.00m² 的多层书库。

(3) 书库、非书资料库的疏散楼梯，应设计为封闭楼梯间或防烟楼梯间，宜在库门外邻近设置。

(4) 超过 300 座位的报告厅，应独立设置安全出口，并不得少于两个。

- 附录 1　阅览空间每座占使用面积设计计算指标

阅览空间每座占使用面积设计计算指标应符合下表的规定：

阅览空间每座占使用面积设计计算指标(m^2/座)

名　　称	面积指标
普通报刊阅览室	1.8~2.3
普通阅览室	1.8~2.3
专业参考阅览室	3.5

续表

名　　称	面积指标
非书本资料阅览室	3.5
缩微阅览室	4.0
珍善本书阅览室	4.0
舆图阅览室	5.0
集体视听室	1.5(2.0～2.5 含控制室)
个人视听室	4.0～5.0
儿童阅览室	1.8
盲人读书室	3.5

注 1. 表中使用面积不含阅览室的藏书区及独立设置的工作间。
　　2. 集体视听室如含控制室可按 2.00～2.50m²/座计算，其他用房如办公、维修、资料库应按实际需要考虑。

- 附录 2　模数平面的常用平面参数

开间和进深应保证主要房间（如书库及阅览室）的布置都合理。柱网常用平面参数如下：

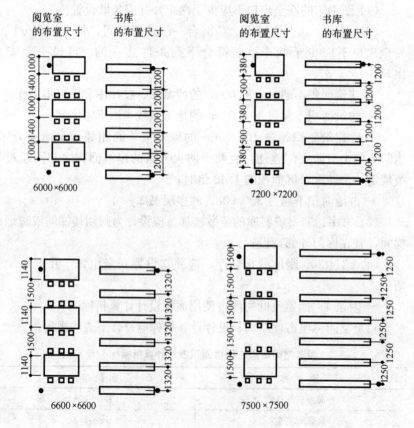

四、参考图录

示例一　上海交通大学包玉刚图书馆

建筑面积：13563m²

建成日期：1991年10月

设计单位：上海建筑设计研究院

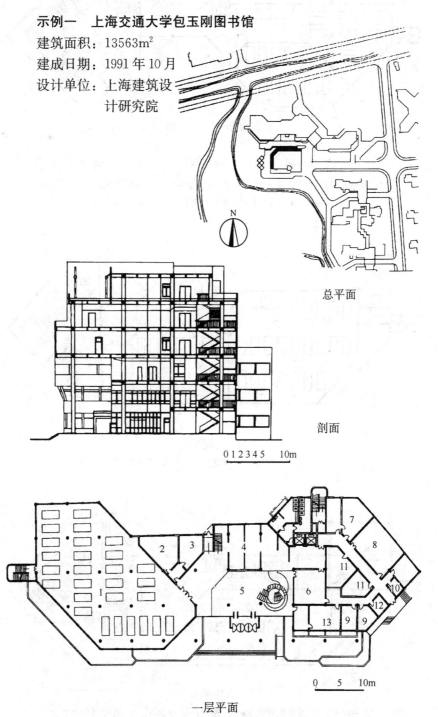

总平面

剖面

一层平面

1. 中文阅览；2. 工作室；3. 配电间；4. 陈列；5. 门厅；6. 接待；
7. 典藏；8. 装订；9. 办公；10. 值班；11. 库房；12. 打印；13. 复印

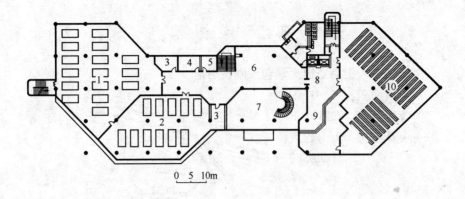

二层平面
1. 普通阅览室；2. 参考文献阅览室；3. 工作室；4. 联机检索；5. 配电间；
6. 目录厅；7. 门厅上空；8. 电梯厅；9. 出纳厅；10. 书库

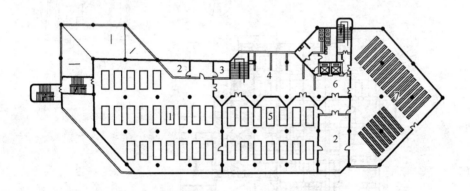

四~五层平面
1. 报刊阅览室；2. 工作室；3. 配电；4. 展览厅；5. 外文期刊阅览室；6. 电梯厅；7. 书库

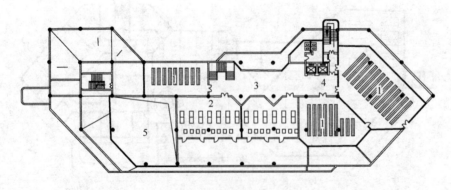

六层平面
1. 书库室；2. 书库兼阅览室；3. 陈列；4. 电梯厅；5. 五层报告厅上空

示例二　浙江师范大学邵逸夫图书馆

建筑面积：10220m²

建成日期：1989年11月

设计单位：浙江省建筑设计研究院

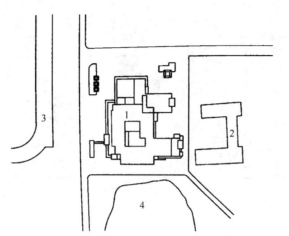

1. 图书馆；
2. 物理楼；
3. 田径场；
4. 湖

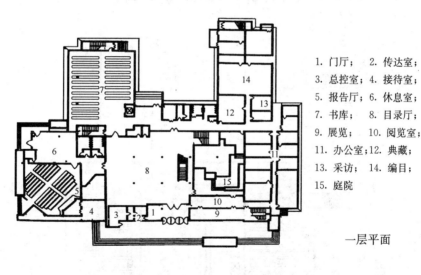

1. 门厅；　2. 传达室；
3. 总控室；4. 接待室；
5. 报告厅；6. 休息室；
7. 书库；　8. 目录厅；
9. 展览；　10. 阅览室；
11. 办公室；12. 典藏；
13. 采访；　14. 编目
15. 庭院

一层平面

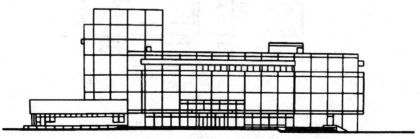

西立面

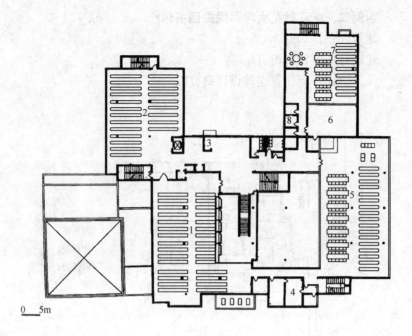

二层平面
1. 文科开架库；2. 书库；3. 服务；4. 办公室；5. 文科阅览室；
6. 工具书阅览室；7. 古籍书阅览室；8. 研究室

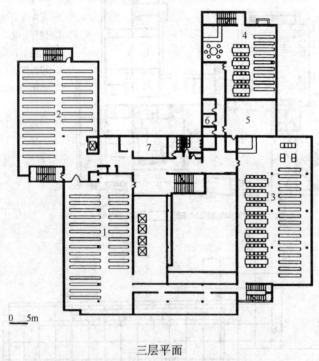

三层平面
1. 理科开架库；2. 书库；3. 理科阅览室；4. 教师阅览室；
5. 文献；6. 研究室；7. 管理

·202 建筑课程设计指导任务书

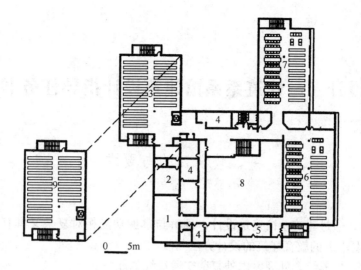

　　　　五～六层平面　　　　　　四层平面
1. 听音室；2. 声像室；3. 期刊室；4. 管理用房；5. 缩微阅读；
6. 现刊阅览室；7. 过刊阅览室；8. 内庭上空；9. 书库

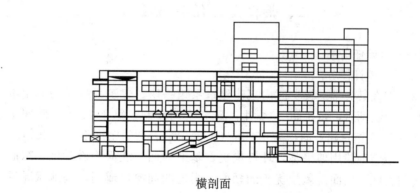

横剖面

设计二 建筑系系馆建筑设计指导任务书

一、教学目的与要求

1. 通过建筑系馆建筑设计，理解与掌握功能相对复杂又具有特殊使用要求的的教育建筑的设计方法与步骤。
2. 培养综合处理室内外复杂交通流线的能力。
3. 训练和培养学生建筑构思和空间组合的能力。
4. 重视室内外环境的创造，训练营造适应不同行为心理需求空间环境的能力。

二、课程设计任务与要求

(一) 设计任务书

1. 设计任务

拟在某大学一教学区内兴建建筑系馆一座。建筑系教学为五年本科，每级两班，每班30位学生。研究生两年制，每年20人。教职工30人。系馆总建筑面积为4500m^2（正负5%），建筑密度不大于40%。

拟建地段用地平整，环境优美，基地西面与北面为教学区，东面为宿舍区，南面是风景优美的湖面，用地四周绿树成荫。基地状况见附图。

2. 设计要求

（1）平面功能合理，流线清晰。总平面布局中，注意处理好出入口与室外环境的关系，建筑设计中充分考虑教学、办公、学术、辅助等各功能的合理布局，解决好垂直、水平交通。

（2）空间组织与建筑造型要体现出教学建筑的特点。

（3）注意推敲建筑形体与周围建筑的关系，设计符合所在地区气候特点并重视室内外环境的设计。绿地率不小于30%。

（4）造型与地域环境相协调，并注意突出校园建筑的文化特色。

3. 建筑组成及要求：（以下面积为使用面积）

（1）教学主要用房

- 专用教室　　　　　10×90～105m^2/间（每人平均3～3.5 m^2）
  　　　　　　　　　可以分班设，也可以适当合班设。

- 讲课教室　　　　　　6×60m²/间　　　可部分设计成电教室
- 美术教室　　　　　　3×90m²/间　　　朝北或顶部采光
- 评图教室　　　　　　3×90m²/间　　　可为开敞式
- 报告厅　　　　　　　180m²
- 展览厅　　　　　　　240m²
- 图书资料室　　　　　240m²
- 建筑物理实验室　　　2×90m²/间
- 模型制作室　　　　　1×90m²/间
- 教学设备用房　　　　1×50m²/间
- 摄影及晒图室　　　　1×45m²/间

(2) 教学管理用房
- 小会议室　　　　　　1×30m²/间
- 教师办公室　　　　　20×15~30m²/间
- 行政办公室　　　　　3×15~0m²/间
- 复印室　　　　　　　1×15~30m²/间
- 系主任室　　　　　　2×20m²/间
- 计算机室　　　　　　1×90m²/间
- 值班管理室　　　　　1×30m²/间
- 接待室　　　　　　　1×40m²/间
- 小卖部　　　　　　　1×10m²/间
- 设备房　　　　　　　1×20m²/间

其他空间要求如下：
- 门厅，数量、面积根据需要自定。
- 主门厅包括一个门卫室。并要求门厅内附设一定的临时展览面积，可根据需要灵活布展。
- 卫生间、开水间各层设置。
- 开水间约6m²，卫生间厕位数由使用人数推算。
- 活动空间面积自定。要求为师生提供一处或几处进行交往、评图、课外活动、学术沙龙等活动的非封闭场所，既要保证交通便利、便于使用，又要具备相对的独立性，减少对讲课教室的干扰。
- 室外场地，可供学生们交流、休息、搭建小型模型，进行小规模结构构造实验。
- 普通教室层高3.6~3.9m。

4. 图纸内容及要求

(1) 图纸内容

A. 总平面图1:500(全面表达建筑与原有地段位置及道路关系。要求画出准确的屋顶平面并注明层数；画出详细的室外环境布置，包括铺地、绿化、小品及自行车停放场地等；标注建筑各出入口位置。)

B. 各层平面1:200(报告厅要布置座位；首层平面表现局部室外环

境,画剖切标志;各层平面标注层高,同层中有高差变化时必须注明。)

C. 立面 2—3 个 1:200(要求至少有一个立面表现主入口)

D. 剖面 1—2 个 1:200(要求剖到主门厅,剖或看到主楼梯;剖面图应准确反映梁、板、柱、墙、门窗、楼面及屋面的结构关系;标注层高。)

E. 透视或鸟瞰图(外观透视图大小不小于 40cm×40cm)

F. 设计说明及技术经济指标(指标包括:总建筑面积、建筑占地面积、容积率、建筑密度、建筑高度)

(2) 图纸要求

A. 图纸规格:纸张为 A1 大小绘图纸(或 750mm×500mm),表现手法水粉、水彩自定。

B. 每张图要有图名(或主题)、姓名、班级、指导教师。房间不得用编号表示。

C. 鼓励设计者用模型表达,并可附一定的模型照片,但模型照片不代表透视效果图。

5. 地形图(见下图)

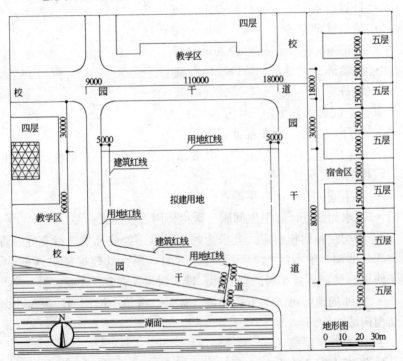

(二) 教学进度与要求

1. 讲解设计任务书,参观有关教育性建筑。(课后收集有关资料,并做调研报告)　　　　　　　　　　　　　　　　　　(第 1 周)

2. 讲授原理课,分析任务书及设计条件,第一次徒手草图,做体块模型,进行多方案比较(2~3 个)。　　　　　　　　(第 2、3 周)

3. 修改一草，进行第二次草图设计。　　　　　（第4、5周）
4. 讲评二草，并修改，绘制正草。　　　　　　（第6、7周）
5. 绘制正图，附模型照片于图中。　　　　　　（第8周）

(三) 参观调研提要

1. 室外活动空间与教学主体建筑之间的格局关系如何？
2. 出入口的布局以及不同人流的组织方式如何？
3. 教学用房、教学辅助用房、行政管理用房、服务用房、活动场地等的如何分区，布置方式如何？
4. 报告厅与其他教学用房的位置关系？
5. 讲课教室、美术教室的布局方式，有无特殊要求？
6. 建筑立面造型有无特色之处，是如何表现的？
7. 找出1～2个你认为设计精彩的地方，说出理由并画出草图？
8. 找出1～2个你认为设计不合理的地方，说出理由？

(四) 参考书目

1. 建筑设计资料集(1). 楼梯和防火部分. 北京：中国建筑工业出版社，1994
2. 建筑设计资料集(3). 学校部分. 北京：中国建筑工业出版社，1994
3. 《高等学校建筑、规划与环境设计》
4. 《建筑师设计手册》(上). 教育建筑部分
5. 《建筑设计防火规范》中华人民共和国建设部
6. 《建筑学报》，《时代建筑》等相关的专业杂志

三、设计指导要点

(一) 总平面设计

1. 教学用房、教学辅助用房、活动场地等应分区明确、布局合理、联系方便、互不干扰。
2. 报告厅等应设在不干扰其他教学用房的位置。美术教室注意采光要求。
3. 建筑物的间距应符合下列规定：
- 教学用房应有良好的自然通风。
- 南向的普通教室冬至日底层满窗日照不应小于2h。
- 两排教室的长边相对时，其间距不应小于25m。

(二) 建筑设计

1. 门厅、学生休息厅、楼梯和走道

(1) 门厅为教学楼主要交通枢纽，既要合理集散人流，又可适当安排展示等活动空间，且对建筑造型常具有重要作用。设计门厅时，应注意空间协调。

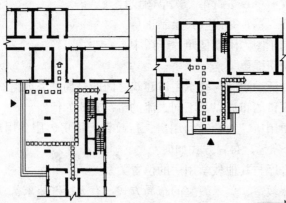

(2) 学生休息厅是供学生课余休息和活动的场所，位置应考虑学生活动的方便性。休息厅的面积和数量依据具体要求而定。休息厅的种类有以下几种：①宽走道式，适于单面走廊式布局，走道宽一般在2.5～3.0m之间。②大厅式，一般布置在底层或顶层。③隔离式，即

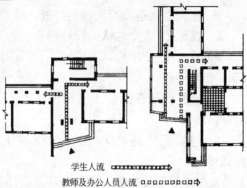

门厅交通分析示意图

以一间教室辟为休息厅，必要时可做机动教室使用。

(3) 楼梯宽度及间距应符合防火规范要求。每段踏步不得多于18步，不得少于3步。楼梯间不应设遮挡视线的隔墙；楼梯间应直接采光。

按中学标准：
h_1 大于 1000mm
h_3 为 1100mm
a 为 140～160mm
b 为 290～300mm

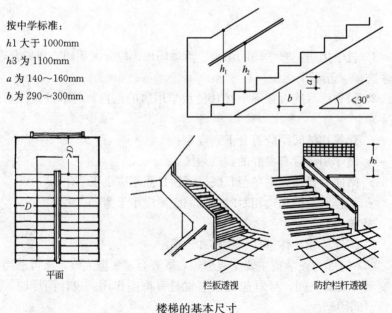

楼梯的基本尺寸

（4）走道宽度和栏杆设置

• 教学用房走道宽度，内廊不小于 2100mm；外廊不小于 1800mm。

• 行政及教师办公用房走道宽度不小于 1500mm。

• 走道高差变化处必须设置台阶时，应设于明显及有天然采光处，踏步不应少于 3 级，并不得采用扇形踏步。

• 外廊栏杆高度不应低于 1100mm。栏杆不应采用易于攀登的花格。

2. 展厅

临时展览可结合门厅布置。较大型的展览应有相对独立的展厅。展览厅内的布置要求见下图。

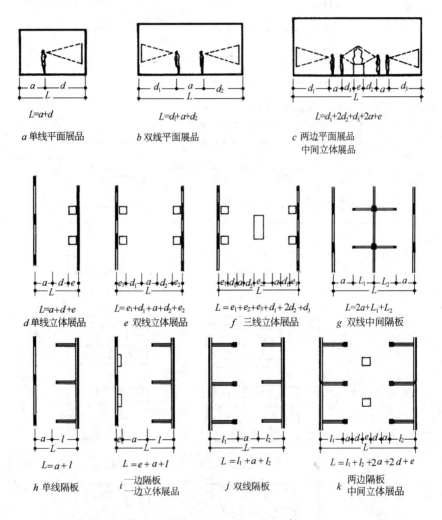

展览空间跨度一般 L 为 4～8m，a 为 2～3m。

L—总跨度；a—通道宽度；d—人与展品的视线距离；e—展品宽度；l—展板宽度

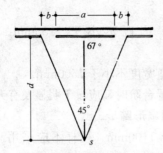

自视点 S 在水平面内所形成的 45°夹角内布置展品较为理想。
当 d — 视距
a — 展品宽度
b — 展品间距
$d=(a/2+b)\tan 67°30'$

由展品宽度确定视距

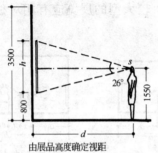

自视点 S 在垂直面内所形成的 26°夹角内布置展品较为理想。
当 d — 视距
h — 展品高度
$d \approx 2h$
一般展品悬挂高度为距地 0.8~3.5m 以内

由展品高度确定视距

展览空间视觉分析

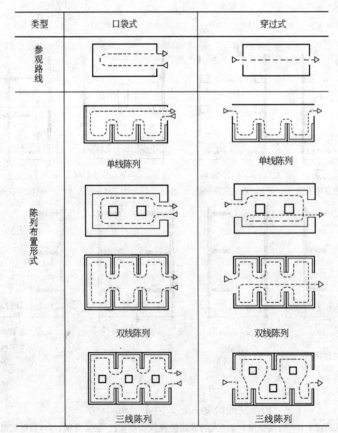

展览空间布局方式

3. 教学用房布置要求

(1) 教学用房的平面，宜布置成外廊或单内廊的形式。

(2) 教学用房的平面组合应使功能分区明确、联系方便和有利于疏散。

(3) 教学用房大部分要有合适的朝向和良好的通风条件。朝向以南向和东南向为主，南方应尽量避免西向。注意北方地区的室内通风。

4. 普通教室

(1) 教室内课桌椅的布置应符合下列规定：

- 课桌椅的排距：按中学计不宜小于 900mm；纵向走道宽度均不应小于 550mm。课桌端部与墙面（或突出墙面的内壁柱及设备管道）的净距离均不应小于 120mm。
- 前排边座的学生与黑板远端形成的水平视角不应小于 30°。
- 教室第一排课桌前沿与黑板的水平距离不宜小于 2000mm；教室最后一排课桌后沿与黑板的水平距离：中学不宜大于 8500mm。教室后部应设置不小于 600mm 的横向走道。

(2) 普通教室应设置黑板、讲台、清洁柜、窗帘杆、银幕挂钩、广播喇叭箱，"学习园地"栏、挂衣钩、雨具存放处。教室的前后墙应各设置一组电源插座。

(3) 黑板设计应符合下列规定：

- 黑板尺寸：高度不应小于 1000mm，宽度按中学计不宜小于 4000mm。
- 黑板下沿与讲台面的垂直距离按中学计宜为 1000~1100mm。
- 黑板表面应采用耐磨和无光泽的材料。

(4) 讲台两端与黑板边缘的水平距离不应小于 200mm，宽度不应小于 650mm，高度宜为 200mm。

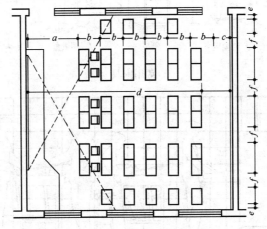

教室布置及有关尺寸

布置应满足视听及书写要求，便于通行并尽量不跨座而直接就座。

$a>2000$mm，$b>900$mm(中学)，$c>600$mm，$d<8500$mm(中学)，$e>120$mm，$f>550$mm

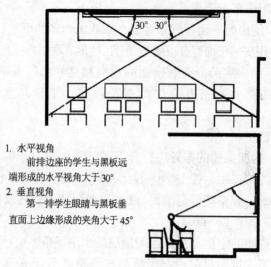

1. 水平视角
   前排边座的学生与黑板远端形成的水平视角大于30°
2. 垂直视角
   第一排学生眼睛与黑板垂直面上边缘形成的夹角大于45°

教室座位的良好视角要求

5. 绘图教室

（1）设计绘图室宜采用大房间或大空间，或用灵活隔断、家具等把大空间进行分隔。

（2）应避免西晒和眩光。

（3）设计绘图室，每人使用面积不应小于 5m²。

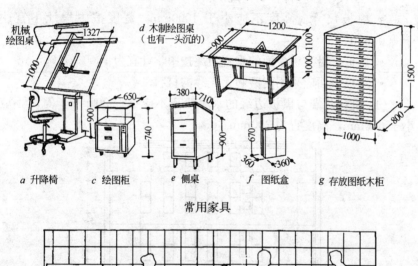

常用家具

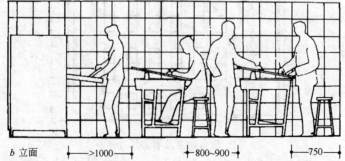

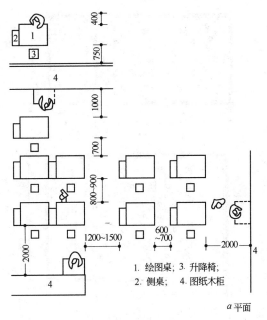

家具布置间距

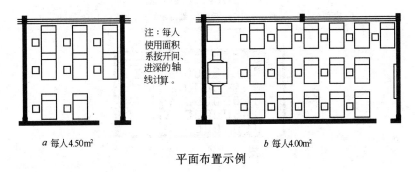

平面布置示例

6. 美术教室

美术教室的设计应符合下列规定：

(1) 美术教室宜设北向采光或设顶部采光。

(2) 素描教室

• 主采光为北窗或北顶窗，以取得柔和、均匀、充足的光照。顶部采光近于室外自然光，效果最好。

• 照射模型的光线应一面较强，一面较弱，以使模型具有丰富的层次。自然光照比灯光照明的层次更加丰富。

• 上课宜分组，每组少于10人，便于每个学生都有较好的观察角度。

(3) 对有人体写生的美术教室，应考虑遮挡外界视线的措施。

(4) 水彩、水粉画宜在专用教室上课。

(5) 教具贮存室宜与美术教室相通。

(6) 教室四角应各设一组电源插座，室内应设窗帘盒、银幕挂钩、挂镜线和水池。墙面应易于清洗。

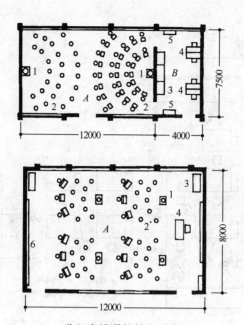

分组素描课的教室面积
A—素描教室；B—教师室
1. 模型台；2. 画凳；3. 工具柜；4. 教师桌；5. 水池；6. 展览板

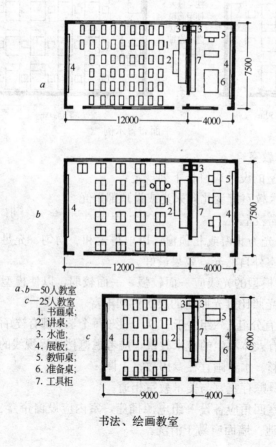

a、b—50人教室
c—25人教室
1. 书画桌；
2. 讲桌；
3. 水池；
4. 展板；
5. 教师桌；
6. 准备桌；
7. 工具柜

书法、绘画教室

7. 视听与合班教室

(1) 合班教室的规模宜能容纳一个年级的学生,并可兼作视听教室。

(2) 合班教室宜设放映室兼电教器材的贮存、修理等附属用房。

(3) 合班教室的地面,容纳两个班的可做平地面;超过两个班的应做坡地面或阶梯形地面。

(4) 合班教室的布置应符合下列规定:

- 教室第一排课桌前沿与黑板的水平距离不宜小于 2500mm;教室最后一排课桌后沿与黑板的水平距离不应大于 18000mm。
- 前排边座的学生与黑板远端形成的水平视角不应小于 30°。
- 座位排距中学、中师、幼师不应小于 850mm。
- 走道宽度:纵、横向走道的净宽度不应小于 900mm;当同时设有中间和靠墙纵向走道时,其靠墙纵向走道宽度不应小于 550mm。
- 座位宽度不应小于 450~500mm。
- 教室的课桌椅宜采用固定式。课椅宜采用翻板椅。

(5) 在计算坡地面或阶梯地面的视线升高值时,设计视点应定在黑板底边;隔排视线升高值宜为 120mm;前后排座位宜错位布置。

(6) 当教室设置普通电影放映室时,放映孔底面的标高与最后排座位的地面标高的高差不宜小于 1800mm;最后排地面与顶棚或结构突出物的距离不应小于 2200mm。

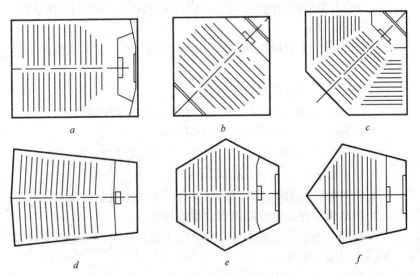

合班教室的体型与座位布置方式

(7) 放映白昼电影的合班教室的设计应符合下列规定:

- 放映室的净宽度宜为教室长度的 1/4~1/2。
- 安装透射幕洞口的宽度应为教室长度的 1/6;洞口的高宽比应为 1:1.34;洞口的底面标高与讲台面的距离不宜小于 1200mm。
- 放映室的墙面及顶棚面宜采用无光泽的暗色材料。

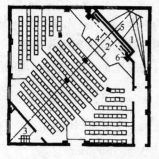
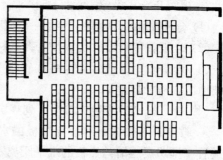

　　　　a 陕西某学校　　　　　　*b* 上海沪太小学
　　　　　　　视听合班教室示例

（8）装备电教设施的合班教室的设计应符合下列规定：
- 教室前墙应设黑板和银幕。前后墙均应设电源插座。
- 室内应设安装电视机的设施和窗帘盒。

8. 报告厅

（1）报告厅宜设专用的休息处、接待处及厕所。

（2）报告厅应满足幻灯、录像、电影、投影和扩声等使用功能的要求。

（3）300座以下规模的报告厅，厅堂使用面积每座位不应小于 0.80m²，放映室的进深和面积应根据采用的机型确定。

（4）报告厅如设侧窗，应设有效的遮光设施。

（5）报告厅的附属房间应较完善，讲台附近宜设带卫生间的休息室。

9. 图书资料室

（1）图书资料室宜设教师阅览室、学生阅览室、书库及管理员办公室（兼借书处）。

（2）阅览室的设计应符合下列规定：
- 阅览室应设于环境安静并与教学用房联系方便的位置。
- 教师阅览室与学生阅览室应分开设置。
- 书库设计应采取通风、防火、防潮、防鼠及遮阳等措施。

10. 教师办公室

（1）教师办公室的平面布置，宜有利于备课及教学活动；

（2）教学楼中宜每层或隔层设置教师休息室；

（3）教师办公室和教师休息室宜设洗手盆、挂衣钩、电源插座等。

11. 生活服务用房

（1）厕所
- 教学楼应每层设厕所。
- 厕所不得设于主楼梯旁及人流集中的位置，宜设于楼尽端及两排楼中间部位。
- 当有条件时，学校厕所应采用水冲式厕所。学校水冲厕所应采用天然采光和自然通风，并应设排气管道。
- 教学楼内厕所的位置，应便于使用和不影响环境卫生。在厕所入口处宜设前室或设遮挡措施，前室内应设洗手池、污水池及地漏。

- 教学楼学生厕所，女生应按每 25 人设一个大便器（或 1100mm 长大便槽）计算；男生应按每 50 人设一个大便器（或 1100mm 长大便槽）和 1000mm 长小便槽计算。
- 教学楼内厕所，按每 90 人应设一个洗手盆（或 600mm 长盥洗槽）计算。
- 厕所内均应设污水池和地漏。
- 厕所地面应低于走道地面约 15mm，并向地漏找泛水。内墙面应设置不低于 1200mm 高的墙裙。

（2）饮水处

- 教学楼内应分层设饮水处。宜按每 50 人设一个饮水器。
- 位置不得占用走道，影响交通，不应设在人流集中处，以独辟空间最佳。
- 饮水处应设盥洗槽、墙裙、地漏。

12. 各类用房面积指标、层数、净高

（1）阅览室的使用面积应按座位计算，教师阅览室每座不应小于 2.1m²，学生阅览室每座不应小于 1.5m²。

（2）教员休息室的使用面积不宜小于 12m²。教师办公室每个教师使用面积不宜小于 3.5m²。

（3）在寒冷或风沙大的地区，教学楼门厅入口应设挡风间或双道门。挡风间或双道门的深度，不宜小于 2100mm。

（4）教学楼不应超过五层。

- 普通教室净高大≥3.4m
- 教学辅导用房≥3.1m
- 办公及服务用房≥2.8m
- 合班教室按跨度计算，但不低于 3.6m

（5）教学用房窗的设计应符合下列规定：

- 教室窗台高度不宜低于 800mm，并不宜高于 1000mm。
- 教室靠外廊、单内廊一侧应设窗。但距地面 2000mm 范围内，窗开启后不应影响教室使用、走廊宽度和通行安全。
- 教室的窗间墙宽度不应大于 1200mm。
- 二层以上的教学楼向外开启的窗，应考虑擦玻璃方便与安全措施。
- 炎热地区的教室窗下部可设置可开启的百叶窗。

13. 室内环境

（1）教室光线应自学生座位的左侧射入；当教室南向为外廊，北向为教室时，应以北向窗为主要采光面。

（2）凡学校建筑均应装设人工照明。

（3）教室黑板应设黑板灯。其垂直照度的平均值不应低于 200lx。黑板面上的照度均匀度不应低于 0.7。黑板灯对学生和教师均不得产生直接眩光。

（4）教室照明光源宜采用荧光灯。对于识别颜色有较高要求的教室，如美术教室等，宜采用高显色性光源。

（5）教室不宜采用裸灯。灯具距桌面的最低悬挂高度不应低于1.7m（阶梯地面的合班教室除外）。灯管排列应采用长轴垂直于黑板的方向布置。

（6）坡地面或阶梯地面的合班教室，前排灯不应遮挡后排学生视线及产生直接眩光。

（7）教室的通风应符合下列规定：
- 炎热地区应采用开窗通风的方式。
- 温暖地区应采用开窗与开启小气窗相结合的方式。
- 寒冷和严寒地区可采用在教室外墙和过道开小气窗或室内做通风道的换气方式。小气窗设在外墙时，其面积不应小于房间面积的1/60；小气窗开向过道时，其开启面积应大于设在外墙上的小气窗面积的两倍；当在教室内设通风道时，其换气口可设在顶棚或内墙上部，并安装可开关的活门。

设计三 医院建筑设计指导任务书

一、教学目的与要求

医院建筑的功能复杂，流线较多，且要求洁、污流线必须严格分开，从总平面布局到单体设计都有一系列的功能问题需要解决。通过本次课程设计，培养学生处理复杂功能关系的能力，并在空间组合、结构选型、建筑造型、场地设计等方面进行一次全面的训练。

本次课程设计包括急救中心和门诊部两个题目，各学校可根据情况任选一个。

二、课程设计任务与要求

(一) 设计任务书

题目一 急救中心设计任务书

1. 设计任务

为提高城市紧急救护能力，某市政府与有关主管部门拟在地处市中心地带的一块平整场地上（场地古树需保留），新建 400 急诊抢救人次/24h 的急救中心，总建筑面积约为 $4000m^2$（允许 5%～10% 的面积浮动），用地面积约 $11620m^2$。基地详见附图一。

2. 设计要求
- 总平面综合解决分区、出入口、残疾人坡道、停车场、绿化、道路、日照、消防等问题。
- 平面布局要求功能分区明确，人流避免交叉，做到合理、有效、便捷。
- 综合考虑医院建筑在安全和卫生方面的特殊要求。

3. 建筑组成及要求

(1) 急诊部：分急诊科室和医技科室。各项内容及使用面积如下。
- 急诊科室

内科：	4 间×$13m^2$/间
外科：	4 间×$13m^2$/间
眼科：	1 间×$13m^2$/间
五官科：	1 间×$13m^2$/间

- 医技科室

A、B超室：	2 间×$12m^2$/间

X光透视、拍片： 1间×24m²/间
暗室： 1间×12m²/间
心电图室： 1间×12m²/间
化验室： 2间×12m²/间

（2）救护部：分抢救室、监护室（复原室）、治疗室、观察室、输液室、附属用房等。各项内容及使用面积如下：

- 抢救室

内科： 3间×14m²/间
外科： 3间×14m²/间
眼科： 1间×14m²/间
五官科： 1间×14m²/间

- 监护室、复原室

六床室： 2间(6×6m²/间)
三床室： 4间(3.6×6m²/间)
单床室： 4间(3.6×3.9m²/间)

- 治疗室 4间×13m²/间

- 观察室

六床室： 2间(6×6m²/间)
三床室： 2间(3.6×6m²/间)
单床室： 2间(3.6×3.9m²/间)

- 输液室

六床室： 3间(6×6m²/间)
三床室： 3间(3.6×6m²/间)
单床室： 3间(3.6×3.9m²/间)

- 附属用房

医生办公室： 2间×12m²/间
护士办公室： 2间×12m²/间
值班更衣室： 2间×12m²/间
仪器室： 1间×12m²/间
计算机室： 1间×12m²/间
化验室： 1间×12m²/间

污洗、盥洗、浴厕等自定。

（3）手术部

特大手术室： 1间(7.2×9m²/间)
大手术室： 3间(6×6m²/间)
小手术室： 6间(4.2×6m²/间)
洗手室： 5间×13m²/间
敷料室： 2间×26m²/间
器械室： 1间×20m²/间

贵重仪器室：	2间×10m²/间
消毒间：	1间×14m²/间
男女更衣浴厕(卫生通过)：	2间×36m²/间
家属接待室：	1间×36m²/间
值班室：	2间×13m²/间
麻醉办公室：	1间×20m²/间
麻醉器械室：	1间×20m²/间
石膏房(附X光机)：	1间×26m²/间
整理间：	1间×13m²/间
污桶间：	1间×13m²/间
盐水室：	1间×10m²/间
储藏室：	2间×13m²/间
护士办公室：	1间×13m²/间

4. 其他

挂号、收费室：	1间×12m²/间
药房：	1间×24m²/间
注射室：	1间×24m²/间

门厅、走道、储藏室、卫生间等自定。

※ ※ ※ ※

题目二 医院门诊部设计任务书

1. 设计任务

为改善医疗条件、为居民提供方便，拟在中国南方某城市建造一座400人次门诊部，总建筑面积约为2100m²（允许5%～10%的面积浮动，交通廊面积计算在内）。用地位于该城市某一居住区内，南临城市道路，西临居住区道路，其余两面为绿地，地势平坦。基地见附图二。

2. 设计要求：

• 总平面综合解决功能分区、出入口、残疾人坡道、停车场、绿化、道路、日照、消防等问题。

• 平面设计由公共部分、内科、外科、皮肤科、妇产科、五官科、儿科、理疗科、急诊科、办公区等组成。要求功能分区明确，科室布置合理，人流避免往返交叉。

• 综合考虑医院建筑在安全和卫生方面的特殊要求。

3. 建筑组成及要求

(1) 公用部分，各项内容及面积如下：

主门厅	1间×80m²/间
挂号室(兼收款)	1间×12m²/间
病历室	1间×18m²/间
门诊办公室	1间×12m²/间
候诊室(可有不同方式)	100m²

接待室	1间×12m²/间
公用卫生间	4间×12m²/间
杂用室	1间×12m²/间
保健室	1间×12m²/间
中药室(带划价)	1间×24m²/间
西药室(带划价)	1间×20m²/间
门诊化验室	1间×24m²/间
注射室	1间×24m²/间

(2) 门诊、医技各科室，面积分配如下：
- 内科

诊查室(包括中医)	4间×12m²/间
治疗室	1间×12m²/间
注射室(包括针灸)	2间×12m²/间

- 皮肤科

诊查室	1间×12m²/间
治疗室	1间×12m²/间

- 儿科

预诊室	2间×12m²/间
挂号及取药室	1间×12m²/间
候诊室	1间×24m²/间
治疗室	2间×12m²/间
专用卫生间	2间×3m²/间

- 功能检查

心电图室	1间×12m²/间
超声波室	1间×12m²/间
基础代谢室	1间×12m²/间

- 理疗科

光疗室	1间×24m²/间
电疗室	1间×24m²/间
激光室	1间×12m²/间

- 放射科

X光室1	1间×24m²/间
X光室2	1间×36m²/间
暗室	1间×12m²/间
登记存片室	1间×12m²/间
读片室	1间×12m²/间
机修室	1间×12m²/间
值班室	1间×12m²/间

- 外科

诊查室(包括中医)	3 间×12m²/间
治疗室	1 间×12m²/间
门诊手术室	1 间×18m²/间
换药室	1 间×12m²/间
准备及消毒室	1 间×12m²/间

- 妇产科

产科门诊	1 间×12m²/间
妇科门诊	1 间×12m²/间
妇科治疗室	1 间×12m²/间
专用卫生间	1 间×6m²/间
妇产手术室	1 间×18m²/间

- 五官科

眼科诊室	1 间×24m²/间
眼科暗室	1 间×12m²/间
耳鼻喉科诊室	1 间×12m²/间
口腔检查室	1 间×18m²/间
镶牙补牙室	1 间×12m²/间
技工室	1 间×12m²/间

- 传染科

肠道门诊	1 间×12m²/间
肝炎门诊	1 间×12m²/间

- 急诊部

诊查室	2 间×12m²/间
治疗室	2 间×12m²/间
值班室	1 间×12m²/间
观察室	2 间×12m²/间
抢救室	1 间×18m²/间
专用卫生间	1 间×6m²/间

(3) 行政办公及其他房间面积分配如下：

- 行政办公

宿舍或办公室	10 间×12m²/间
会议室	1 间×48m²/间

- 其他

电梯	每层 2 部

4. 图纸内容及要求

(1) 图纸内容

- 总平面图 1∶500，需要细化周围环境设计
- 各层平面 1∶100～1∶200

① 底层各出入口要画出踏步、花池、台阶等。

② 确定门窗位置、大小及开启方向。
③ 楼梯按比例画出梯段、平台、踏步,并标出上下箭头。
④ 一层标注剖切线和指北针。
⑤ 注图名、房间名称和比例。
- 立面两个 1∶100～1∶200
- 剖面一个 1∶100～1∶200
① 标注各层标高,室内外标高。
② 注图名和比例。
- 透视或鸟瞰图。
- 设计说明及技术经济指标

(2) 图纸要求
- 图纸统一用 A1,效果图 A2 规格,工具线手工绘制。
- 透视或鸟瞰图表现手法用水粉、水彩自定。
- 每张图要有图名(或主题)、姓名、班级、指导教师。

5. 地形图(图一为急救中心地形图)

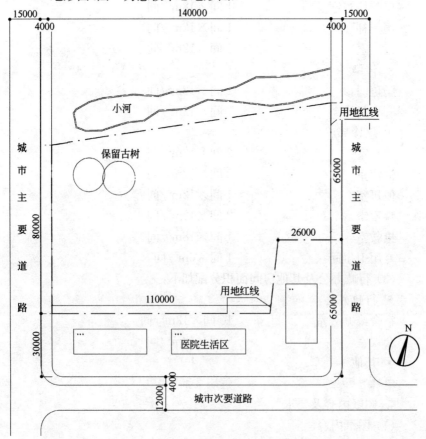

总平面地形图一

(图二医院门诊楼地形图)

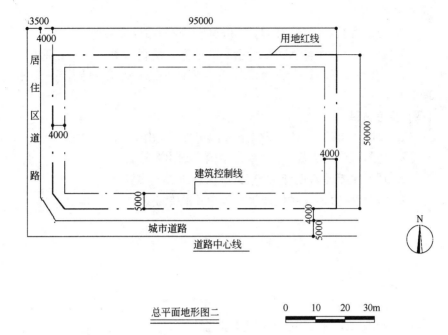

总平面地形图二

(二) 教学进度与要求

进度安排：

1. 讲解设计任务书，参观综合医院及急救中心类建筑。
（课后收集有关资料，并做调研报告） （第1周）

2. 讲授原理课，分析任务书及设计条件，第一次徒手草图，做体块模型，进行多方案比较(2～3个)。 （第2、3周）

3. 修改一草，进行第二次草图设计。 （第4、5周）

4. 讲评二草，并修改，进行第三次草图(即正草)。 （第6、7周）

5. 绘制正图。 （第8周）

(三) 参观调研提要

1. 医院的功能分区有何特点？洁污流线如何分流？

2. 停车位的基本尺寸及与出入口的关系如何？病房的前后间距如何满足日照要求？

3. 医院主体功能中门诊、急诊，住院部分如何分置出入口？

4. 建筑内部楼梯位置、宽度以及电梯的设置如何满足建筑防火及防火要求？

5. 门诊、急诊内部各功能分区的要求以及与医技空间的位置关系如何？

6. 针对手术部的特殊要求的室内设施、房间大小和位置有何要求？手术中心的洁污如何分区？

7. 门厅公共空间如何组织多流线、多功能的区域？门厅与候诊空间的关系如何？

8. 行政办公、服务空间与主体功能空间的布局关系如何？

9. 找出1~2个你认为设计精彩的地方，绘制草图，并说出理由？

10. 找出1~2个你认为设计不合理的地方，绘制草图，并说出理由？

(四) 参考书目

1. 建筑设计资料集(7). 北京：中国建筑工业出版社，2005
2. 建筑设计防火规范. 北京：中国计划出版社，2001
3. 现代医院建筑设计. 北京：中国建筑工业出版社
4. 《建筑学报》，《时代建筑》等相关的专业杂志。

三、设计指导要求与指导要点

(一) 基地

1. 医院基地应由国家及省、市卫生部门按三级医疗卫生网点布局要求及城市规划部门的统一规划要求选址。

2. 基地大小应按卫生部门颁发的不同规模医院用地标准，在节约用地的情况下，适当留有发展扩建的余地。

3. 医院基地应有足够的清洁用水水源，并有城市下水管网的配合。

4. 基地选择应符合下列要求：

- 交通方便，宜面临两条城市道路；
- 便于利用城市基础设施；
- 环境安静，远离污染源；
- 地形力求规整；
- 远离易燃、易爆物品的生产和贮存区，并远离高压线路及其设施；
- 不应邻近少年儿童活动密集场所。

(二) 总平面设计

1. 医院功能分为三大区：医疗区(门诊部、急诊部、住院部)、医技区、后勤供应区。

2. 总平面设计应符合下列要求：

- 功能分区合理，洁污路线清楚，避免或减少交叉感染；
- 建筑布局紧凑，交通便捷，管理方便；
- 应保证住院部、手术部、功能检查室、内窥镜室、献血室、教学科研用房等处的环境安静；
- 病房楼应获得最佳朝向；
- 应留有发展或改、扩建余地；
- 应有完整的绿化规划；

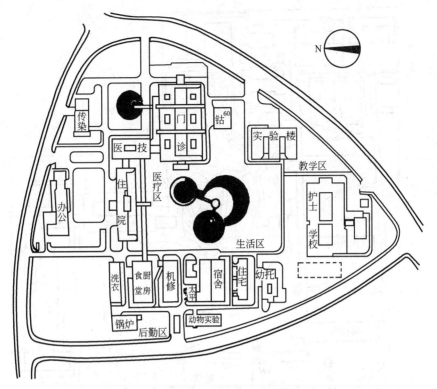

上海第六人民医院总平面

• 对废弃物的处理,应作出妥善的安排,并应符合有关环境保护法令、法规的规定。

3. 医院出入口不应少于两处,人员出入口不应兼作尸体和废弃物出口。最好为三处,将供应出入口与污物出入口分开。设有传染病科者,必须设专用出入口,季发性传染病高峰时必须用此出入口。

4. 医疗、医技区应置于基地的主要中心位置,其中门诊部、急诊部应面对主要交通干道,在大门入口处。

5. 门诊部、急诊部入口附近应设车辆停放场地。

6. 后勤供应区用房应位于医院基地的下风向,与医疗区保持一定距离或路线互不交叉干扰,同时又应为医疗、医技区服务,联系方便。如营养厨房应靠近住院部,最好以廊道连接以便送饭;锅炉房应距采暖用房近,以减少管道能耗;停尸房宜设在基地下风向,太平间、病理解剖室、焚毁炉应设于医院隐蔽处,并应与主体建筑有适当隔离。尸体运送路线应避免与出入院路线交叉。

7. 环境设计

• 应充分利用地形、防护间距和其他空地布置绿化,并应有供病人康复活动的专用绿地。

• 应对绿化、装饰、建筑内外空间和色彩等作综合性处理;

• 在儿科用房及其入口附近,宜采取符合儿童生理和心理特点的

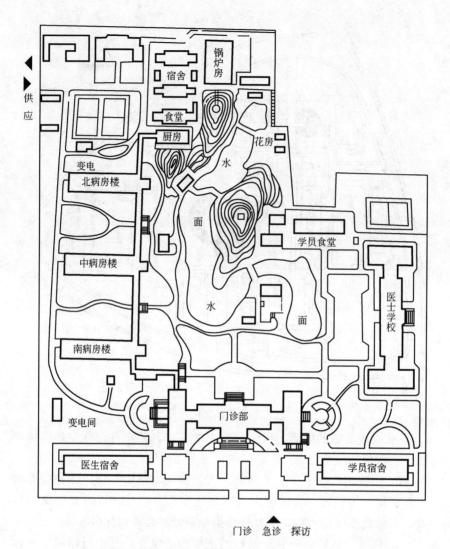

北京积水潭医院总平面

环境设计。

8. 病房的前后间距应满足日照要求，且不宜小于 12m。

9. 职工住宅不得建在医院基地内；如用地毗连时，必须分隔，另设出入口。

（三）建筑设计

1. 主体建筑的平面布置和结构形式，应为今后发展、改造和灵活分隔创造条件。

2. 建筑物出入口

• 门诊、急诊，住院应分别设置出入口。

• 在门诊、急诊和住院主要入口处，必须有机动车停靠的平台及雨篷。如设坡道时，坡度不得大于 1/10。

3. 医院的分区和医疗用房应设置明显的导向图标。

4. 电梯
- 四层及四层以上的门诊楼或病房楼应设电梯，且不得少于两台；当病房楼高度超过 24m 时，应设污物梯。
- 供病人使用的电梯和污物梯，应采用"病床梯"。
- 电梯井道不得与主要用房贴邻。

5. 楼梯
- 楼梯的位置，应同时符合防火疏散和功能分区的要求。
- 主楼梯宽度不得小于 1.65m，踏步宽度不得小于 0.28m，高度不应大于 0.16m。
- 主楼梯和疏散楼梯的平台深度，不宜小于 2m。

6. 门诊、急诊以低层为好。三层及三层以下无电梯的病房楼以及观察室与抢救室不在同一层又无电梯的急诊部，均应设置坡道，其坡度不宜大于 1/10，并应有防滑措施。

7. 推行病床的室内走道，净宽不应小于 2.10m；有高差者必须用坡道相接，其坡度不宜大于 1/10。

8. 半数以上的病房，应获得良好日照。

9. 门诊、急诊和病房，应充分利用自然通风和天然采光。

10. 不宜将门诊、急诊和病房、手术部、产房等用房设于地下室或半地下室，否则须有空调。

11. 主要用房的采光窗洞口面积与该用房地板面积之比，不宜小于下表的规定。

主要用房采光表

名　称	窗地比
诊查室、病人活动室、检验室、医生办公室	1/6
候诊室、病房、配餐室、医护人员休息室	1/7
更衣室、浴室、厕所	1/8

- 手术室、产房采光值为 1/7，也可不采用天然光线。
- CT 和磁共振扫描室，X 光、钴 60、加速治疗室应为暗室。
- 镜检室、解剖室、药库、药房配方室等不宜受阳光直射。

12. 室内净高在自然通风条件下，不应低于下列规定：
- 诊查室 2.60m，病房 2.80m；
- 医技科室根据需要而定。

13. 厕所
- 病人使用的厕所隔间的平面尺寸，不应小于 1.10m×1.40m，门朝外开，门闩应能里外开启。
- 病人使用的坐式大便器的坐圈宜采用"马蹄式"，蹲式大便器宜采用"下卧式"，大便器旁应装置"助立拉手"。

- 厕所应设前室，并应设非手动开关的洗手盆。
- 如采用室外厕所，宜用连廊与门诊、病房楼相接。

• **门诊用房**

（1）门诊部的出入口或门厅，应处理好挂号问讯、预检分诊、记账收费、取药等相互关系，使流程清楚，交通便捷，避免或减少交叉感染。

（2）门诊部应按各科诊疗程序合理组织病人流线，满足医学卫生与管理的要求。门诊部概括为三类用房：

- 公共用房：门厅、挂号厅、廊、楼梯、厕所、候药。
- 各科诊室与急诊诊室。
- 医技科室：药房、化验、X光、机能诊断、注射等。

（3）门诊部各类病人流量大并带病菌，为避免交叉感染除设主要出入口外，尚应分设若干单独出入口。

- 门诊主要出入口：内科、外科、五官科病人用。
- 儿科出入口：儿科患儿抵抗力弱，并多受季节性传染病侵袭，故宜设单独出入口。
- 产科、计划生育出入口：产妇与施人工流产者一般为健康者，有条件宜设单独出入口。
- 急诊出入口：急救病人属危重患者，需紧急处理，并24h昼夜服务，故希望自成一系统，并设单独出入口。

（4）门诊部大部分科室宜设在一、二层，少数科室，如理疗、五官科、皮肤科可适当设在三、四层。

（5）门、急诊科室应充分利用自然采光条件，诊室窗户不宜用茶色玻璃，人工照明应有利于对病人的观察与诊断。

（6）候诊处

- 门诊应分科候诊，门诊量小的可合科候诊。
- 利用走道单侧候诊者，走道净宽不应小于2.10m，两侧候诊者，净宽不应小于2.70m。

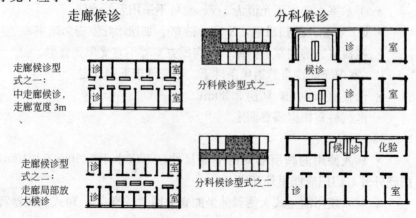

分科 二次候诊

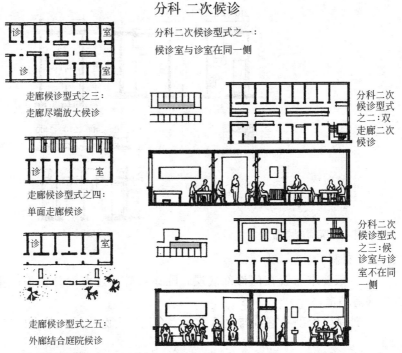

走廊候诊型式之三：
走廊尽端放大候诊

走廊候诊型式之四：
单面走廊候诊

走廊候诊型式之五：
外廊结合庭院候诊

分科二次候诊型式之一：
候诊室与诊室在同一侧

分科二次候诊型式之二：双走廊二次候诊

分科二次候诊型式之三：候诊室与诊室不在同一侧

(7) 诊察室

开间净尺寸不应小于2.40m，进深净尺寸不应小于3.60m。

(8) 内科

• 内科诊室宜设底层并靠近出入口，最好自成一尽端，不被他科穿行。

• 内科除诊察室外，还应设治疗室，做简单的处置；50%~70%的病人需要化验、X光检查，因此应与医技诊断部分联系方便。

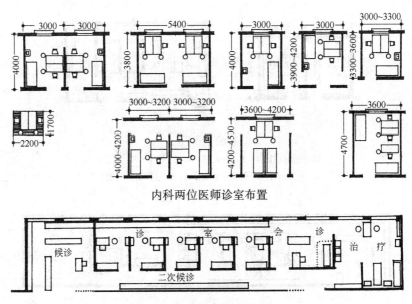

内科两位医师诊室布置

内科一位医师诊室布置1

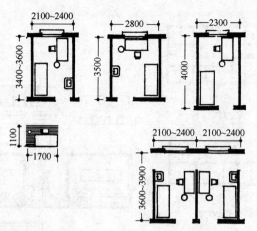

内科一位医师诊室布置2

(9) 外科

• 一般要求布置在门诊部底层，除诊室外，还应设外科换药室，并应注意消毒。

• 外科门诊手术室可与急诊手术室合用。大医院最好单设门诊手术室。

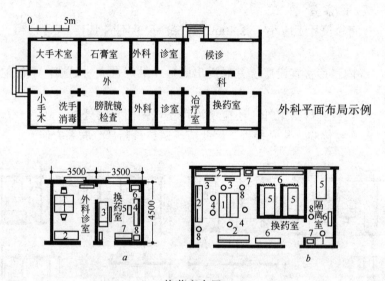

外科平面布局示例

换药室布置

1. 换药操作台；2. 病人座；3. 搁脚架；4. 圆凳；
5. 换药床；6. 药品器械柜；7. 水池；8. 污物筒

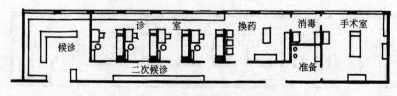

外科诊室布置

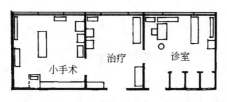 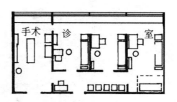

整形外科诊室布置

（10）妇、产科和计划生育

- 应自成一区，设单独出入口。
- 产科病人行动不便，最好布置底层或二层。为使产妇不受其他病菌感染，产科最好在尽端并有单独出入口。
- 妇科和产科的检查室和厕所，应分别设置。
- 计划生育可与产科合用检查室，并应增设手术室和休息室。各室应有阻隔外界视线的措施。
- 妇、产科的诊察室中诊察床位应三面临空布置，应有布帘遮挡。

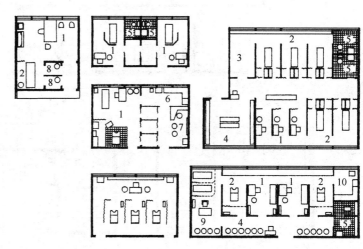

妇产科诊室布置
1. 诊室；2. 检查；3. 消毒；
4. 候诊；5. 厕所；6. 洗涤；
7. 护士；8. 更衣；9. 休息；
10. 验尿

（11）儿科

- 应自成一区，宜设在首层出入方便之处，并应设单独出入口。
- 入口应设预检处、并宜设挂号处和配药处。
- 候诊处面积每病儿不宜小于 $1.50m^2$。
- 应设置仅供一病儿使用的隔离诊查室，并宜有单独对外出口。
- 应分设一般厕所和隔离厕所。

（12）五官科

- 眼科诊室要求光线均匀柔和。眼科的暗室要求有完善的遮光措施和良好的通风措施。
- 耳鼻喉诊室布置分大统间小隔断的布置及小隔间布置两种，要求器械与病流分开。耳鼻喉科的听力测定室应有良好的隔声条件，最好有专门的测听室。
- 口腔科注意口腔综合治疗机的上下水管道安装问题。

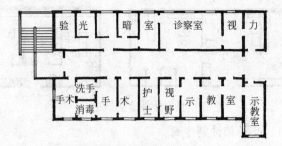

眼科平面组合一

眼科平面组合二

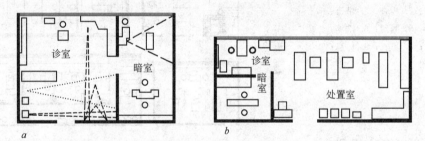

眼科诊室布置一

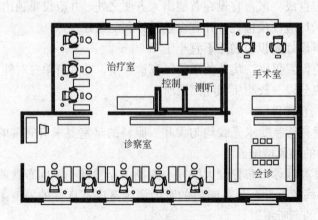

五官科平面布置一

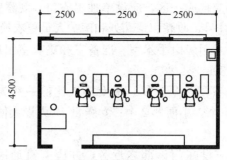

眼科诊室布置二

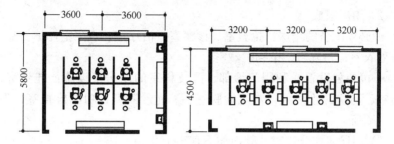

耳鼻喉科诊室平面布置

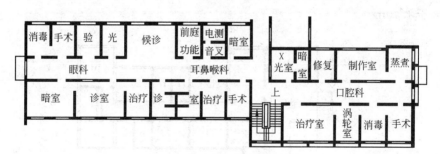

五官科平面布置二

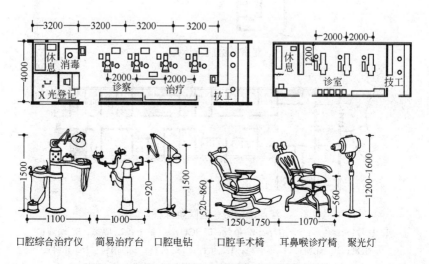

口腔科多诊室平面布置及医疗器械图

(13) 传染科应自成一区，应设单独出入口、观察室、小化验室和厕所。宜设专用挂号、收费、取药处和医护人员更衣换鞋处。

(14) 门诊手术用房由手术室、准备室和更衣室组成；手术室平面尺寸不应小于 3.30m×4.80m。

(15) 厕所按日门诊量计算，男女病人比例一般为 6∶4，男厕每 120 人设大便器 1 个，小便器 2 个；女厕每 75 人设大便器 1 个。

- 急诊用房

(1) 急诊部应设在门诊部之近旁，并应有直通医院内部的联系通路。

(2) 用房组成

• 必须配备的用房：抢救室、诊察室、治疗室、观察室；护士室、值班更衣室；污洗室、杂物贮藏室。

• 可单独设置或利用门诊部、医技科室的用房及设施：挂号室、病历室、药房、收费处、常规检验室、X 光诊断室、功能检查室、手术室、厕所。

(3) 门厅兼作分诊时，其面积不宜小于 24m²。

(4) 抢救室宜直通门厅，面积不应小于 24m²；门的净宽不应小于 1.10m。

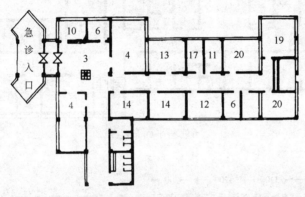

北京某医院急诊部

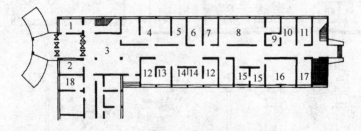

江苏淮阴第一医院急诊科

1. 挂号；2. 药房；3. 门厅；4. 抢救；5. ICU；6. 护士；7. 隔离；8. 输液；
9. 值班；10. 化验；11. 五官科；12. 治疗；13. 外科；14. 内科；15. 儿科；
16. 儿科输液；17. 妇产科；18. X 光；19. 手术；20. 石膏

(5) 观察室
- 宜设抢救监护室。
- 平行排列的观察床净距不应小于 1.20m，有吊帘分隔者不应小于 1.40m，床沿与墙面净距不应小于 1m。

(6) 急诊科
- 中小型医院急诊科应位于底层，形成独立单元，明显易找，避免与其他流线交叉。
- 入口设计应便于急救车出入。室外有足够的回车、停车场地。入口应有防雨设施，并应设坡道，便于推车、轮椅出入。
- 急诊科应设一定数量的观察床位。有条件的医院建议设少量急诊监护病床，以提高抢救成功率。
- 急诊科应设独立的挂号室及药房。与门诊合用时应单设窗口。

(7) 急救中心
- 急救中心分院前急救和院内急救两部分。院前急救以救护车为中心，负责病人的现场救护及安全运送；院内急救负责病人入院后的抢救、监护、康复等治疗。
- 急救中心应建在位置显著的地方，有便利的对外交通及通讯联系。
- 急救中心应与中央手术部有便捷联系。同时应专设急救手术室，位置与抢救室相临，便于病人及时手术，提高抢救成功率；另一方面可减少对中央手术部的交叉感染。
- 急救中心的急救区与急诊区应有所区别，以保证急救流线的迅速、便利。
- 急救中心应有无线或有线传呼系统，利于统一指挥调度，协调工作。
- 急救中心应设集中供氧、吸引装置，分布在病人涉及的各个部门。并应自备发电系统，以保证突然停电状态下急救、监护、手术等部门的正常工作。
- 急救中心入口应为急救专用，防止其他流线的干扰。入口及其附近应有明显的导向设施，并能满足夜间使用要求。
- 为方便急救车，室外应有足够的回车场地。入口应有防雨设施。
- 急救中心门厅急救流线与其他流线不宜交叉。
- 急救中心门厅应有充足采光和通风。面积可适当加大，以满足大规模急救时扩展抢救室的需要。
- 急救中心门厅所有门、墙、柱应设防护板，以防止担架、推车等的碰撞。

- **放射科**

(1) 放射科分成诊断组、治疗组和辅助室组三部分。
(2) 放射科应在医院的适中位置，便于门诊、急诊和住院病人共同使用。放射科内机器设备重量较大，最好设在底层，同时考虑便于担架或推车进入。

（3）有较强放射能量设备的放射室应放在放射科的尽端或自成一区，独立设置。

（4）X线诊断

· X线诊断部分由透视室、摄片室、暗室、观片室、登记存片室等组成；透视、摄片室前宜设候诊处。一般在300床以上的医院增设X光浅线（深线）治疗室、更衣、厕所、操纵室、肠胃摄片室、调钡室、CT诊断室、镭锭治疗室、钴60治疗室、诊察室、加速治疗室等。

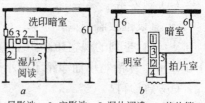

1. 显影池； 3. 定影池； 5. 湿片阅读
2. 冲洗池； 4. 干片器； 观片灯； 6. 传片箱

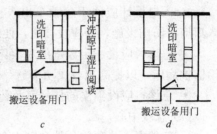

暗室平面的几种布置

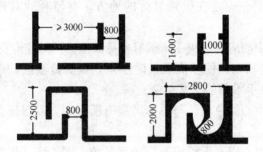

暗室入口光线封锁的不同形式

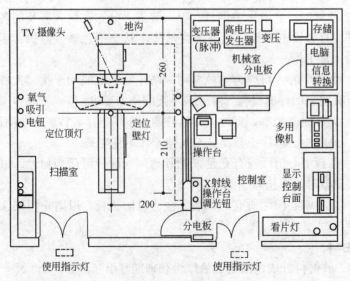

CT扫描仪机房布置一

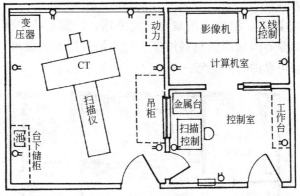

CT扫描仪机房布置二

- 摄片室应设控制室。
- 设有肠胃检查室者,应设调钡处和专用厕所。
- 悬挂式球管天轨的装置,应力求保持水平。
- 暗室宜与摄片室贴邻,并应有严密遮光措施;室内装修和设施,均应采用深色面层。
- 暗室的进口处应设有遮光措施。暗室内应有良好的通风措施,炎热地区应有降温设备。暗室的面积应不小于 $8 \sim 12m^2$。
- 一般诊断室门的净宽,不应小于 1.10m;CT 诊断室的门,不应小于 1.20m;控制室门净宽宜为 0.70m。

(5) X 线治疗

- 治疗室应自成一区。
- 室内允许噪声不应超过 50dB(A)。
- 钴 60、加速器治疗室的出入口,应设"迷路"。
- 防护门和"迷路"的净宽不应小于 1.2m,转弯处净宽不应小于 2.10m。

(6) 诊断室或治疗室均要有足够的面积,以安置不同型号的机器。还应考虑就诊者的更衣面积和担架的回转面积。一般不小于 $24m^2$。

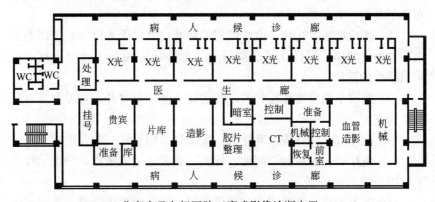

北京中日友好医院三廊式影像诊断布置

（7）防护

• 对诊断室、治疗室的墙身、楼地面、门窗、防护屏障、洞口、嵌入体和缝隙等所采用的材料厚度、构造均应按设备要求和防护专门规定有安全可靠的防护措施。

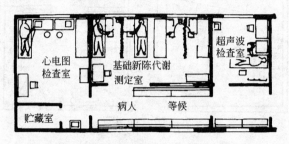

心电图、基础新陈代谢超声波检查室平面布置

• **功能检查室**

（1）包括心电图、超声波、基础代谢等，宜分别设于单间内，无干扰的检查设施亦可置于一室。

（2）室内地面最好为木地板，心电图室最好设有屏蔽设施，以排除电波的干扰。

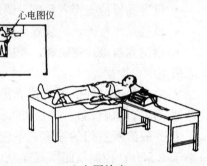

心电图检查

（3）检查床之间的净距，不应小于1.20m，并宜有隔断设施。

（4）肺功能检查室应设洗涤池。

（5）脑电图检查室宜采用屏蔽措施。

• **理疗科**

（1）理疗病人约占门诊人次的10%～30%，住院病人的10%～20%，故其设置位置应以方便门诊病人为主，又要便于住院病人治疗。又因病人有时需要多种治疗，故理疗各治疗室应集中一处为宜。最宜布置于尽端，有单独出口。

（2）各治疗室以光疗、电疗使用率最高，宜设于入口处；又因电量大，为节省线路，可设在近放射科处，但要防止相互间强电干扰，应采取必要的措施。

（3）必须单独设电源总开关，各治疗室分别设分开关，总开关可装在检修室。

（4）光疗有：红外线、紫外线、太阳灯、辐射热、激光治疗等室。

（5）电疗有：超高频、高频、低频、直流电、电睡眠、静电治疗等室，以及洗消准备室。

（6）各类光疗、电疗室均应通风良好。地面应考虑防潮、绝缘，一般采用木地板或橡胶、塑料卷材贴面。所有设施，包括采暖散热器、电线、水管等均宜暗装。台度、防护罩等装修采用绝缘材料。

（7）光疗除紫外线散发臭气，应单独设置外，其他可合用一室。治疗床中心距应大于 1.50m。

（8）激光治疗室墙面宜为白色，激光手术室宜为有色墙面。

（9）电疗治疗床、椅、桌均须用木质材料。若为大间治疗室，宜采用木隔断隔成小间。一般治疗床中心距应大于 1.50m；但超高频、高频治疗床中心距，以及治疗床与医护人员工作台的中心距，均应大于 3.00m。

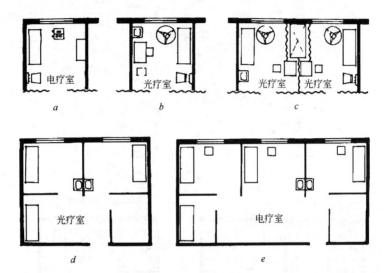

（10）低频治疗室内设有电气槽浴及洗池。

- **手术部**

（1）用房组成

- 必须配备的：一般手术室、无菌手术室、洗手室；护士室、换鞋处、男女更衣室、男女浴厕；消毒敷料和消毒器械贮藏室、清洗室、消毒室、污物室、库房。

- 根据需要配备的：洁净手术室、手术准备室、石膏室、冰冻切片室；术后苏醒室或监护室；医生休息室、麻醉师办公室、男女值班室；敷料制作室、麻醉器械贮藏室；观察、教学设施；家属等候处。

（2）设置位置及平面布置

- 手术室应邻近外科护理单元，近外科病区，最好与外科病区同层。手术监护室或苏醒室宜与手术部同层。并应自成一区。

- 不宜设于首层；设于顶层者，对屋盖的隔热，保温和防水必须采取严格措施。

- 平面布置应符合功能流程和洁污分区要求（洁污分区见附录一）。

- 入口处应设卫生通过区；换鞋（处）应有防止洁污交叉的措施；宜有推床的洁污转换措施。

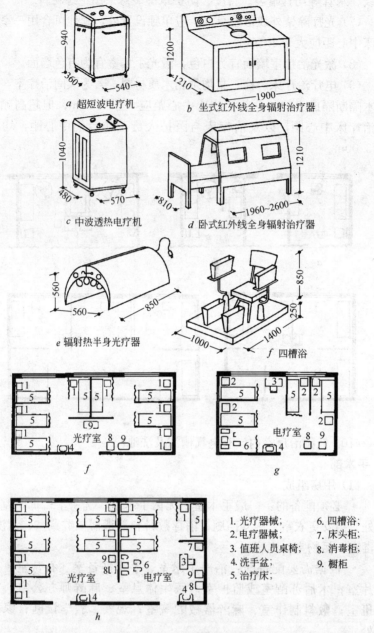

光疗、电疗平面及医疗器械图

- 通往外部的门应采用弹簧门或自动启闭门。

（3）手术室的间数及平面尺寸

- 按外科病床计算，每 25～30 床一间。
- 教学医院和以外科为重点的医院，每 20～25 床一间。
- 应根据分科需要，选用手术室平面尺寸；无体外循环装备的手术部，不应设特大手术室；平面尺寸不应小于下表的规定：

手术室平面最小净尺寸

手 术 室	平面净尺寸(m)
特大手术室	8.10×5.10
大手术室	5.40×5.10
中手术室	4.20×5.10
小手术室	3.30×4.80

(4) 手术室的门窗

• 通向清洁走道的门净宽，不应小于1.10m，应设弹簧门或自动启动门。

• 通向洗手室的门净宽，不应大于0.80m；应设弹簧门。当洗手室和手术室不贴邻时，则手术室通向清洁走道的门必须设弹簧门或自动启闭门。

• 手术室可采用天然光源或人工照明。当采用天然光源时，窗洞口面积与地板面积之比不得大于1/7，并应采取有效遮光措施。

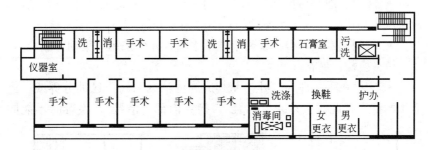

手术部中廊式平面布置(一)

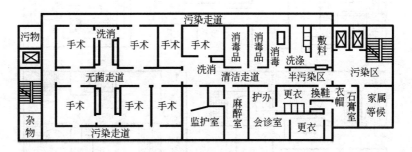

手术部中廊式平面布置(二)

(5) 室内设施

• 面对主刀医生的墙面应设嵌装式观片灯。

• 病人视线范围内不应装置时钟。

• 无影灯装置高度一般为3～3.20m。

• 宜设系统供氧和系统吸引装置。

• 无影灯、悬挂式供氧和吸引设施，必须牢固安全。

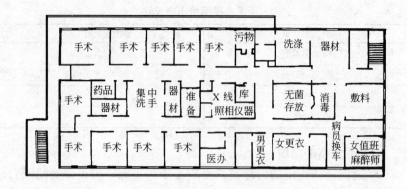

手术部复廊式平面布置

• 手术室内不宜设地漏，否则应有防污染措施。

（6）洗手室（处）

• 宜分散设置；洁净手术室和无菌手术室的洗手设施，不得和一般手术室共用。

• 洗手、泡手后的医生，肘至手指部位，不能再接触任何东西，故供洗手后医生进入手术室的门，不能用手开启。

• 每间手术室不得少于两个洗手水嘴，并应采用非手动开关。

（7）换鞋、更衣室

• 应设在手术部入口处，使其成为清洁区与污染区的分界线。进入手术部者在此脱去外来"污鞋"，换穿内部"洁鞋"。换鞋时不能同

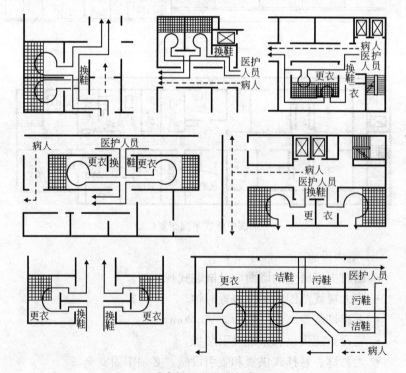

手术部卫生通过方式

踩一处,做到洁污互不交叉。
- 一切设施必须杜绝外部的污垢带入手术部内。

(8) 观察台
- 观察台设在手术室的上层较浪费,可设在手术室一侧,中间用玻璃隔断。可与闭路电视相辅而用,故对低班医科学生和一般参观者很为适宜。要求观察者的视线不受无影灯或手术医生身躯所阻。

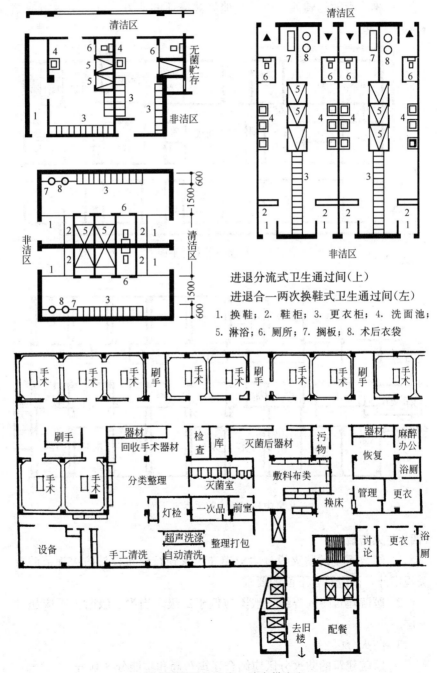

进退分流式卫生通过间(上)
进退合一两次换鞋式卫生通过间(左)
1. 换鞋; 2. 鞋柜; 3. 更衣柜; 4. 洗面池;
5. 淋浴; 6. 厕所; 7. 搁板; 8. 术后衣袋

手术部附设的洗涤、消毒供应室

(9) 消毒室
• 手术器械和敷料打包好在此消毒。设有高压消毒柜及煮沸消毒锅。应设排气孔道,要求机械通风。

(10) 其他辅房
• 石膏室应有调石膏水池,有冷热水龙头,墙上装有把手,顶棚上装钢钩,便于病人骨骼整位。
• 推床存放运转处,以及其他易被撞坏的地方,可用金属板或塑料橡皮护包。

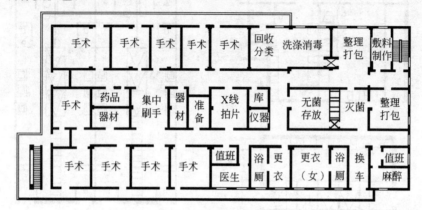

北京天坛医院手术部平面

北京中日友好医院手术部平面

(四)防火与疏散

1. 综合医院的防火设计除应遵守国家现行建筑设计防火规范的有关规定外,尚应符合下面的要求。

2. 医院建筑耐火等级一般不应低于二级,当为三级时,不应超过三层。

3. 防火分区
• 医院建筑的防火分区应结合建筑布局和功能分区划分。

- 防火分区的面积除按建筑耐火等级和建筑物高度确定外，病房部分每层防火分区内，尚应根据面积大小和疏散路线进行防火再分隔；同层有二个及二个以上护理单元时，通向公共走道的单元入口处，应设乙级防火门。
- 防火分区内的病房、产房、手术部、精密贵重医疗装备用房等，均应采用耐火极限不低于1小时的非燃烧体与其他部分隔开。

4. 楼梯、电梯
- 病人使用的疏散楼梯至少应有一座为天然采光和自然通风的楼梯。
- 病房楼的疏散楼梯间，不论层数多少，均应为封闭式楼梯间；高层病房楼应为防烟楼梯间。
- 每层电梯间应设前室，由走道通向前室的门，应为向疏散方向开启的乙级防火门。

5. 安全出口
- 在一般情况下，每个护理单元应有二个不同方向的安全出口。
- 尽端式护理单元，或"自成一区"的治疗用房，其最远一个房间门至外部安全出口的距离和房间内最远一点到房门的距离，如均未超过建筑设计防火规范规定时，可设一个安全出口。

6. 医疗用房应设疏散指示图标；疏散走道及楼梯间均应设事故照明。

7. 供氧房宜布置在主体建筑的墙外；并应远离热源、火源和易燃、易爆源。

- 附录一 手术部洁污分区手术部洁污分区表

入口处以外	供应与准备				术后监护	一般手术	无菌手术	洁净手术	废弃物
家属等候处	石膏室、会议会诊室	换鞋处、衣帽领发处、更衣室、浴厕	敷料制作室、洗涤室、杂物贮藏室	护士室、医生休息室、值班室	麻醉室、麻醉器械室、消毒室、消毒品贮藏室、准备室	苏醒室、术后监护室	一般手术室、清创抢救室、洗手室	无菌手术室洗手室	洁净手术室、洗手室	污物室
污染区	半清洁区			清洁区			无菌区		污染区

四、参考图录

示例一 厦门市第一医院门诊部

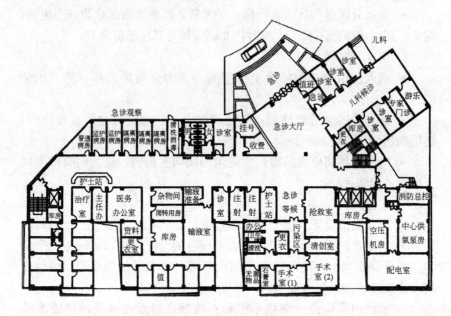

厦门市第一医院门诊部首层平面

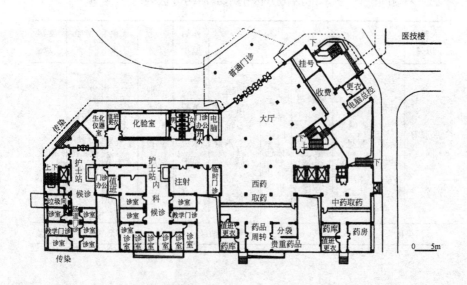

厦门市第一医院门诊部二层平面

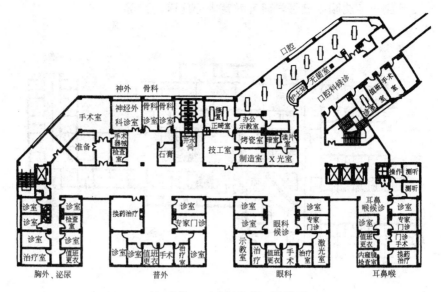

厦门市第一医院门诊部三层平面

示例二 上海市第六人民医院门诊部

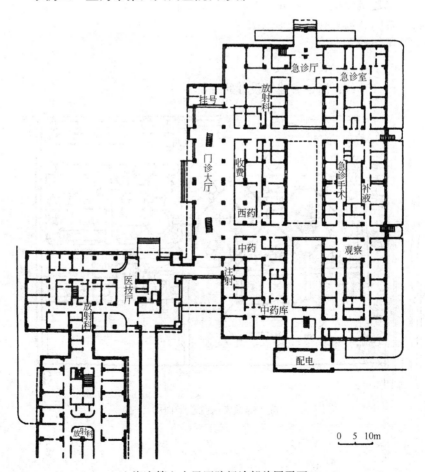

上海市第六人民医院门诊部首层平面

示例三 沈阳中日医学研究教育中心医院门诊部

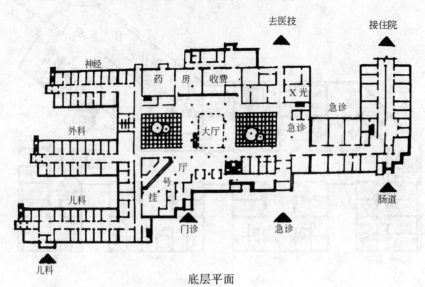

底层平面

示例四 杭州邵逸夫医院

总建筑面积：30000m²

日门急诊人数：1500人

床位数：400人

竣工年代：1992年

设计单位：浙江省建筑设计研究院

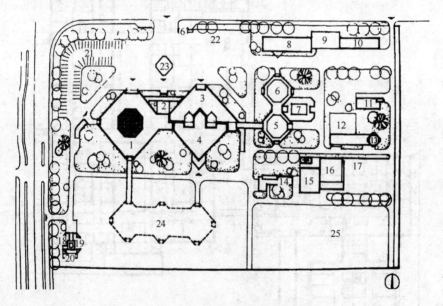

杭州邵逸夫医院总平面图

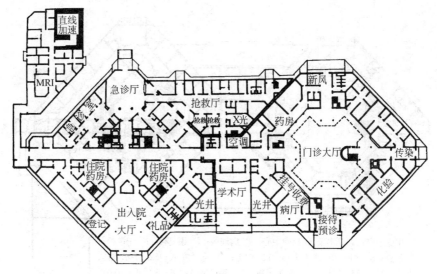

杭州邵逸夫医院一层平面图

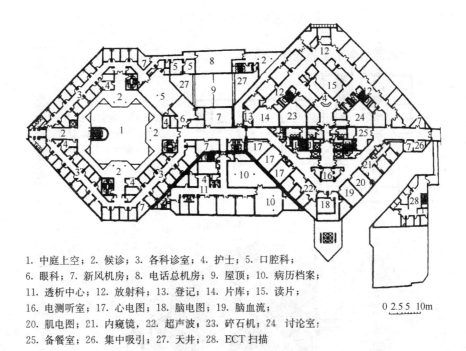

1. 中庭上空；2. 候诊；3. 各科诊室；4. 护士；5. 口腔科；
6. 眼科；7. 新风机房；8. 电话总机房；9. 屋顶；10. 病历档案；
11. 透析中心；12. 放射科；13. 登记；14. 片库；15. 读片；
16. 电测听室；17. 心电图；18. 脑电图；19. 脑血流；
20. 肌电图；21. 内窥镜，22. 超声波；23. 碎石机；24 讨论室；
25. 备餐室；26. 集中吸引；27. 天井；28. ECT扫描

杭州邵逸夫医院二层平面图

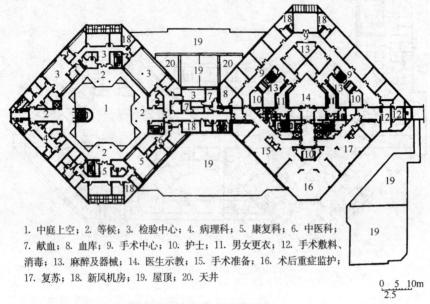

1. 中庭上空；2. 等候；3. 检验中心；4. 病理科；5. 康复科；6. 中医科；
7. 献血；8. 血库；9. 手术中心；10. 护士；11. 男女更衣；12. 手术敷料、
消毒；13. 麻醉及器械；14. 医生示教；15. 手术准备；16. 术后重症监护；
17. 复苏；18. 新风机房；19. 屋顶；20. 天井

杭州邵逸夫医院三层平面图

示例五 南京某急救中心方案

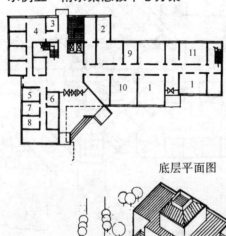

1. 抢救；2. 清创；3. 值班；
4. X光；5. 化验；6. 挂号；
7. 心电，脑电；8. B超；
9. 输液；10. 急诊；11. 手术

底层平面图

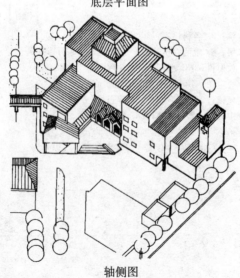

轴侧图

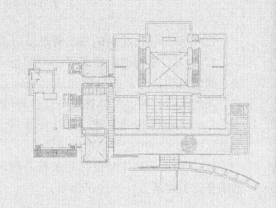

第五章 四年级上学期设计题目

设计一　博物馆建筑设计指导任务书

一、教学目的与要求

1. 了解博物馆建筑的基本特点及内部空间组成要求。
2. 学习并掌握博览建筑平面空间组合的方法，有机处理建筑与环境之间以及建筑内部的功能流线和交通流线，合理处理内部空间与外部空间的衔接过渡、单体建筑与整体环境的关系。
3. 学习并掌握博览建筑的功能要求、结构要求、消防要求等；建立建筑、技术、构造等基本概念。
4. 立面设计和体型设计要求符合建筑形式美的规律，创造有个性的吻合博览建筑特性的建筑形象。

二、课程设计任务与要求

(一) 设计任务书

1. 设计任务

某历史文化名城自古以来被称为"××之城"（注：××为当地有地方传统特色的物品，如丝绸、茶叶、笔砚等等，由学生自定）。近年来经考古工作出土数量众多的文物，原有博物馆规模和设施已跟不上时代发展的需要。为了弘扬中华民族几千年的文明史，丰富市民的文化生活，经政府研究决定，异地新建××博物馆，专门展出城市各个历史年代有关××的出土文物。新馆规模控制在 3800m^2（上下浮动不超过5%）。

该项目地处该市规划的文化中心区中心广场西侧，南面为城市绿化带，北面隔路为规划中的市图书馆，西面为办公建筑。详见地形图（后附）。地势平坦。

2. 设计要求

（1）规划的建筑红线范围详见附图。

（2）总平面应充分考虑博物馆不同出入口与城市环境的有机关系，布局应与中心广场协调。室外场地应组织好人流与车流以及机动车与非机动车的停放。

（3）停车位控制指标：机动车泊位：8 辆；自行车泊位：200 辆。

3. 建筑组成及要求

(1) 陈列服务区

展厅(可设 3～4 个展区) $3\times400m^2$；

临时展厅(含展具储藏间) $200m^2$；

报告厅 $200m^2$；

商店 $100m^2$。

室外雕塑陈列(不计入建筑面积)。

(2) 文物库房区

文物库 $350m^2$；

珍品库 $100m^2$；

技术工作室(修复、照相、复制等) $350m^2$。

(3) 行政办公区

馆长室 $2\times15m^2$；

会议室 $60m^2$；

接待室 $30m^2$；

行政办公室 $4\times15m^2$。

(4) 业务工作区

研究中心 $100m^2$；

图书资料中心 $200m^2$。

(5) 其他

包括各功能区的水平与垂直交通面积、公共休息空间、卫生间等。(设备用房另设，本次设计不予考虑)

4. 图纸内容及要求

(1) 图纸内容

总平面图 1：500 (表现建筑周边环境、道路、绿化、停车位等)；

各层平面图 1：200；

立面图(2 个)1：200；

主要剖面图(1 个)1：200；

建筑设计说明(设计意图、总图、流线、功能、造型等方面)，技术经济指标等；

彩色效果图(电脑绘制)。

(2) 图纸要求：电脑绘制，A1 图幅出图(594mm×841mm)。

5. 地形图 (见下页)

(二) 教学进度与要求

进度安排：

1. 第 1 周   理论讲课并下达设计任务。

2. 第 2～3 周   参观调研，收集资料。一草，讲评。

要求处理好建筑物与周围环境的关系；

建筑平面组成、空间构成及建筑体型的初步完稿。

3. 第 4～5 周   二草，讲评。

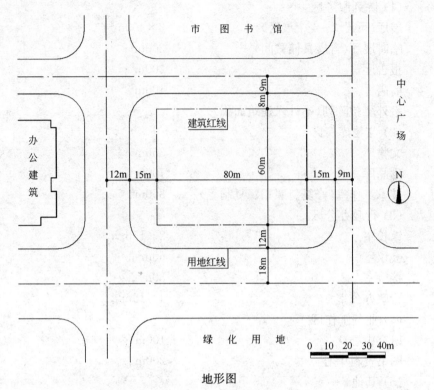

地形图

要求在一草的基础上进行深化,将比例放大,修改平、立、剖面。绘制建筑透视草图,仔细推敲建筑形体。

4. 第6~8周 电脑绘制正图,交图。

用AUTOCAD、3DMAX、PHOTOSHOP等程序完成一套完整的建筑方案设计图纸。

(三) 参观调研提要

1. 结合实例分析博览建筑平面组合有什么特点,采取什么方式?
2. 建筑风格如何体现博览建筑的特性?
3. 如何合理解决客流、货流等几种不同的功能流线?
4. 如何处理建筑主次出入口与城市道路的关系?如何创造优美的室外环境?
5. 建筑公共休息空间是否体现对人的关怀?人流引导、空间环境、服务设施等是如何进行处理的?
6. 各个陈列室如何进行组合?人流是否顺畅?有否走回头路?在流线上是否能全部观赏到展品?
7. 陈列室内部陈列怎样布置?是否方便观看欣赏?
8. 陈列室的室内空间环境怎样?采光口如何处理?如何避免发生眩光现象?

(四) 参考书目

1. 建筑设计资料集(第二版)·4·北京:中国建筑工业出版

社，1994

2. 邹瑚莹. 博物馆建筑设计. 北京：中国建筑工业出版社，2002

3.《建筑学报》，《世界建筑》，《建筑师》等杂志中有关博物馆建筑设计文章及实例。

三、设计指导要点

(一) 基地选择

1. 交通便利、城市公用设施比较完备、具有适当的发展余地；

2. 不应选在有害气体和烟尘影响较大的区域内，与噪声源及贮存易燃、易爆物场所的相关距离应符合有关部门的规定；

3. 场地干燥，排水通畅，通风良好。

(二) 总平面设计

1. 大、中型馆应独立建造。小型馆若与其他建筑合建，必须满足环境和使用功能要求，并自成一区，单独设置出入口；

2. 馆区内宜合理布置观众活动、休息场地；

3. 馆区内应功能分区明确，室外场地和道路布置应便于观众活动、集散和藏品装卸运送；

4. 陈列室和藏品库房若临近车流量集中的城市主要干道布置，沿街一侧的外墙不宜开窗；必须设窗时，应采取防噪声、防污染等措施；

5. 除当地规划部门有专门规定外，新建博物馆建筑的基地覆盖率不宜大于40%；

6. 应根据建筑规模或日平均馆中流量，设置自行车和机动车停放场地。

(三) 建筑设计

1. 各类用房的组成与要求

(1) 博物馆应由藏品库区、陈列区、技术及办公用房、观众服务设施等部分组成。

(2) 观众服务设施应包括售票处、存物处、纪念品出售处、食品小卖部、休息处、厕所等。

(3) 陈列室不宜布置在4层或4层以上。大、中型馆内2层或2层以上的陈列室宜设置货客两用电梯；2层或2层以上的藏品库房应设置载货电梯。

(4) 藏品的运送通道应防止出现台阶，楼地面高差处可设置不大于1∶12的坡道。珍品及对温湿度变化较敏感的藏品不应通过露天运送。

(5) 陈列室、藏品库、修复工场等部分用房宜南北向布置，避免西晒。

(6) 当藏品库房、陈列室在地下室或半地下室时，必须有可靠的防潮和防水措施，配备机械通风装置。

(7) 藏品库房和陈列室内不应敷设给排水管道，在其直接上层不应设置饮水点、厕所等有可能积水的用房。

2. 门厅设计

（1）合理组织各股人流，路线简洁流畅，避免重复交叉。

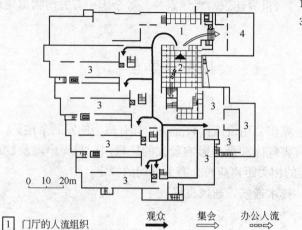

1. 门厅；2. 广场；
3. 陈列室；4. 报告厅

1 门厅的人流组织　　观众　　集会　　办公人流

（2）垂直交通设施的布置应便于观众参观的连续性和顺序性。

（3）合理布置供观众休息、等候的空间。

（4）宜设问讯台、出售陈列印刷品和纪念品的服务部以及公用电话等设施。

（5）工作人员出入口及运输藏品的门厅应远离观众活动区布置。

3. 陈列区

（1）陈列区应由陈列室、美术制作室、陈列装具贮藏室、进厅、观众休息处、报告厅、接待室、管理办公室、警卫值班室、厕所等部分组成。

（2）陈列室应布置在陈列区内通行便捷的部分，并远离工程机房。陈列室之间的空间组织应保证陈列的系统性、顺序性、灵活性和参观的可选择性。

（3）临时展室展览内容需要经常更换，在设计中应单独设置，并尽量设计成大空间。

陈列区布局类型

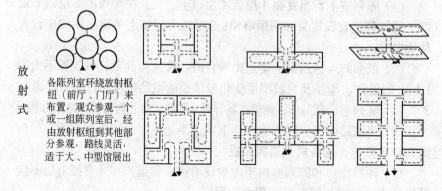

放射式　各陈列室环绕放射枢纽（前厅、门厅）来布置，观众参观一个或一组陈列室后，经由放射枢纽到其他部分参观，路线灵活，适于大、中型馆展出

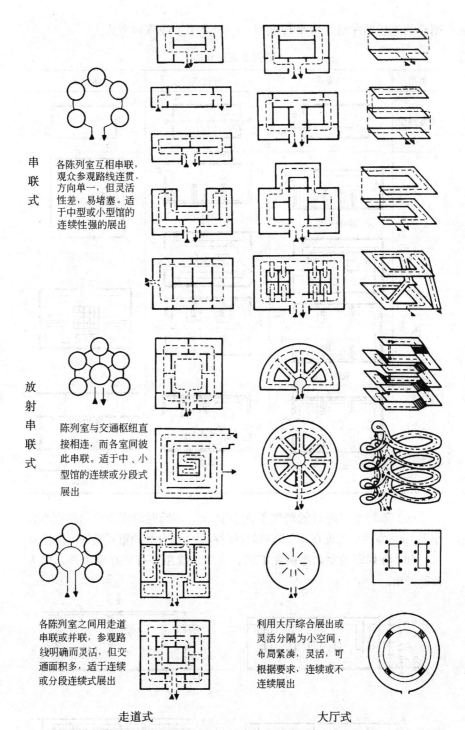

串联式　各陈列室互相串联，观众参观路线连贯，方向单一，但灵活性差，易堵塞。适于中型或小型馆的连续性强的展出

放射串联式　陈列室与交通枢纽直接相连，而各室间彼此串联。适于中、小型馆的连续或分段式展出

各陈列室之间用走道串联或并联，参观路线明确而灵活，但交通面积多，适于连续或分段连续式展出

利用大厅综合展出或灵活分隔为小空间，布局紧凑、灵活，可根据要求，连续或不连续展出

走道式　　　　大厅式

（4）陈列室的面积、分间应符合灵活布置展品的要求，每一陈列主题的展线长度不宜大于300m。根据陈列内容的性质和规模，确定陈列室布置方式。当整个陈列内容为一个完整系统时，其各部分之间和每个部分内的陈列品都要求先后衔接，连续不断地陈列，一般为单线陈列方式；当整个陈列由各个独立部分组成，各部分内的陈列品不要求

明确的先后顺序时，可平行陈列，一般采用多线陈列方式。

陈列室布置分类

类型	口袋式	穿过式	混合式
参观路线			
陈列布置形式	单线陈列	单线陈列	灵活分隔
	双线陈列	双线陈列	中间庭院
	三线陈列	三线陈列	三跨多线

（5）陈列室单跨时的跨度不宜小于8m，多跨时跨度方向的柱距不宜小于7m。室内应考虑在布置陈列装具时有灵活组合和调整互换的可能性。

（6）陈列室的室内净高除工艺、空间、视距等有特殊要求外，应为3.5～5m。

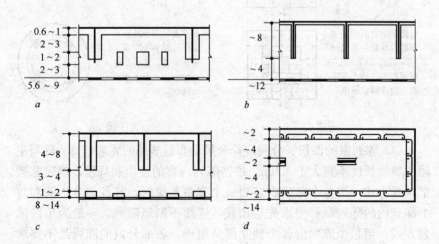

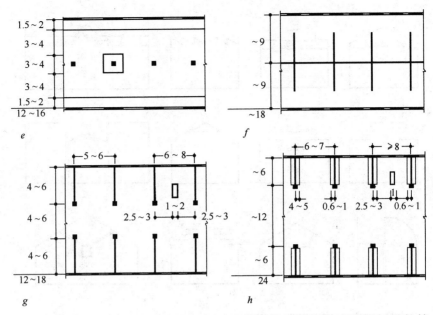

(7) 除特殊要求采用全部人工照明外，普通陈列室应根据展品的特征和陈列设计的要求确定天然采光与人工照明的合理分布和组合。

(8) 采光口型式分为三种：

A. 侧窗式：是最常用的采光方式。窗户构造简单，管理方便，能获得充分的光线。由于光线带有方向性，室内照度分布很不均匀，垂直面上眩光不易消除，而且窗口占据一部分墙，一般仅适用房间进深浅的小型陈列室。

B. 高侧窗式：一般将侧窗口提高到地面以上 2.5m，以扩大外墙陈列面积和减少眩光。

C. 顶窗式：即在顶棚上开设采光口的采光方式。采光效率高，室内照度均匀，整个房间的墙面都可以布置展品，不受采光口限制。但窗户构造复杂，清洗和管理不便，需要机械通风，一般仅在单层或顶层使用。如设置光线扩散装置、反光板、挡光板等可避免阳光直射，提高墙面照度，降低水平面照度。

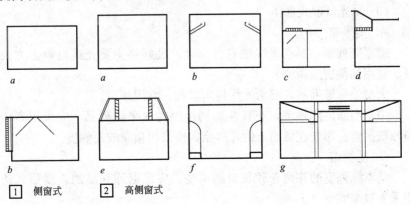

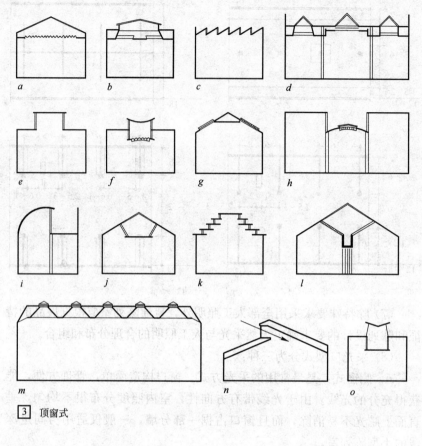

3 顶窗式

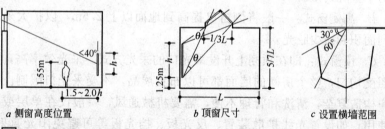

a 侧窗高度位置　　b 顶窗尺寸　　c 设置横墙范围

4 采光口的防光反射措施

(9) 采光口型式选择

A. 美术馆

雕塑陈列室，要求光线带有方向性，最好将主要光线自斜上方投射。宜用高侧窗或顶窗。

大型绘画陈列室，要求光线均匀柔和，宜用顶窗。

中小型图画陈列室，布置在陈列柜中的水平陈列品，应采用高侧窗或低侧窗。布置在墙面上的陈列品，应采用顶窗或高侧窗。

B. 博物馆

基本陈列室的陈列在较长时间不变，应根据陈列品的表现形式选用采光口型式。

临时陈列室经常更换陈列，一般宜采用高侧窗。

（10）陈列室应防止直接眩光和反射眩光，并防止阳光直射展品。展品面的照度通常应高于室内一般照度，并根据展品特征，确定光线投射角。

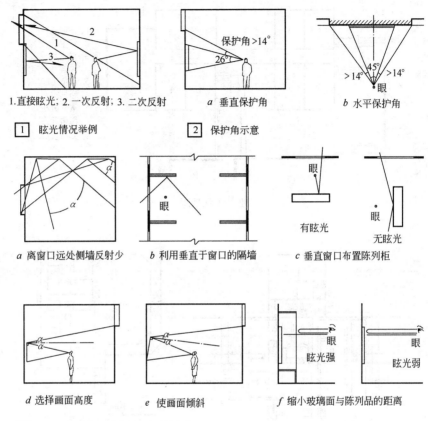

1.直接眩光；2.一次反射；3.二次反射　　　a 垂直保护角　　　　　b 水平保护角

[1] 眩光情况举例　　　　　　　　　[2] 保护角示意

a 离窗口远处侧墙反射少　　b 利用垂直于窗口的隔墙　　c 垂直窗口布置陈列柜

d 选择画面高度　　　　　e 使画面倾斜　　　　　　f 缩小玻璃面与陈列品的距离

[3] 选择适当的陈列方式消除或减轻眩光

（11）中型馆内陈列室的每层楼面应配置男女厕所各一间，若该层的陈列室面积之和超过 $1000m^2$，则应再适当增加厕所的数量。男女厕所内至少应各设两只大便器，并配有污水池。

数量		卫生洁具				服务区域	
		大便器	小便器	洗脸盆	污水池	陈列室	层数
男	1	2	4	1	1	$1000m^2$	一层
女	1	2	—	1	1		

（12）大、中型馆宜设置报告厅，位置应与陈列室较为接近，并便于独立对外开放。

4．藏品库区

(1) 藏品库区应由藏品库房、缓冲间、藏品暂存库房、鉴赏室、保管装具贮藏室、管理办公室等部分组成。

(2) 藏品暂存库房、鉴赏室、贮藏室、办公室等用房应设在藏品库房的总门之外。

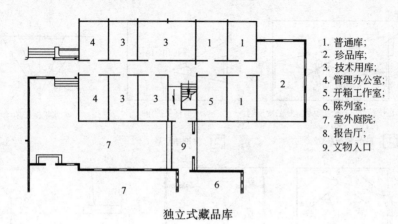

1. 普通库；
2. 珍品库；
3. 技术用库；
4. 管理办公室；
5. 开箱工作室；
6. 陈列室；
7. 室外庭院；
8. 报告厅；
9. 文物入口

独立式藏品库

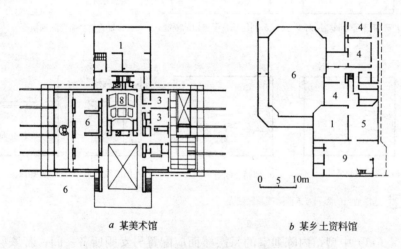

a 某美术馆　　　　b 某乡土资料馆

贴邻式藏品库

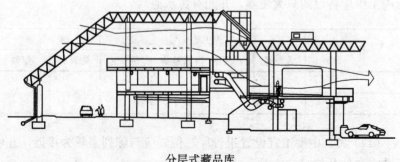

分层式藏品库

(3) 收藏对温湿度较敏感的藏品，应在藏品库区或藏品库房的入口处设缓冲间，面积不应小于 6m²。

（4）大、中型馆的藏品宜按质地分间贮藏，每间库房的面积不宜小于 50m²。

（5）重量或体积较大的藏品宜放在多层藏品库房的地面层上。

（6）每间藏品库房应单独设门。窗地面积比不宜大于 1/20。珍品库房不宜设窗。

（7）藏品库房的开间或柱网尺寸应与保管装具的排列和藏品进出的通道相适应。

（8）藏品库房的净高应为 2.4～3m。若有梁或管道等突出物，其底面净高不应低于 2.2m。

（9）藏品库房不宜开设除门窗以外的其他洞口，必须开洞时应采取防火、防盗措施。

5. 技术及办公用房

（1）技术及办公用房应由鉴定编目室、摄影室、熏蒸室、实验室、修复室、文物复制室、标本制作室、研究阅览室、行政管理办公室及其库房等部分组成。

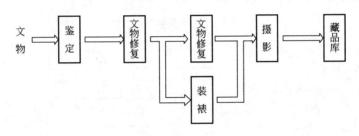

文物技术处理工艺流程

（2）鉴定编目室、摄影室、修复室等用房应接近藏品库区布置。专用的研究阅览室及图书资料库应有单独的出入口与藏品库区相通。

(四) 安全疏散

1. 藏品库区的电梯和安全疏散楼梯应设在每层藏品库房的总门之外，疏散楼梯宜采用封闭楼梯间。

2. 陈列室的外门应向外开启，不得设置门槛。

四、参考图录

示例一 陕西历史博物馆，西安，中国工程院院士：张锦秋等。

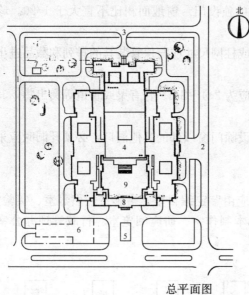

1. 小寨东路；
2. 翠华路；
3. 兴善寺东路；
4. 主馆；
5. 水池；
6. 地下车库；
7. 辅助用房；
8. 入口；
9. 内院

总平面图

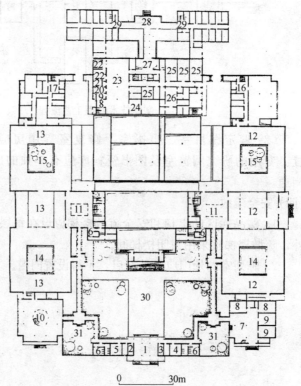

1. 大门；2. 售票；3. 小件寄存；4. 接待室；5. 保卫值班；6. 厕所；7. 接待楼门厅；8. 贵宾接待；9. 教室；10. 商店；11. 休息厅；12. 临时陈列；13. 专题陈列；14. 水庭；15. 石庭；16. 图书资料楼；17. 行政办公楼；18. 文物入口；19. 登录；20. 清洗；21. 干燥；22. 熏蒸；23. 晾晒；24. 暂存库；25. 文物修整；26. 照相；27. 业务办公楼门厅；28. 北门；29. 文物保护实验楼；30. 主庭院；31. 副庭院

首层平面图

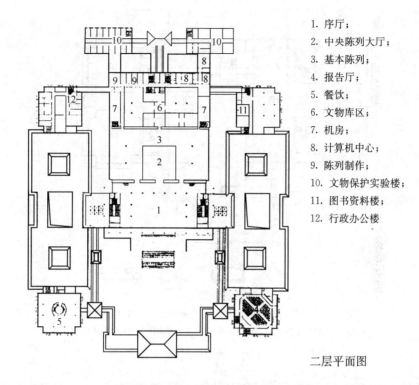

1. 序厅；
2. 中央陈列大厅；
3. 基本陈列；
4. 报告厅；
5. 餐饮；
6. 文物库区；
7. 机房；
8. 计算机中心；
9. 陈列制作；
10. 文物保护实验楼；
11. 图书资料楼；
12. 行政办公楼

二层平面图

示例二 河南博物院，郑州，东南大学建筑研究所、河南省建筑设计研究院。

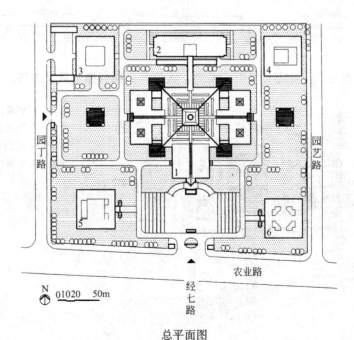

总平面图
1. 主馆；2. 文物库；3. 办公楼；4. 培训楼；5. 电教楼；
6. 石刻艺术馆

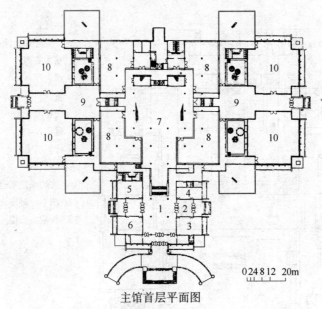

主馆首层平面图

1. 序厅；2. 侧门厅；3. 大贵宾室；4. 小贵宾室；5. 学术报告厅；
6. 商店；7. 中央大厅；8. 基本陈列；9. 东、西侧厅；10. 临时展厅

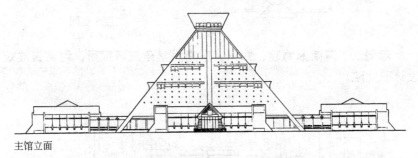

主馆立面

示例三　何香凝美术馆，深圳，建筑师：龚书楷、梁文杰等。

1. 美术馆；2. 弧墙；
3. 天桥；4. 弧墙后坡道；
5. 水池；6. 道路；
7. 主展厅；8. 副展厅

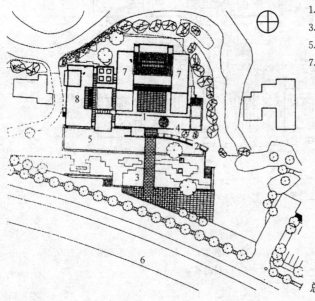

总平面图

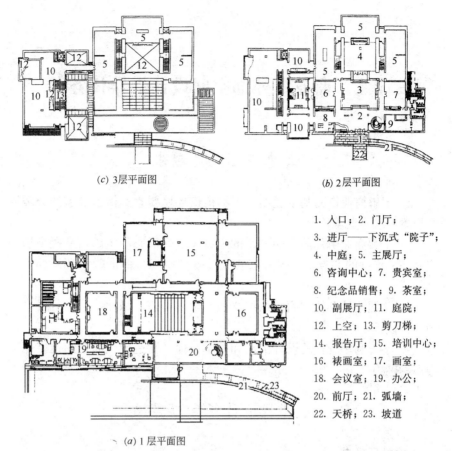

(c) 3层平面图 (b) 2层平面图

1. 入口；2. 门厅；
3. 进厅——下沉式"院子"；
4. 中庭；5. 主展厅；
6. 咨询中心；7. 贵宾室；
8. 纪念品销售；9. 茶室；
10. 副展厅；11. 庭院；
12. 上空；13. 剪刀梯；
14. 报告厅；15. 培训中心；
16. 裱画室；17. 画室；
18. 会议室；19. 办公；
20. 前厅；21. 弧墙；
22. 天桥；23. 坡道

(a) 1层平面图

示例四　中国美术馆，北京，建设部建筑设计院。

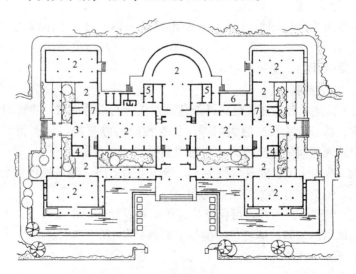

一层平面
1. 进厅；2. 陈列室；3. 休息室；4. 讲解员室；
5. 办公室；6. 技术室；7. 贮藏室

第五章　四年级上学期设计题目

设计二 商业街外部空间设计指导任务书

一、教学目的与要求

1. 了解商业街的基本类型，了解街道环境要素、街道设施的分类及设置等基本要求。

2. 了解商业街外部空间要素的组成、空间形态的组织，掌握街道空间环境设计的要点，提供舒适宜人的外部空间，保证购物环境的安全舒适。

3. 掌握建筑群体空间的组织方法，学习街道、绿化、小品等要素的总体设计。

4. 学习利用现代的设计语汇和技术手段，营造现代商业街道空间形态的魅力。

二、课程设计任务与要求

(一) 设计任务书

1. 设计任务

某市因为进行旧城改造，需要拓宽城市内一条东西向商业干道，拓宽后街道长200m，宽30m(其中车道20m，人行道两边各5m)。详见地形图(后附)，地势平坦。

2. 设计要求

(1) 拟建项目控制在建筑红线范围之内进行群体布置，考虑外部空间环境、城市景观和交通组织等。要有相应的停车场，但不得沿街布置。建筑物之间间距必须满足消防规范要求。

(2) 沿街建筑以四～六层为主，局部可为七层。建筑形体组合要求有变化，创造丰富多变的商业空间。

(3) 建筑形态不拘，可保持具有传统地域特色的街道形态，也可创造现代风格的建筑群体特色，但要求必须有和谐的空间氛围。

3. 设计内容

建筑单体设计：

(1) 1、2号楼——综合商业大楼

位于干道西端十字路口。一、二层为商业用房，经营日用百货，三层以上为办公用房。

(2) 3、4号楼——底商住宅

底层或一～二层为出租性商业用房，以上为100～120m² 商品住宅。

(3) 5、6号楼——底商写字楼

底层或一～二层为商场，上部楼层为出租性办公用房。

外部空间设计：

人行道上布置街道设施及绿化景观小品等，提供宜人的购物环境和休憩空间。

4. 图纸要求

(1) 图纸内容

总平面图1：1000（表现街道空间组织、室外场地、景观小品）；

各建筑单体底层、标准层平面图1：200；

沿街立面图(2个)1：200；

主要剖面图(1个)1：200；

设计说明（设计意图、造型等方面）、技术经济指标等；

彩色效果图（电脑绘制）。

(2) 图纸要求：电脑绘制，A1图幅出图(594mm×841mm)。

5. 地形图

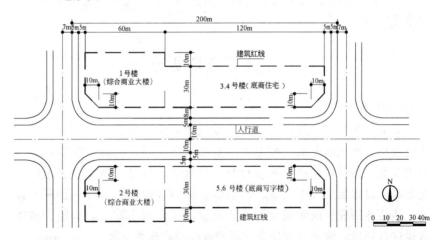

(二) 教学进度与要求

进度安排：

1. 第1周　理论讲课并下达设计任务。

2. 第2～3周　参观调研，收集资料。一草，讲评。

要求处理好建筑物与周围环境的关系；

建筑平面形状、空间构成及建筑体型等初步完稿。

3. 第4～6周　二草，讲评。

要求在一草的基础上进行深化，将比例放大，修改平、立、剖面。

绘制建筑透视草图，仔细推敲建筑形体。

4. 第7～8周　上机绘制正图，交图。

(三)调研提要

1. 结合实例分析商业街外部空间组合有何特点？建筑与街道结合采用什么方式？
2. 商业街的车行道路与步行路线如何进行隔离？如何保证购物的安全与便捷？
3. 商业街的街道设施与景观环境小品是如何布置的？是否能满足顾客的需要？是否为顾客提供了一个舒适的休憩空间？
4. 步行商业街的空间类型怎样？街道长度、宽度分别为多少？街道空间宽高比是否宜人？是否可以吸引顾客在其中逗留购物？
5. 街道立面、天际轮廓线是否丰富？是否体现现代商业街道空间形态的魅力？
6. 商业建筑单体平面是怎样进行组合的？采取何种垂直交通方式？
7. 营业厅的货柜、商品怎样布置？流线是否能方便顾客浏览选购商品？
8. 商业建筑的橱窗、顶棚和墙面、地面有什么特殊的建筑处理方式？

(四)参考书目

1. 建筑设计资料集(第二版)·5·北京：中国建筑工业出版社，1994
2. 《建筑学报》，《世界建筑》，《建筑师》等杂志中有关商业街设计文章及实例。

三、设计指导要点

(一)商业街

商业街按空间形态可分为：开敞式商业街、骑楼式商业街、拱廊式商业街、地下商业街及架空式商业街。在规划及设计时应根据具体要求及城市条件，通过保证步行与车行分离、设计过渡空间、组织绿化景观、设置街头公用设备、提供信息标志等构成街道环境要素的设计，使商业街成为既能满足购物和经营的买卖双方需要，又能为城市提供优良环境，促进城市社会发展的现代商业购物空间。

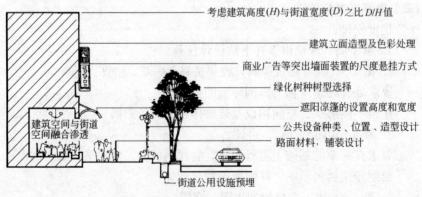

商业街构成分析

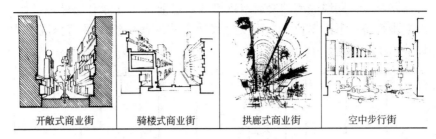

商业街类型

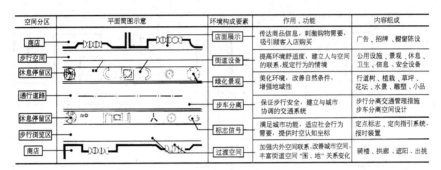

街道环境要素

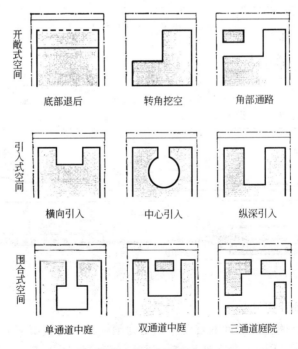

街道边缘空间组织方式

商业街是沿交通线布置商店的线型通过式布局，因此组织合理的城市交通道路、保证步行购物安全与便捷，是商业街规划与设计中的基本要求。当城市中心商业街车流繁忙难以分流改道时，须采用将车行道路与步行路线隔离的交通组织设计。目前常用立体分层处理，如：架空步行桥；下沉车道；地下交通线等方式取代传统的平面分流方式以节约城市用地。

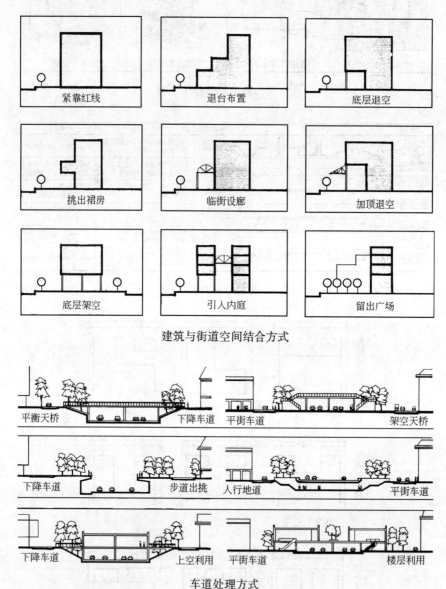

建筑与街道空间结合方式

车道处理方式

（二）步行商业街

1. 步行商业街设计的首要原则是为消除频繁的城市交通对商业区造成的影响，采取限制车辆交通的措施，开辟保证步行交通优先的商业街，创造方便、安全的步行购物条件，并通过栽植绿化、布置景观、设置多种街道设施，提供舒适宜人的外部空间，以形成能满足现代社会购物需求的商业环境。在设计与规划中应根据条件选择适当的交通方式、空间类型和相应街道长度、宽度和街道空间宽高比。

交 通 方 式

交通方式	专用步行街	准步行街	公交步行街
实例	步行者专用街道 禁止车辆交通 路面整体铺装 日本 横滨 伊势佐木步行商业街	步行者专用道路＋车道宽度或对车辆交通进行限制 日本 横滨 马车道商业街	步行者专用道路＋公共交通 美国 明尼阿波利斯 尼米莱德大街
街道空间示意尺寸单位：m	3.0 1.75 5.0 1.75 3.0 14.5	2.5 4.5 7.0 4.5 2.5 16.00	$L=1500m$ $D/L=1/63$ $D/H=0.8$

类 型 特 征

特征\类别	老街改造更新形成的传统商业步行街	现代购物中心内的步行街	新建的步行商业街	繁华商业街
步车分离方式 街道特征 街长 L 街宽 D 单位 m	专用步行街 公交步行街 准步行街 以限制车行交通，改造路面培添街具设施，美化环境，建成步行空间 $L=500\sim1000$ $D=4\sim24$	专用步行街 联结核心商店的步行街，按步行商业空间要求统一设计，环境舒适宜人 $L<400$ $D=6\sim12$	专用步行街 准步行街 按城市规划交通体系专辟出的步行商业街 $L=200\sim500$ $D=8\sim18$	专用步行街 原商业街无法断绝车行路线，采用定时限制车辆交能方式 $L=500\sim1000$ $D=12\sim14$
空间形式	开敞式	遮盖式	开敞式 半遮式	开敞式
典型实例尺寸 单位：m	8.0～9.0	5.0	3.35 8.3 3.35 15.00	6.3 14.5 6.5 27.3

2. 步行商业街的宽度，根据不同情况，应符合下列规定：

(1) 改、扩建两边建筑与道路成为步行商业街的红线宽度不宜小于 10m；

(2) 新建步行商业街可按街内有无设施和人行流量确定其宽度，并应留出不小于 5m 的宽度供消防车通行。

3. 步行商业街长度不宜大于 500m，并在每间距不大于 160m 处，宜设横穿该街区的消防车道。

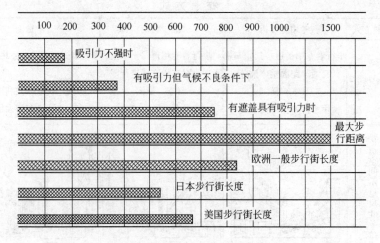

不同环境条件中的街道步行距离控制

4. 步行商业街上空如设有顶盖时，净高不宜小于 5.5m，其构造应符合防火规范的规定，并采用安全的采光材料。

5. 步行商业街的各个出入口附近应设置停车场地。

(三) 商店

1. 大中型商店建筑应有不少于两个面的出入口与城市道路相邻接；或基地应有不小于 1/4 的周边总长度和建筑物不少于两个出入口与一边城市道路相邻接。

2. 大中型商店基地内，在建筑物背面或侧面，应设置净宽度不小于 4m 的运输道路。基地内消防车道也可与运输道路结合设置。

3. 新建大中型商店建筑的主要出入口前，按当地规划部门要求，应留有适当集散场地。

4. 大中型商店建筑，如附近无公共停车场地时，按当地规划部门要求，应在基地内设停车场地或在建筑物内设停车库。

5. 商店建筑的营业、仓储和辅助三部分建筑面积分配比例可参照下表的规定。

建筑面积(m²)	营业(%)	仓储(%)	辅助(%)
>15000	>34	<34	<32
3000~15000	>45	<30	<25
<3000	>55	<27	<18

6. 营业和仓储用房的外门窗应符合下列规定：
(1) 连通外界的底(楼)层门窗应采取防盗设施；
(2) 根据具体要求，外门窗应采取通风、防雨、防晒、保温等措施。

7. 普通营业厅设计应符合下列规定：
(1) 应按商品的种类、选择性和销售量进行适当的分柜、分区或分层，顾客较密集的售区应位于出入方便地段。

（2）厅内柱网尺寸，根据商店规模大小、经营方式和结构选型而定，柱距宜相等，便于货柜灵活布置。通道应便于顾客流动并有均匀的出入口。

（3）每层营业厅面积一般宜控制在 $2000m^2$ 左右并不宜大于防火分区最大允许建筑面积，进深宜控制在 40m 左右；当面积或进深很大时，宜用隔断分割成若干专卖单元，或采用室内商业街形式，并加强导向设计。

（4）主要楼梯、自动扶梯或电梯应设在靠近入口处的明显位置。

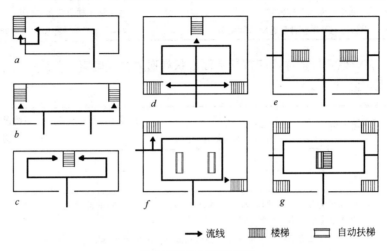

营业厅流线与楼梯布置

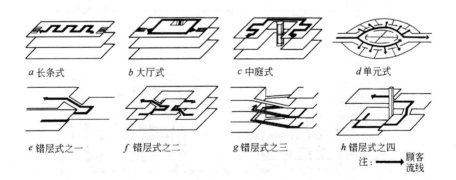

营业厅空间形式

（5）营业厅与仓库应保持最短距离，以便于管理。厅内送货流线与主要顾客流线应避免相互干扰。

8. 商店建筑，如设置外向橱窗时，应符合下列规定：

（1）橱窗平台高于室内地面不应小于 0.20m，高于室外地面不应小于 0.50m；

（2）橱窗应符合防晒、防眩光、防盗等要求；

（3）采暖地区的封闭橱窗一般不采暖，其里壁应为绝热构造，外表应为防雾构造。

9. 普通营业厅内通道最小净宽度应符合下表的规定。

通道位置	最小净宽度(m)
1. 通道在柜台与墙面或陈列窗之间	2.20
2. 通道在两个平行柜台之间，如：	
A. 每个柜台长度小于 7.50m	2.20
B. 一个柜台长度小于 7.50m，另一个柜台长度 7.50～15m	3.00
C. 每个柜台长度为 7.50～15m	3.70
D. 每个柜台长度大于 15m	4.00
E. 通道一端设有楼梯时	上下两个梯段宽度之和再加 1m
3. 柜台边与开敞楼梯最近踏步间距离	4m，并不小于楼梯间净宽度

10. 营业厅的净高应按其平面形状和通风方式确定，并应符合下表的规定。

通风方式	自然通风			机械排风和自然通风相结合	系统通风空调
	单面开窗	前面敞开	前后开窗		
最大进深与净高比	2∶1	2.5∶1	4∶1	5∶1	不限
最小净高(m)	3.2	3.2	3.5	3.5	3.0

注：• 设有全年不断空调、人工采光的小型厅或局部空间的净高可酌减，但不应小于 2.40m。
    • 营业厅净高应按楼地面至吊顶或楼板底面之间的垂直高度计算。

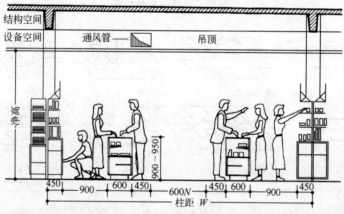

注：标准货架宽 450，标准柜台宽 600，店员通道宽 900，购物顾客宽 450，行走顾客宽 600，N 为顾客股数。
当 N=2 时，顾客通道最小净宽 2.1m。

11. 大中型商店为顾客服务的设施应符合下列规定（不包括在营业厅面积指标内）：

（1）顾客休息面积应按营业厅面积的 1～1.4‰计，如附设小卖柜台（含储藏）可增加不大于 15m² 的面积；

（2）营业厅每 1500m²，宜设一处市内电话位置（应有隔声屏障），每处为 1m²；

（3）应在二楼及二楼以上设顾客卫生间；宜设服务问讯台。

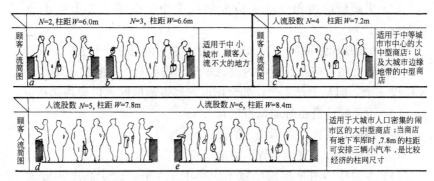

顾客人流与柱距选择

注：• 柱网选择在满足人流的基础上应以多摆柜台为目的。
• 若营业厅须分隔、出租使用，一般采用 7.2~7.8m 柱网比较合适。

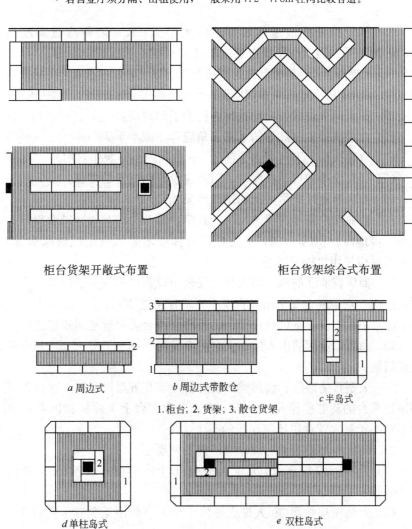

柜台货架开敞式布置　　柜台货架综合式布置

a 周边式　　*b* 周边式带散仓　　*c* 半岛式

1. 柜台；2. 货架；3. 散仓货架

d 单柱岛式　　*e* 双柱岛式

柜台货架封闭式布置

12. 大中型商店顾客卫生间设计应符合下列规定：

(1) 男厕所应按每 100 人设大便位 1 个、小便斗 2 个或小便槽 1.20m 长；

(2) 女厕所应按每 50 人设大便位 1 个，总数内至少有坐便位 1~2 个；

(3) 男女厕所应设前室，内设污水池和洗脸盆，洗脸盆按每 6 个大便位设 1 个，但至少设 1 个；如合用前室则各厕所间入口应加遮挡屏；

(4) 卫生间应有良好通风排气；

(5) 商店宜单独设置污洗、清洁工具间。

13. 营业部分的公用楼梯，坡道应符合下列规定：

(1) 室内楼梯的每梯段净宽不应小于 1.40m，踏步高度不应大于 0.16m，踏步宽度不应小于 0.28m；

(2) 室外台阶的踏步高度不应大于 0.15m，踏步宽度不应小于 0.30m；

(3) 供轮椅使用坡道的坡度不应大于 1∶12，两侧应设高度为 0.65m 的扶手，当其水平投影长度超过 15m 时，宜设休息平台。

14. 大型商店营业部分层数为四层及四层以上时，宜设乘客电梯或自动扶梯；商店的多层仓库可按规模设置载货电梯或电动提升机、输送机。

15. 营业部分设置的自动扶梯应符合下列规定：

(1) 自动扶梯倾斜部分的水平夹角应等于或小于 30°；

(2) 自动扶梯上下两端水平部分 3m 范围内不得兼作它用；

(3) 当只设单向自动扶梯时，附近应设置相配伍的楼梯。

16. 商店营业厅应尽可能利用天然采光。

17. 营业厅内采用自然通风时，其窗户等开口的有效通风面积，不应小于楼地面面积的 1/20，并宜根据具体要求采取有组织通风措施，如不够时应采用机械通风补偿。

18. 商店营业厅的每一防火分区安全出口数目不应少于两个；营业厅内任何一点至最近安全出口直线距离不宜超过 20m。

注：小面积营业室可设一个门的条件应符合防火规范的规定。

19. 商店营业厅的出入门、安全门净宽度不应小于 1.40m，并不应设置门槛。

20. 大型百货商店、商场建筑物的营业层在五层以上时，宜设置直通屋顶平台的疏散楼梯间不少于 2 座，屋顶平台上无障碍物的避难面积不宜小于最大营业层建筑面积的 50%。

21. 商店内部用卫生间设计应符合下列规定：

(1) 男厕所应按每 50 人设大便位 1 个、小便斗 1 个或小便槽 0.60m 长；

(2) 女厕所应按每 30 人设大便位 1 个，总数内至少有坐便位 1~2 个；

(3) 盥洗室应设污水池 1 个，并按每 35 人设洗脸盆 1 个；

(4) 大中型商店可按实际需要设置集中浴室，其面积指标按每一定员 0.10m² 计。

22. 库房设计应符合下列规定：

（1）建筑物应符合防火规范的规定，并应符合防盗、通风、防潮和防鼠等要求；

（2）分部库房、散仓应靠近营业厅内有关售区，便于商品的搬运，少干扰顾客。

23. 库房的净高应由有效储存空间及减少至营业厅垂直运距等确定，并应符合下列规定：

（1）设有货架的库房净高不应小于 2.10m；

（2）设有夹层的库房净高不应小于 4.60m；

（3）无固定堆放形式的库房净高不应小于 3m。

注：库房净高应按楼地面至上部结构主梁或桁架下弦底面间的垂直高度计算。

四、实 例 图 录

示例一 苏州观前街

街长：720m；
街宽：20m；
街道宽高比：2.5；
交通类型：专用步行街；
占地面积：56720m²；
商店数量：200

示例二　北京琉璃厂文化街

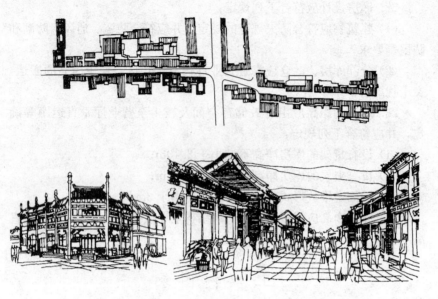

街长：500m；街宽：8~12m；街道宽高比：1.2~2.5；交通类型：准步行街；
占地面积：37500m²；建筑面积：34000m²（一期）；商店数量：54

示例三　厦门华联商厦（设计单位：上海市民用建筑设计院）

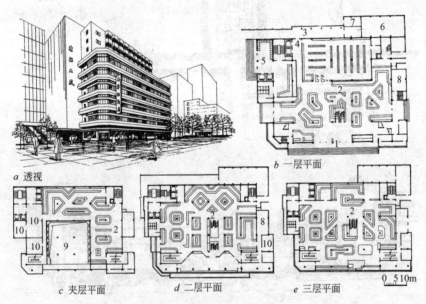

a 透视　　b 一层平面　　c 夹层平面　　d 二层平面　　e 三层平面

1. 顾客入口；2. 营业厅；3. 卸货平台；4. 货物入口；5. 旅馆门厅；
6. 制冷机房；7. 变压器房；8. 空调机房；9. 大厅上空；10. 办公室

建筑面积10675m²，营业面积9078m²，库房面积1297m²，辅助面积877m²，柱网尺寸8×8m，层高一层5.2m，二~四层4.2m。

示例四 杭州友谊商店（设计单位：浙江省建筑设计研究院）

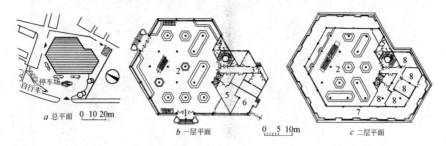

1. 顾客入口；2. 营业厅；3. 货物及办公入口；
4. 厕所；5. 仓库；6. 配电；7. 外廊；8. 办公室

建筑面积 $4600m^2$，营业面积 $2590m^2$，库房面积 $920m^2$，辅助面积 $1090m^2$，柱网尺寸 $6.4 \times 6.4 \times 6.4m$，层高一层 4.5m，二～三层 3.9m。

第六章 四年级下学期设计题目

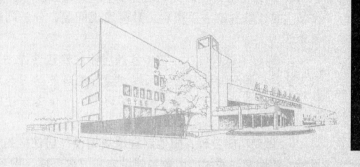
建筑课程设计指导任务书

设计 居住小区详细规划设计指导任务书

一、教学目的与要求

1. 通过专业调查研究，培养学生理论联系实际、关注社会的意识，使学生重视掌握第一手资料，具有发现问题、分析问题和解决问题的基本能力。

2. 通过本课程设计，初步掌握居住区修建性详细规划设计的内容和方法，巩固和加深对居住区规划设计原理的学习与理解，以及对城市居住区规划设计规范的了解；学习国内外优秀居住区的规划设计实例，并了解其设计的基本手法和设计技能。

3. 做到功能合理、因地制宜地规划设计居住区的住宅组群、公共设施、道路交通系统、市政基础设施和绿化环境。做到理论联系实际，在兼顾经济效益的同时，充分发挥想象力和创造力，努力营造具有社会、经济、历史、空间艺术内涵的人类居住社区环境。

二、课程设计任务与要求

(一) 设计任务书

1. 设计任务

规划用地位于某山水园林城市，规划范围内用地面积约为 17.5hm²，地形图见后。

要求结合该城市创建山水园林城市的目标，按照国家有关居住区规划设计规范，设计成一个环境优美、生活方便、空间丰富、交通便利、经济实惠的现代化居住小区。

设计适宜的住房类型，适宜的住宅组群。住宅应功能合理，有良好的朝向和自然采光、通风条件。住宅组群应合理，并富有特色。户型设计以多层(6层)为主，建筑形式应贯彻与周围建筑协调一致、丰富美化城市景观要求的准则。在顺应房地产市场的同时还要能够导引房地产市场需求，帮助人们形成新生活、新思维。

2. 规划设计要求

(1) 规划用地详见地形图，用地面积约 17.5hm²，四周均为居住用地。其中，环城北路宽 60m，与规划用地之间为 30m 宽的城市绿地；经一路宽 16m，要求建筑后退 5m；规划北路宽 24m，要求建筑后退

10m；经二路宽 24m，要求建筑后退 5m。

（2）贯彻统一规划、合理布局、因地制宜、综合开发、配套建设的原则，提出居住区规划的结构分析图，包括用地功能结构、道路系统及交通组织、绿地系统和空间结构等。

（3）分析并提出居住区内部居民的交通出行方式。居住区出入口不得少于 2 个。必要时，步行、车行出入口可分开设置。

（4）小区内的道路交通系统可分成三级：居住小区级路(红线宽为 10~14m，车行道宽度为 5~8m)、住宅组团级路(红线宽为 8~10m，车行道为 5~7m)、宅间小路(3~4m)，另可布置步行道。各级道路应相互衔接，形成系统。确定道路平面曲线半径，结合其他要素并综合道路景观的效果。选定走向与线型，绘出若干典型道路横断面图。

（5）确定停车场的类型、规模和布局。停车位建议按不少于住户的 60％配置。

（6）住宅组群应合理，并富有特色。住房建筑原则上以多层为主，建筑形式应贯彻与周围建筑协调一致、丰富美化城市景观要求的准则。

（7）分析并确定居住区公共建筑的内容——小学、幼儿园、会所、商场、公交始末站等；确定各类公建的规模和布置方式，表达其平面组合体型和室外空间场地的设计构思。公共建筑的配置应结合当地居民生活水平和文化生活特征，结合原公建设施一并考虑。

（8）绿化系统规划应层次分明，概念明确，与居住区功能和户外活动场地统筹考虑。

（9）总体布局中应适当考虑电力、电讯、邮电、给排水、燃气等设施的布局。确定环境卫生设施(如垃圾收集站点、公共厕所等)、变电室(箱)及污水处理等居住区内市政公用设施的位置。

（10）应在基地现状全面分析的基础上，结合本地的自然环境条件、居住对象、历史文脉、城市景观及有关技术规范等方面因素进行规划构思，提出体现现代居住区理念和技术手段的、优美舒适的、有创造性的设计方案。

（11）住宅日照间距不小于 1：1.2；绿地率不低于 35％；容积率视方案特色定，建议控制在 1.1~1.2 左右；建筑密度原则上不低于 25％。人防设施面积按总建筑面积的 2％进行配设。

3. 建筑设计要求

本课题主要对各种类型住宅进行方案设计。要求：

（1）住宅户型灵活，大、中、小户型结合，其中小户型占 20％，中户型占 50％，大户型占 30％。小户型每户建筑面积控制在 70~80m^2，中户型每户建筑面积控制在 90~110m^2，大户型每户建筑面积控制在 120~140m^2。

（2）户型设计要求做到四明：明卧、明厅、明厨、明厕。对于一套户型内有两个厕所的允许其中一个为暗厕。

(3) 宜采用一梯两户，层高不宜低于 2.7m，宜采用坡屋顶。

(4) 若设计小高层，每个单元必须至少设一个电梯，并设专用管道井。必须考虑消防要求。

4. 图纸内容及要求

(1) 图纸内容

A. 居住区详细规划总平面图 1：1000。

图中应标明：用地方位和比例，所有建筑和构筑物的屋顶平面图，建筑层数，建筑使用性质，主要道路的中心线、道路转弯半径、停车位(地下车库和建筑底层架空部分应用虚线表示其范围)、室外广场、铺地的基本形式等。绿化部分应区别乔木、灌木、草地和花卉等。

B. 规划结构分析图 1：2000。

应全面明确地表达规划的基本构思，用地功能关系和社区构成等，以及规划基地与周边的功能关系、交通联系和空间关系等。

C. 道路交通分析图 1：2000。

应明确表现出各道路的等级，车行和步行活动的主要线路，以及各类停车场地、广场的位置和规模等。

D. 绿化景观系统分析图 1：2000。

应明确表现出各类绿地景观的范围、功能结构和空间形态等。

E. 住宅单体平面图、立面图、剖面图 1：200。

图中应注明各房间的功能和开间进深轴线尺寸。并应注明主要技术经济指标。不同类型住宅均应进行设计。

F. 整体鸟瞰图或透视图(彩色效果图)。

G. 居住小区规划设计说明、规划设计指标。

基本指标：总用地面积(hm^2)、居住总人口(人)、总户数(户)、人口密度(人/km^2)、停车位(辆/百户)、住宅平均层数(层)、住宅建筑总面积(m^2)、公共建筑总面积(m^2)、容积率、建筑密度(%)和绿地率(%)等。

居住小区规划用地平衡表

用地类型	面积(公顷)	人均面积(m^2/人)	占地比例(%)
住宅用地			
公建用地			
道路用地			
公共绿地			
总　计			100

(2) 图纸要求

电脑绘制，A1 图幅出图(594mm×841mm)。

5. 地形图

(二) 教学进度与要求

本课程设计含社会调查总时间为 16 周：

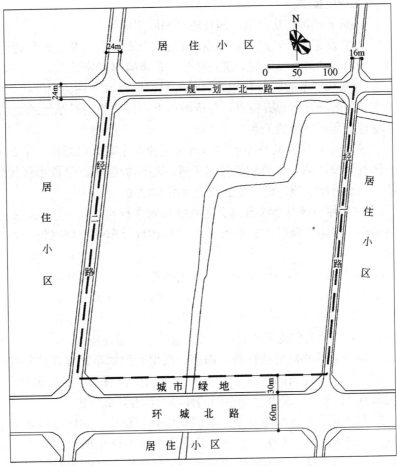

1. 第1周：布置题目及调查要求，收集资料。
2. 第2～3周：收集资料、熟悉用地现状，方案构思，完成相关调查内容及第一次草图。要求初定路网，确定用地布局。
3. 第4～6周：设计指导，方案完善，完成第二次草图。
要求合理布置住宅建筑，适当调整路网，完善方案。
4. 第7～8周：设计指导，方案完善，完成第三次草图。
要求设计或选择户型平面、立面、剖面，并合理组合，从而进一步调整总平。
5. 第9～10周：介绍各自方案，公开点评，互相交流。
6. 第11～12周：设计指导，方案完善，完成正草。
要求布置好小区公建建筑、配套服务设施、景观、绿化等，计算小区经济技术指标及用地平衡表。
7. 第13～16周：绘制正图，成果制作。
要求用 AUTOCAD、PHOTOSHOP、3DMAX 等软件完成完整设计图纸与设计说明等。

(三) 参观调研提要

1. 了解我国的住房制度，居住现状和居住标准。
2. 结合课程设计选题，针对新、旧居住区的居住环境、风貌特色、交通、旧城改造等方面问题，进行科学、系统的调查分析。
3. 收集现状基础资料和相关背景资料，调查城市性质、气候、生活方式、传统文化等地方特点，分析城市上一层次规划对基地的要求，以及基地与周围环境的关系。
4. 调查小区居民的户外活动的行为规律及小区人口规模，了解居住小区规划设计中对各项功能及组团外部空间的组织。分析小区规划结构、用地分配、服务设施配套及交通组织方式。
5. 对居住小区及小区道路交通系统规划进行调查：小区道路系统规划结构、道路断面形式、小汽车停车场和自行车停车场规模、布置形式。
6. 调查居住小区的住宅类型及住宅组群布局：小区住宅设计是否具有合理的功能、良好的朝向、适宜的自然采光和通风，如何考虑住宅节能；住宅组群布局如何综合考虑用地条件、间距、绿地、层数与密度、空间环境的创造等因素，营造富有特色的居住空间。
7. 调查居住小区公共建筑的内容、规模和规划布置方式。公共建筑的配套是否结合当地居民生活水平和文化生活特征，并方便经营、使用和为社区服务；公共活动空间的环境设计有什么特色。
8. 调查居住小区绿地系统、景观系统规划设计。如何进行环境小品设计，创造适用、方便、安全、舒适且具有多样化的居住环境。如何安排公共绿地及其他休闲活动用地，包括居住小区的中心绿地和住宅组群中的绿化用地，以及相应的环境设计。
9. 调查老年人，残疾人的生活和社会活动所需条件。

(四) 参考书目

1. 邓述平，王仲谷. 居住区规划设计资料集. 北京：中国建筑工业出版社，1996
2. 周俭. 城市住宅区规划原理. 上海：同济大学出版社，1999
3. 朱家瑾. 居住区规划设计. 北京：中国建筑工业出版社，2000
4. 王受之. 当代商业住宅区的规划与设计——新都市主义论. 北京：中国建筑工业出版社，2004
5. 城市居住区规划设计规范 GB 50180—93(2002年版)

三、设计指导要点

(一) 规划结构

居住区按居住户数或人口规模可分为居住区、小区、组团三级。各级标准控制规模，应符合下表规定。

	居住区	小 区	组 团
户数(户)	10000～16000	3000～5000	300～1000
人口(人)	30000～50000	10000～15000	1000～3000

居住区的规划布局形式可采用居住区—小区—组团、居住区—组团、小区—组团及独立式组团等多种类型。

1. 以住宅组团和居住小区为基本单位来组织居住区（如图）

其规划结构方式为：居住区—居住小区—组团。

居住区由若干个居住小区组成，每个小区由 2～3 个住宅组团组成。

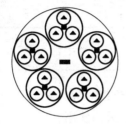 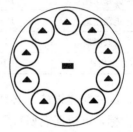

■ 居住区级公共服务设施　　　　　　■ 居住区级公共服务设施
■ 居住小区级公共服务设施　　　　　▲ 居住组团级公共服务设施
▲ 居住组团级公共服务设施　　　　　　　服务设施

以组团和居住小区为基本单位　　　　以居住组团为基本单位

2. 以居住组团为基本单位组织居住区（如图）

其规划结构方式为：居住区—组团。

这种组织方式不划分明确的小区用地范围，居住区直接由若干组团组成，也可以说是一种扩大小区的形式。

住宅组团相当于一个居民委员会的规模，一般为 300～1000 户，1000～3000 人。住宅组团内一般应设有居委会办公室、卫生所、青少年和老年活动室、服务站、小商店、托儿所、儿童或成年人活动休息场地、小块公共绿地、停车场库等，这些项目和内容基本为本居委会居民服务。其他的一些基层公共服务设施则根据不同的特点按服务半径在居住区范围内统一考虑，均衡灵活布置。

3. 以居住小区为规划基本单位来组织居住区（如图）

居住小区是由城市道路或城市道路和自然界线（如河流）划分的、具有一定规模的、并不为城市交通干道所穿越的完整地段，形成若干小区。区内设有一整套满足居民日常生活需要的基层公共服务设施和机构。以小区为规划基本单位组织居住区，能保证居民生活的方便、安全和区内的安静。

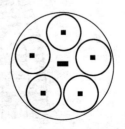

■ 居住区级公共服务设施
■ 居住小区级公共服务设施

居住区的规划结构形式不是一成不变的，　　以居住小区为基本单位

随着社会生产的发展、人民生活水平的提高、社会生活组织和生活方式的变化、公共服务设施的不断完善和发展、居住区的规划结构方式也会相应地变化。

居住区规划总用地，应包括居住区用地和其他用地两类。居住区用地构成中，各项用地面积和所占比例应符合下列规定：

居住区用地平衡控制指标(%)

	用地构成	居住区	小区	组团
1	住宅用地	50～60	55～65	70～80
2	公建用地	15～25	12～22	6～12
3	道路用地	10～18	9～17	7～15
4	公共绿地	7.5～18	5～15	3～6
	居住区用地	100	100	100

居住区的配建设施，必须与居住人口规模相对应。其配建设施的面积总指标，可根据规划布局形式统一安排、灵活使用。

(二) 道路系统

居住区道路系统规划通常是在居住区交通组织规划指导下进行的，居住区交通组织规划可分为"人车分行"和"人车混行"两大类。在这两类交通组织体系下综合考虑城市道路交通、地形、住宅特征和功能布局等因素，来规划居住区的道路系统。居住区的道路系统在联系形式上有贯通式、环通式、尽端式三种，在布局上又有三叉型、环型、半环型、树枝型、风车型、自由型等。

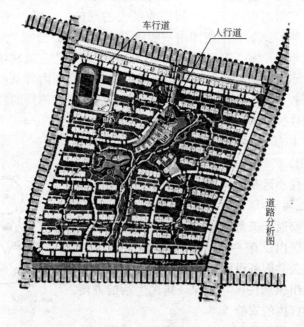

人车分行

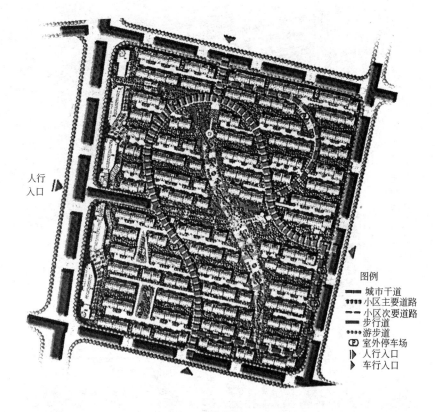

人车混行

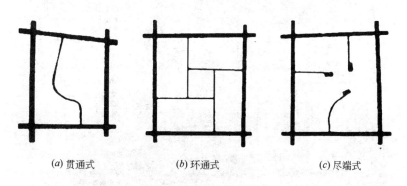

(a) 贯通式　　　(b) 环通式　　　(c) 尽端式

道路网布置基本形式示意

居住区的道路通常可分为四级，即居住区级、居住小区级、居住组团级和宅间小路。

居住区级道路　居住区级道路为居住区内外联系的主要道路，道路红线宽度一般为 20~30m，车行道一般需要 9m，如考虑通行公交车时应增加至 10~14m。人行道宽度一般在 2~4m 左右。

居住小区级道路　居住小区级道路是居住小区内外联系的主要道路，道路红线宽度一般为 10~14m，车行道宽度为 5~8m。在道路红线宽于 12m 时可以考虑设人行道，其宽度在 1.5~2m 左右。

环型道路

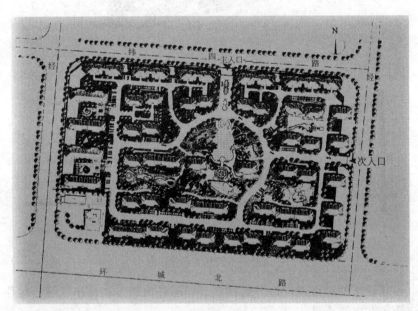

半环型道路

  居住组团级道路 居住组团级道路为居住小区内部的主要道路，它起着联系居住小区范围内各个住宅群落的作用，有时也伸入住宅院落中。其道路红线宽度一般在 8～10m 之间，车行道要求为 5～7m，大部分情况下居住组团道路不需要设专门的人行道。

  宅间小路 宅间小路是指直接通到住宅单元入口或住户的通路，

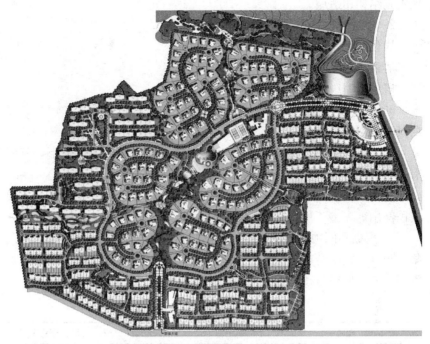

自由型道路

它起着连接住宅单元与单元、连接住宅单元与居住组团级道路或其他等级道路的作用。其路幅宽度不宜小于 2.5m，连接高层住宅时其宽度不宜小于 3.5m。

(三) 公建系统

一般而言，居住区内的公共服务设施按性质可分为八类：教育、医疗卫生、文体、商业服务、金融邮电、市政公用、行政管理、其他。

居住区公共服务设施内容

类　　别	项　　目
教　育	托儿所、幼儿园、小学、普通中学等
医疗卫生	门诊部、卫生站、医院等
文化体育	会所、文化活动中心、文化活动站、居民运动场、游泳池、网球场、高尔夫球场等
商业服务	超市、综合商业中心、汽车加油站、煤气站、菜市场、食品店、综合副食店、小吃部、饭馆、小百货店、照相馆、服装加工部、药店、理发店、浴室、书店、汽车维修部、综合修理部、旅店、物资回收站等
金融邮电	银行、储蓄所、邮电局、电讯公司、网络服务公司等
市政公用	锅炉房、变电所、路灯配电室、煤气调压站、高压水泵所、公共厕所、停车场、公交车站等
行政管理	街道办事处、派出所、居委会、房管所、绿化环卫管理电、市场管理用房、工商管理及税务所、家政服务中心、保安部等

1. 公共服务设施规划布置应按照居民的使用频率进行分析并和居住人口规模(包括流动人口)相对应，公共服务设施布点还必须与居住

区规划结构相适应。

2. 各级公共服务设施应有合理的服务半径：

居住区级公共服务设施≤800～1000m；

居住小区级公共服务设施≤400～500m；

居住组团级公共服务设施≤150～200m。

3. 商业服务、金融邮电、文体等有关项目宜集中布置，形成各级居民生活活动中心。

4. 在便于使用、综合管理、互不干扰、协调用地的前提下，宜将有关项目相对集中设置，形成综合楼或组合体。

5. 应结合居住区内大部分人上下班流向，布置公共交通站，方便居民使用。

6. 根据不同项目的使用特性和居住区的规划分级结构类型，采用集中与分散相结合的方式，合理布局，充分发挥设施效益，有利经营管理，方便使用与减少干扰。

居住区商业服务中心位置的选择

位置	几何中心	沿主要道路	主要出入口	分散在道路四周
特点	服务半径小，便于居民使用，利于居住区内景观组织，但内向布点不利于吸引更多的过路顾客，可能影响经营效果	可兼为本区和相邻居住区居民及过往顾客服务，故经营效益较好，且有利于街道景观的组织，但可能会对交通产生一定的干扰	便于本区职工上下班使用，也可兼顾其他居住区居民使用，经营效益也好，且便于交通组织	居民使用方便，可选择性强，经营效果好，但面积分散，难以形成一定的规模
模式图				

中小学位置的选择

位置	小区中心	小区一角	小区一侧
特点	服务半径小，但是对居民的干扰较大	服务半径较大，但是对居民的干扰少；此外，应注意出入口不能距道路交叉口太近	既照顾服务半径，又减少对居民的干扰
模式图			

幼托位置的选择

位置	住宅组之间	住宅组内	小区或街坊中央
模式图			

(四) 住宅群体组合

1. 日照间距

日照间距是指前后两排房屋之间，为了保证后排的住宅能在规定的时日获得所需的日照量而必须保持的距离。

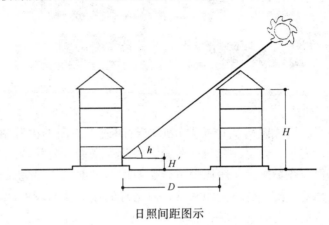

日照间距图示

日照间距一般采用 $H:D$（即前排房屋高度与前后排住宅之间的距离之比）来表示，经常以 $1:1.0$，$1:1.2$，$1:0.8$，$1:2.0$ 等形式出现，它表示的是日照间距与前排房屋高度的倍数。如前排房屋为六层，高度为18m，要求日照间距为 $1:1.2$，则该日照间距的实际距离应是21.6m。此外，尚应注意由于房屋朝向不同，以及地面坡度不同，日照间距应作相应调整。

2. 住宅群体的组合形式

住宅组群平面组合的基本形式有三种：行列式、周边式、点群式，此外还有混合式。

(1) 行列式

条式单元住宅或联排式住宅按一定朝向和间距成排布置，使每户都能获得良好的日照和通风条件，便于布置道路，也有利于组织工业化施工。整齐的住宅排列在平面构图上有强烈的规律性，但形成的空间往往单调呆板。在住宅的排列组合中，应适当考虑住宅组群建筑的空间变化。

平行排列

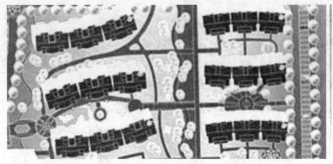

单元错接

(2) 周边式

住宅沿街坊或院落周边布置，形成封闭或半封闭的内院落空间。院内安静、安全、方便、有利于布置室外活动场地、公共绿地和小型公建等居民交往场所。一般比较适合于寒冷多风地区。周边式布置住宅可节约用地，提高建筑面积密度，但是有的住宅朝向较差，在地形上起伏较大地段会造成较多的土石方工程量。

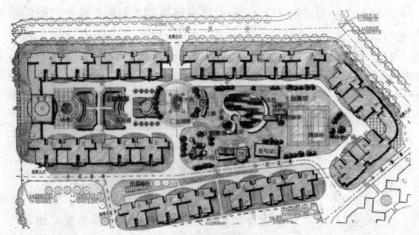

周边式住宅

(3) 点群式

点群式住宅布局包括低层独院式住宅、多层点式及高层塔式住宅布局。点式住宅自成组团或围绕住宅组团中心，建筑、公共绿地、水面有规律地或自由地布置，运用得当可丰富建筑群体空间，形成特色。点式住宅布置灵活，便于利用地形，但在寒冷地区由于外墙太多对节能不利。

（五）住宅类型

住宅类型基本分为单元式和低层花园式两大类。单元式住宅由于在水平和垂直面上空间利用的不同而产生了各种不同的单元形式。如在水平面上的变化产生了大进深式和内天井式；在垂直面上的变化产生了跃层式和错层式；又由于在垂直和水平公共交通的组织上不同的处理而产生了梯间式、内廊式和集中式等类型的住宅。现在所采用的单元住宅类型以梯间式为主。

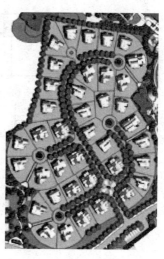

点式

住宅类型（以套为基本组成单位）

编号	住宅类型	用地特点
1	独院式	每户一般都有独用院落，层数1～3层，占地较多
2	并联式	
3	联排式	
4	梯间式	一般都用于多层和高层，特别是梯间式用的较多
5	内廊式	
6	外廊式	
7	内天井式	是第4、5类型住宅的变化形式，由于增加了内天井，住宅进深加大，对节约用地有利，一般多见于层数较低的多层住宅
8	点式（塔式）	是第4类型住宅独立式单元的变化，适用于多层和高层住宅，由于体形短而活泼，进深大，故具有布置灵活和能丰富群体空间组织的特点，但有些套型的日照条件可能较差
9	越廊式	是第5、6类型的变化形式，一般用于高层住宅。每套住宅有2～3层公共走道

梯间式住宅每层联系的户数一般在2～4户之间。户数越少，由公共梯间引起的对住户的影响就越小。同时也能够更好地保证住户的私密性和良好的通风和采光条件，一般在多层住宅中采用的较多。

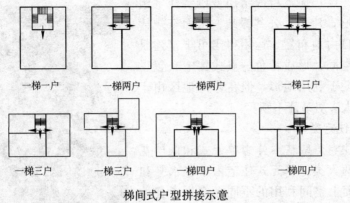

梯间式户型拼接示意

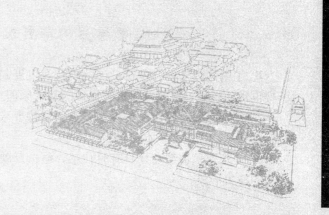

第七章　五年级上学期设计题目

设计一 高层综合性办公楼建筑方案设计指导任务书

一、教学目的与要求

1. 了解国内外办公建筑设计的现状及发展趋势，了解智能化对办公楼设计的影响，掌握办公建筑设计的基本原理。
2. 理解掌握高层建筑的设计要点、结构要求、消防要求等，建立建筑、技术、构造等基本概念。
3. 要求建筑造型设计具有时代感，创造反映城市特色的综合办公大厦的建筑形象。

二、课程设计任务与要求

(一) 设计任务书

1. 设计任务

某市某通讯集团公司近几年事业发展迅速，员工也不断增加，原有的办公楼已不能满足现有要求。为了适应规模扩大的需要，拟在城市高新技术开发区内兴建一座高层综合办公楼，总建筑面积控制在7000m^2（地下室计建筑面积），上下浮动不超过5％。

该项目西面、南面临城市干道，北面和东面为住宅区（临街为商住楼）。详见地形图（后附），地势平坦。

2. 设计要求

(1) 规划建筑退让道路红线详见地形图见后。

(2) 当地日照间距系数为1.1。主导风向：夏季为南风，冬季为北风。

(3) 总平面中应综合解决好功能分区、出入口、停车场、道路、绿化、日照、消防等问题。

(4) 主入口设在南面，入口附近设20辆小汽车停车位和100辆自行车停放场地。

(5) 主体建筑采用钢筋混凝土框架结构，耐火等级为二级，建筑高度不超过32m。

(6) 地下一层为地下车库，要求停放小车20辆。一～二层为营业大厅，销售公司产品，采用集中式空调。三层及以上为公司办公楼，也可供出租使用(设计时考虑出租的灵活性)。空调采用分散式和集中式相结合,应考虑室外空调机组的隐蔽问题。

(7)建筑内设两台12人客梯,营业厅内设上、下行自动扶梯各一台。

3. 建筑组成及要求

(1) 营业用房

营业厅:共两层,或局部两层,以经营通讯器材为主 1000m²;

库房:共两层 200m²;

卫生间:可分层设置,也可只设一层。男厕设2个坐便位,2个小便斗;女厕设2个坐便位;

门厅、楼梯、电梯厅、自动扶梯等,面积自定。

(2) 办公用房

单元式办公:三层及以上,每层2套,包括接待室、秘书室、办公室、专用卫生间等,每套80m²;

小办公室:三层及以上,每层3间,每间20m²;

中办公室:三层及以上,每层2间,每间40m²;

大办公室:三层及以上,每层均设,不考虑隔断,合计1000m²;

会议室:三层及以上,每层1间,每间60m²;

多功能厅:提供大型会议、讲座、节日活动需要,400m²;

卫生间:三层及以上,每层按办公人员男、女各50人计;

走道、楼梯、电梯厅等。

(3) 其他

地下车库:停放20辆小汽车,每个车位按2.8m×6m计。

配电间:设底层或地下室,低压,20m²;

空调机房:可设地下室或室外另建,50m²;

消防控制室:设底层,20m²;

水泵房:设地下室,暂不考虑消防水池,20m²;

值班及保卫室:设底层,20m²。

4. 图纸内容及要求

(1) 图纸内容

总平面图1:500(表现建筑周边环境、道路、绿化、停车位等);

各层平面图(相同层可只画一个)1:200;

立面图(2个)1:200;

剖面图(1个)1:200;

建筑设计说明(设计意图、总图、流线、功能、造型等方面),技术经济指标;

彩色效果图(电脑绘制)。

(2) 图纸要求:电脑绘制,A1图幅出图(594mm×841mm)。

5. 地形图

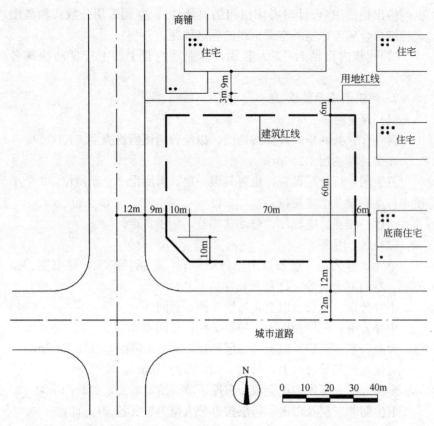

(二) 教学进度与要求

进度安排：

1. 第1周　　理论讲课并下达设计任务。
2. 第2～3周　参观调研，收集资料。一草，讲评。

要求处理好建筑物与周围环境的关系；

建筑平面组成、空间构成及建筑体型的初步完稿。

3. 第4～5周　二草，讲评。

要求在一草的基础上进行深化，将比例放大，修改平、立、剖面。绘制建筑透视草图，仔细推敲建筑形体。

4. 第6～8周　电脑绘制正图，交图。

用AUTOCAD、3DMAX、PHOTOSHOP等程序完成一套完整的建筑图纸。

(三) 参观调研提要

1. 结合实例分析办公建筑平面组合有何特点，采取什么方式？单间办公室的舒适尺度应该是多少？

2. 如何处理建筑主次出入口与城市道路的关系？如何创造优美的室外环境？

3. 如何合理解决建筑内购物人流、办公人流、货流等几种不同的功能流线？

4. 建筑裙房部分营业厅的营业部分与仓储部分如何联系，是否便捷又隐蔽？

5. 标准层平面中电梯厅、楼梯间有什么布置特点？怎样满足消防要求？服务用房如何设置？

6. 地下车库的净高是多少？开间内停 2 辆车柱距为多少？停 3 辆车柱距为多少？车库内部的设备管道怎样设置？

7. 地下车库的坡道有什么特点？排水如何解决？

8. 建筑立面是否与周边的城市环境相协调？如果不协调怎样进行改进？

(四) 参考书目

1. 建筑设计资料集（第二版）·4··. 北京：中国建筑工业出版社，1994

2. 雷春浓. 现代高层建筑设计. 北京：中国建筑工业出版社，1997

3. 翁如璧. 现代办公楼设计. 北京：中国建筑工业出版社，1995

4. 童林旭. 地下汽车库建筑设计. 北京：中国建筑工业出版社，1996

5. 《建筑学报》，《世界建筑》等杂志中有关高层办公楼建筑设计文章及实例。

三、设计指导要点

(一) 总平面设计

1. 总平面布置宜进行环境及绿化设计。办公建筑的主体部分宜有良好的朝向和日照。

2. 在同一基地内办公楼与其他建筑共建，或建造以办公用房为主的综合性建筑，应根据使用功能不同，做到分区明确、布局合理、互不干扰。

3. 建筑基地内应设机动车和自行车停车场(库)。条件不允许时，可由有关部门就近统筹建设停车空间。停车场地面积由当地规划部门确定。

4. 平面布置应合理安排好设备机房、附属设施和地下建筑物。如设有锅炉房、食堂的宜设运送燃料、货物和清除垃圾等的单独出入口。采用原煤作燃料的锅炉房，应留有堆放场地。

5. 办公楼建筑基地覆盖率一般应为 25%～40%。低、多层办公楼建筑基地容积率一般为 1～2，高、超高层办公楼建筑基地容积率一般为 3～5，用地紧张的地区，基地容积率应按当地规划部门的规定。

6. 高层建筑的底边至少有一个长边或周边长度的 1/4 且不小于一个长边长度，不应布置高度大于 5.00m、进深大于 4.00m 的裙房，且在此范围内必须设有直通室外的楼梯或直通楼梯间的出口。

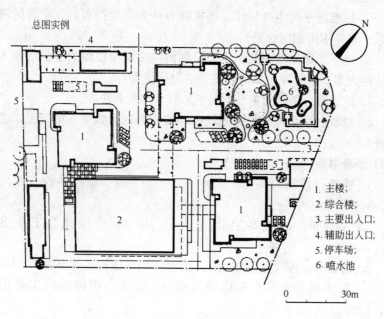

上海 大八字办公楼平面

7. 高层建筑之间及高层建筑与其他民用建筑之间的防火间距，不应小于下表的规定。

高层建筑之间及高层建筑与其他民用建筑之间的防火间距（m）

建筑类别	高层建筑	裙房	其他民用建筑		
			耐火等级		
			一、二级	三级	四级
高层建筑	13	9	9	11	14
裙　房	9	6	6	7	9

注：防火间距应按相邻建筑外墙的最近距离计算；当外墙有突出可燃构件时，应从其突出的部分外缘算起。

8. 高层建筑的周围，应设环形消防车道。当设环形车道有困难时，可沿高层建筑的两个长边设置消防车道。当高层建筑的沿街长度超过150m 或总长度超过220m 时，应在适中位置设置穿过高层建筑的消防车道。高层建筑应设有连通街道和内院的人行通道，通道之间的距离不宜超过80m。

9. 高层建筑的内院或天井，当其短边长度超过24m 时，宜设有进入内院或天井的消防车道。

10. 消防车道的宽度不应小于4.00m。消防车道距高层建筑外墙宜大于5.00m，消防车道上空4.00m 以下范围内不应有障碍物。

11. 尽头式消防车道应设有回车道或回车场，回车场不宜小于

15m×15m。大型消防车的回车场不宜小于 18m×18m。

12. 穿过高层建筑的消防车道，其净宽和净空高度均不应小于 4.00m。

(二) 建筑设计

1. 各类用房的组成与要求

(1) 办公建筑应根据使用性质、建设规模与标准的不同，确定各类用房。一般由办公用房、公共用房、服务用房等组成。

(2) 办公建筑应根据使用要求，结合基地面积、结构选型等情况按建筑模数选择开间和进深，合理确定建筑平面，并为今后改造和灵活分隔创造条件。

(3) 办公楼与公寓、旅馆合建时，应在平面功能、垂直交通、防火疏散、建筑设备等方面综合考虑相互关系，进行合理安排。综合办公楼，宜根据使用功能不同分设出入口，组织好内外交通路线。

(4) 走道

A. 走道最小净宽不应小于下表的规定。

走道长度(m)	走道净宽(m)	
	单面布房	双面布房
≤40	1.30	1.40
>40	1.50	1.80

注：内筒结构的回廊式走道净宽最小值同单面布房走道。

B. 走道地面有高差，当高差不足二级踏步时，不得设置台阶，应设坡道，其坡度不宜大于 1∶8。

(5) 门厅

A. 门厅一般可设传达室、收发室、会客室。根据使用需要也可设门廊、警卫室、衣帽间和电话间等。

B. 门厅应与楼梯、过厅、电梯厅邻近。

C. 严寒和寒冷地区的门厅，应设门斗或其他防寒设施。

(6) 采光

A. 办公室、研究工作室、接待室、打字室、陈列室和复印机室等房间窗地比不应小于 1∶6。

B. 设计绘图室、阅览室等房间窗地比不应小于 1∶5。

注：窗地比为该房间侧窗洞口面积与该房间地面面积之比。

(7) 办公室的室内净高不得低于 2.60m，设空调的可不低于 2.40m；走道净高不得低于 2.10m，贮藏间净高不得低于 2.00m。

(8) 窗

A. 底层及半地下室外窗宜采取防范措施。

B. 建筑每个朝向的窗(包括透明幕墙)墙面积比不应大于 0.70，屋顶透明部分的面积不应大于屋顶总面积的 20%，外窗可开启面积不应小于窗面积的30%，透明幕墙应具有可开启部分或设有通风换气装置。

C. 高层办公建筑采用大面积玻璃窗或玻璃幕墙时应设擦窗设施。

D. 设采暖空调的办公建筑，外窗面积在满足采光要求的前提下，应尽量减少；空调办公建筑外窗应有良好的密闭性和隔热性，全空调办公建筑外窗应设部分可开启窗扇。

（9）门

A. 办公室门洞口宽度不应小于1m，高度不应小于2m。

B. 机要办公室、财务办公室、重要档案库和贵重仪表间的门应采取防盗措施，室内宜设防盗报警装置。

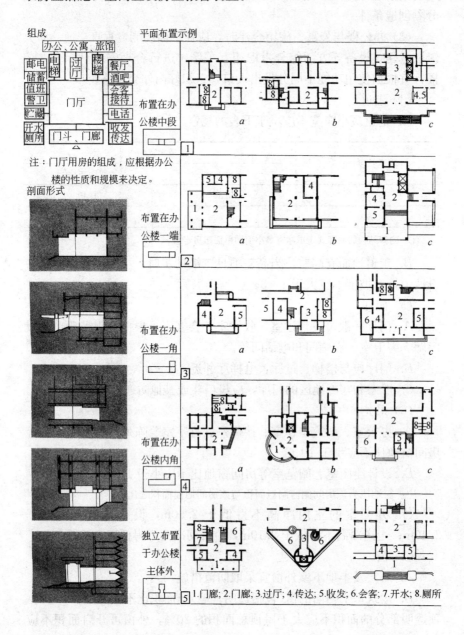

2. 高层办公楼电梯设置

（1）六层及六层以上办公建筑应设电梯。建筑高度超过75m的办公建筑电梯应分区或分层使用。主要楼梯及电梯应设于入口附近，位置要明显。

（2）电梯布置的原则

A. 使用方便。电梯应设置在进出建筑物时最容易看到的地方，一般正对出入口并列设置。

B. 集中。为提高运行效率，缩短候梯时间，降低建筑造价，电梯应尽可能集中设置。一般将电梯组集中设置在建筑物中央。

C. 分层分区。超高层建筑中，电梯台数多，服务层多，应将电梯分为高、中、低层运行组。

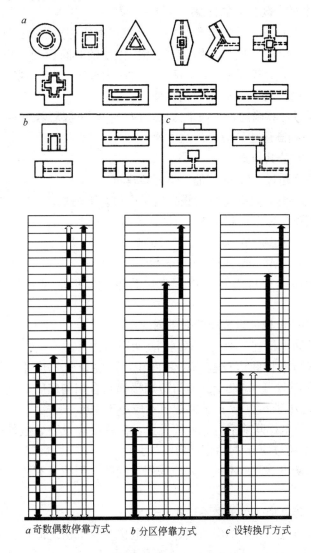

a 奇数偶数停靠方式　　b 分区停靠方式　　c 设转换厅方式

分区服务的几种方式

D. 分隔。电梯厅和建筑内主要通道应隔开，避免人流相互影响。
　　电梯的布置方式为：
　　· 在建筑平面的中心；
　　· 在建筑平面的一边；
　　· 在建筑平面基本体量之外。
　　(3) 高层办公楼电梯服务的方式
　　A. 全程服务。即一组电梯在建筑物的每一层均停靠开门。
　　B. 分区服务。在一般高层办公楼中，可采用奇数、偶数层分开停靠的方式，在超高层办公楼中通常将电梯服务区分区分段，以充分利用电梯的输送能力。有的在建筑物上部设置转换厅以接力方式为上区服务。
　　(4) 电梯分区分段的标准
　　A. 10 层以下，采用全程服务；10 层以上或更高采用分区服务。
　　B. 分区应适当考虑到乘客在轿厢内停留的时间标准。美国的行程时间小于 1min 为较理想，75s 尚可，120s 为极限。英国规定电梯行程控制在 60~90s 之间。我国宜酌情使用。
　　C. 通过计算确定，一般上区层数应少些，下区层数应多些。
　　(5) 下列高层建筑应设消防电梯：
　　A. 一类公共建筑。
　　B. 高度超过 32m 的其他二类公共建筑。
　　(6) 高层建筑消防电梯的设置数量应符合下列规定：
　　A. 当每层建筑面积不大于 1500m^2 时，应设 1 台。
　　B. 当大于 1500m^2 但不大于 4500m^2 时，应设 2 台。
　　C. 当大于 4500m^2 时，应设 3 台。
　　D. 消防电梯可与客梯或工作电梯兼用，但应符合消防电梯的要求。
　　(7) 消防电梯的设置应符合下列规定：
　　A. 消防电梯宜分别设在不同的防火分区内。
　　B. 消防电梯间应设前室，其面积：居住建筑不应小于 4.50m^2；公共建筑不应小于 6.00m^2。当与防烟楼梯间合用前室时，其面积：居住建筑不应小于 6.00m^2；公共建筑不应小于 10m^2。
　　C. 消防电梯间前室宜靠外墙设置，在首层应设直通室外的出口或经过长度不超过 30m 的通道通向室外。
　　D. 消防电梯间前室的门，应采用乙级防火门或具有停滞功能的防火卷帘。
　　E. 消防电梯的载重量不应小于 800kg。
　　F. 消防电梯井、机房与相邻其他电梯井、机房之间，应采用耐火极限不低于 2.00h 的隔墙隔开，当在隔墙上开门时，应设甲级防火门。
　　3. 办公用房

(1) 办公用房宜有良好的朝向和自然通风，并不宜布置在地下室。

(2) 办公室布局方式常见有以下四种：

A. 单间办公室。在走道的一面或两面布置房间，沿房间的周边设置服务设施。这些房间以自然采光为主，辅以人工照明，房间的大小有所变化，但容纳的人数较少。

B. 成组式办公室。适用于容纳20名以下工作人员的中等办公室。为利于布置家具，房间进深需要略大一些。

C. 开放式布局。这是一种布置大进深空间的方法。家具位置可按几何形布置。

D. 景观办公室。具有随机设计的性质，完全由人工控制环境，工作位置的设计反映了组织方式的结构和工作方法。屏风、植物和贮藏用的家具均可用于划分活动路线，确定边界，并区别工作小组。

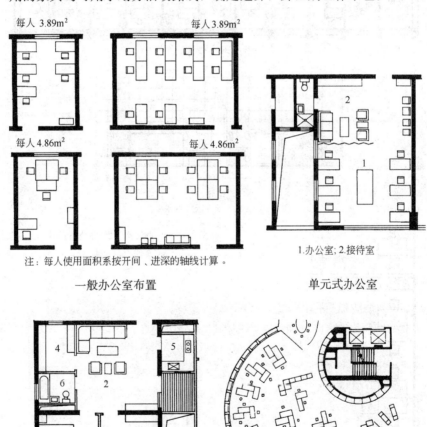

一般办公室布置　　单元式办公室

公寓式办公室　　景观办公室布局

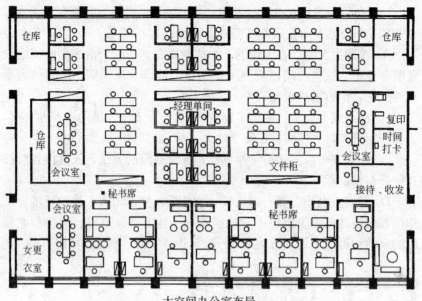

大空间办公室布局

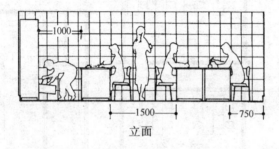

立面

1. 办公桌；2. 办公椅；
3. 文件柜；4. 矮柜

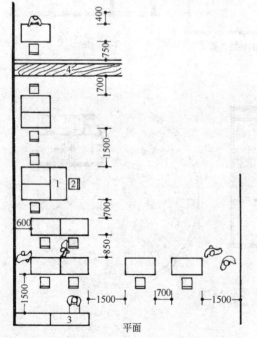

平面

办公室家具布置间距

(3) 一般办公室采用 3600 开间及 5400 进深的平面尺寸。

常用开间、进深及层高尺寸

尺寸名称	尺寸(mm)
开间	3000、3300、3600、6000、6600、7200
进深	4800、5400、6000、6600
层高	3000、3300、3400、3600

（4）机要部门办公室应相对集中，与其他部门宜适当分隔。

（5）值班办公室可根据使用需要设置，重要办公建筑设有夜间总值班室时，可设置专用卫生间。

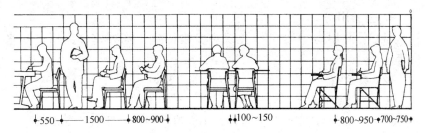

家具布置间距

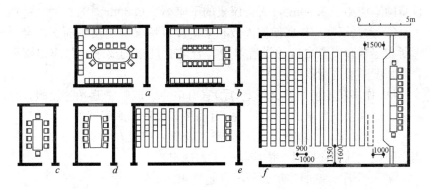

小会议室座位与占用面积　　　　　大会议室平面布置示例

会议室座位与占用面积

排列方式		a		b		c		d		e		f		附注
开间		2×3600		2×3600		3600		3600		3×3600		4×3600		5×3600	
进深		5400	6000	5400	6000	5400	6000	5400	6000	5400	6000	9000	12000	9000	12000	
座位中距		500	500	650	650	600	500	500	500	500	500	500	500	500	500	
座位行数										9	9	13	12	17	16	占用面积系按开间、进深的轴线计算
每行座位数										7	8	12	17	12	17	
听众座位数		40	41	35	35	9	11	9	11	63	72	156	204	204	272	
主席台座位数		1	1	3	3	1	1	1	1	4	5	8	12	8	12	
总座位数		41	42	38	38	10	12	10	12	67	77	164	216	212	284	
占用面积 (m²)	总数	38.9	43.2	38.9	43.2	19.4	21.6	19.4	21.6	58.2	64.8	129.6	173	162	216	
	每座	0.95	1.03	1.02	1.14	4.94	1.80	1.94	1.80	0.87	0.84	0.79	0.8	0.76	0.76	

注：小会议室的开间、进深一般与办公室相同；大会议室按需要而定。

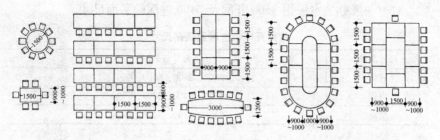

会议桌形式

(6) 普通办公室每人使用面积不应小于 $3m^2$，单间办公室净面积不宜小于 $10m^2$。

4. 公共用房

(1) 公共用房一般包括会议室、接待室、陈列室、厕所、开水间等。

(2) 会议室

A. 会议室根据需要可分设大、中、小会议室。

B. 中、小会议室可分散布置。小会议室使用面积宜为 $30 m^2$ 左右，中会议室使用面积宜为 $60 m^2$ 左右；中、小会议室每人使用面积：有会议桌的不应小于 $1.80m^2$，无会议桌的不应小于 $0.80m^2$。

C. 大会议室应根据使用人数和桌椅设置情况确定使用面积。会议厅所在层数和安全出口的设置等应符合防火规范的要求，并应根据语言清晰度要求进行设计。

D. 作多功能使用的会议室(厅)宜有电声、放映、遮光等设施。有电话、电视会议要求的会议室，应有隔声、吸音和遮光措施。

E. 会议厅、多功能厅等人员密集场所，应设在首层或二、三层；当必须设在其他楼层时，尚应符合下列规定：

- 一个厅、室的建筑面积不宜超过 $400m^2$。
- 一个厅、室的安全出口不应少于两个。

(3) 接待室

A. 接待室根据使用要求设置，专用接待室应靠近使用部门，行政办公建筑的群众来访接待室宜靠近主要出入口。

B. 高级接待室可设置专用茶具间、卫生间和贮藏间等。

(4) 陈列室

A. 陈列室应根据需要和使用要求设置，专用陈列室应对陈列效果进行照明设计，避免阳光直射及眩光，外窗宜设避光设施。

B. 可利用会议室、接待室、走道、过厅等的部分面积或墙面兼作陈列空间。

(5) 厕所

A. 厕所距离最远的工作点不应大于 $50m$，尽可能布置在建筑的次要面或朝向较差的一面。

B. 厕所应设前室,前室内宜设置洗手盆。

C. 厕所应有天然采光和不向邻室对流的直接自然通风;条件不许可时,应设机械排风装置。

D. 卫生洁具数量应符合下列规定:

- 男厕所每 40 人设大便器一具,每 30 人设小便器一具(小便槽按每 0.60m 长度相当一具小便器计算);
- 女厕所每 20 人设大便器一具;
- 洗手盆每 40 人设一具。

注:① 每间厕所大便器三具以上者,其中一具宜设坐式大便器。
② 设有大会议室的楼层应相应增加厕位。
③ 专用卫生间可只设坐式大便器、洗手盆和面镜。

(6) 位于两个安全出口之间的房间,当面积不超过 60m² 时,可设置一个门,门的净宽不应小于 0.90m。位于走道尽端的房间,当面积不超过 75m² 时,可设置一个门,门的净宽不应小于 1.40m。

5. 服务用房

(1) 服务用房包括一般性服务用房和技术性服务用房。一般性服务用房为:打字室、档案室、资料室、图书阅览室、贮藏间、汽车停车库、自行车停车库、卫生管理设施间等;技术性服务用房为:电话总机房、计算机房、电传室、复印室、晒图室、设备机房等。

(2) 打字室

A. 人员多的打字室可分设收发校样间、打字间、油印间、装订间等。

B. 打字间应光线充足,通风良好、避免西晒。

(3) 档案室、资料室、图书阅览室。

A. 可根据规模大小和工作需要分设若干不同用途的房间(如库房、管理间、查阅间或阅览间)。

B. 档案、资料库和书库应采取防火、防潮、防尘、防蛀、防紫外线等措施。地面应用不起尘、易清洁的面层,并设机械排风装置。

C. 档案、资料查阅间和图书阅览室应光线充足、通风良好、避免阳光直射及眩光。

(4) 汽车停车库

A. 汽车停车库的设计应符合现行的《汽车库设计防火规范》的规定。

B. 小汽车每辆停放面积应根据车型、建筑平面、结构型式与停车方式确定,一般为 25～30m²(含停车库内汽车进出通道)。

C. 地下汽车停车库应符合下列要求:

- 应设置排气通风装置。
- 应设封闭楼梯间通至地面层,并不与上层楼梯间连通。
- 设有三台以上电梯的办公建筑,宜将一台电梯通至地下汽车停车库；该电梯于停车库内应设前室，前室门应采用乙级防火门或防火卷帘门。

D. 停放车辆超过 25 辆的汽车停车库宜设置驾驶员休息室，休息室应靠近安全出口处。

(5) 自行车停车库

A. 净高不得低于 2m。

B. 设在地下室、半地下室或楼层内的自行车库，自行车推行坡道宽度不宜小于 1.80m，坡长不宜超过 6.00m。坡度不宜大于 1∶5。

C. 自行车每辆停放面积一般为 1~1.20m²。

(6) 卫生管理设施间

A. 六层及六层以上办公建筑宜设垃圾管道。高层办公建筑设置垃圾管道时，应设前室，前室门应采用乙级防火门。

B. 不设垃圾管道的高层办公建筑，每层应设专用垃圾收集存放间。

- 垃圾收集存放间应有不向邻室对流的自然通风或机械排风。
- 垃圾收集存放间应靠近电梯间，宜有专用通道运出垃圾。
- 宜在底层设垃圾集中存放处，存放处应设冲洗排污设施，并有运出垃圾的专用通道。

C. 每层应设清扫工具存放室和清洗水池。

6. 安全疏散

(1) 高层建筑的安全出口应分散布置，两个安全出口之间的距离不应小于 5.00m。安全疏散距离应符合下表的规定。

安全疏散距离

高层建筑	房间门或住宅户门至最近的外部出口或楼梯间的最大距离(m)	
	位于两个安全出口之间的房间	位于袋形走道两侧或尽端的房间
办公楼	40	20

(2) 高层建筑内的多功能厅和阅览室等，其室内任何一点至最近的疏散出口的直线距离，不宜超过 30m；其他房间内最远一点至房门的直线距离不宜超过 15m。

(3) 位于两个安全出口之间的房间，当面积不超过 60m² 时，可设置一个门，门的净宽不应小于 0.90m。位于走道尽端的房间，当面积不超过 75m² 时，可设置一个门，门的净宽不应小于 1.40m。

(4) 高层建筑内走道的净宽，应按通过人数每 100 人不小于 1.00m 计算；高层建筑首层疏散外门的总宽度，应按人数最多的一层每 100 个不小于 1.00m 计算。首层疏散外门和走道的净宽不应小于首层疏散外门和走道的净宽的规定。

首层疏散外门和走道的净宽

高层建筑	每个外门的净宽(m)	走道净宽(m)	
		单面布房	双面布房
办公楼	1.20	1.30	1.40

（5）除设有排烟设施和紧急照明外，高层建筑内的走道长度超过20m时，应设置直接天然采光和自然通风的设施。

（6）高层建筑的公共疏散门均应向疏散方向开启，且不应采用侧拉门、吊门和转门。自动启闭的门应有手动开启装置。

（7）建筑物直通室外的安全出口上方，应设置宽度不小于1.00m的防火挑檐。

（8）一类建筑和除单元式和通廊式住宅外的建筑高度超过32m的二类建筑以及塔式住宅，均应设防烟楼梯间。防烟楼梯间的设置应符合下列规定：

A. 楼梯间入口处应设前室、阳台或凹廊。

B. 前室的面积，公共建筑不应小于6.00m²，居住建筑不应小于4.50m²。

C. 前室和楼梯间的门均应为乙级防火门，并应向疏散方向开启。

（9）裙房和除单元式和通廊式住宅外的建筑高度不超过32m的二类建筑应设封闭楼梯间。封闭楼梯间的设置应符合下列规定：

A. 楼梯间应靠外墙，并应直接天然采光和自然通风，当不能直接天然采光和自然通风时，应按防烟楼梯间规定设置。

B. 楼梯间应设乙级防火门，并应向疏散方向开启。

C. 楼梯间的首层紧接主要出口时，可将走道和门厅等包括在楼梯间内，形成扩大的封闭楼梯间，但应采用乙级防火门等防火措施与其他走道和房间隔开。

（10）楼梯间及防烟楼梯间前室的内墙上，除开设通向公共走道的疏散门外，不应开设其他门、窗、洞口。

（11）除通向避难层错位的楼梯外，疏散楼梯间在各层的位置不应改变，首层应有直通室外的出口。疏散楼梯和走道上的阶梯不应采用螺旋楼梯和扇形踏步，但踏步上下两级所形成的平面角不超过10°，且每级离扶手0.25m处的踏步宽度超过0.22m时，可不受此限。

（12）通向屋顶的疏散楼梯不宜少于两座，且不应穿越其他房间，通向屋顶的门应向屋顶方向开启。

（13）地下室、半地下室的楼梯间，在首层应采用耐火极限不低于2.00h的隔墙与其他部位隔开并应直通室外，当必须在隔墙上开门时，应采用不低于乙级的防火门。

地下室或半地下室与地上层不应共用楼梯间，当必须共用楼梯间时，应在首层与地下或半地下层的出入口处，设置耐火极限不低于

2.00h 的隔墙和乙级的防火门隔开，并应有明显标志。

（14）疏散楼梯的最小净宽不应小于 1.20m。

四、参考图录

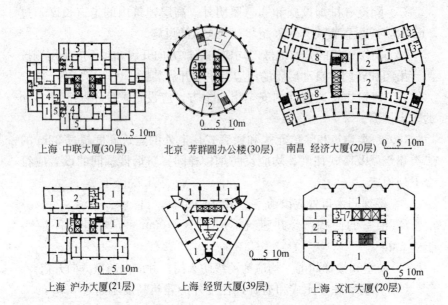

1. 办公；2. 会议；3. 厕所；4. 接待；5. 卧室；6. 贮藏；
7. 开水；8. 展览室；9. 库房；10. 机房；11. 空调间

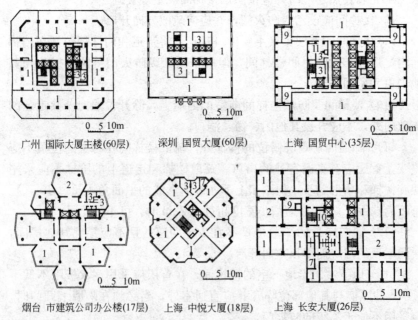

注：本页图例均为标准层平面。

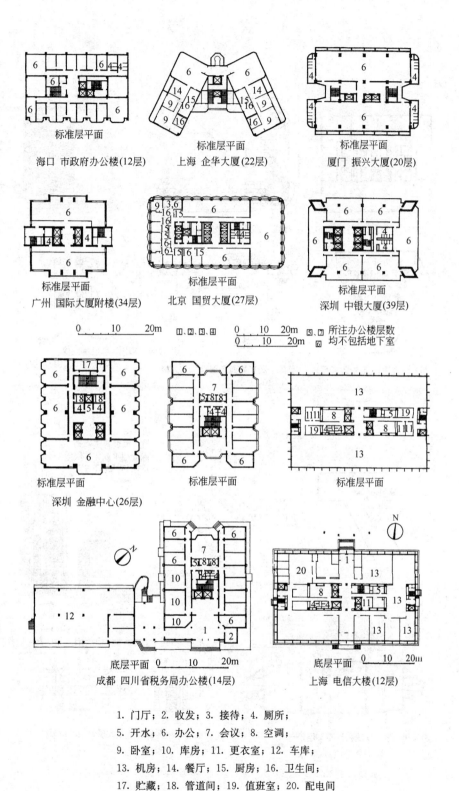

标准层平面
海口 市政府办公楼(12层)

标准层平面
上海 企华大厦(22层)

标准层平面
厦门 振兴大厦(20层)

标准层平面
广州 国际大厦附楼(34层)

标准层平面
北京 国贸大厦(27层)

标准层平面
深圳 中银大厦(39层)

所注办公楼层数均不包括地下室

标准层平面
深圳 金融中心(26层)

底层平面
成都 四川省税务局办公楼(14层)

底层平面
上海 电信大楼(12层)

1. 门厅；2. 收发；3. 接待；4. 厕所；
5. 开水；6. 办公；7. 会议；8. 空调；
9. 卧室；10. 库房；11. 更衣室；12. 车库；
13. 机房；14. 餐厅；15. 厨房；16. 卫生间；
17. 贮藏；18. 管道间；19. 值班室；20. 配电间

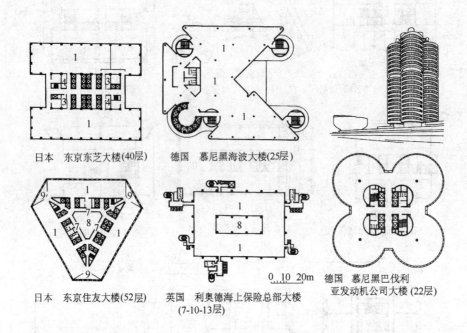

日本　东京东芝大楼(40层)　　德国　慕尼黑海波大楼(25层)

日本　东京住友大楼(52层)　　英国　利奥德海上保险总部大楼(7-10-13层)　　德国　慕尼黑巴伐利亚发动机公司大楼(22层)

注：本页各实例均为标准层平面。其层数均不包括地下室。

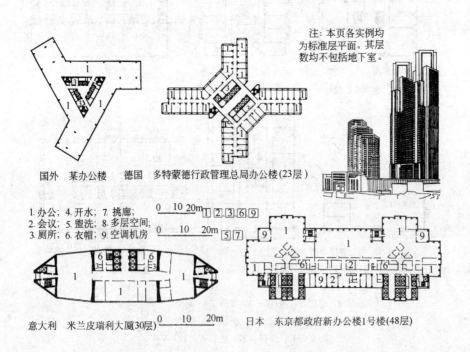

国外　某办公楼　　德国　多特蒙德行政管理总局办公楼(23层)

1. 办公；　4. 开水；　7. 挑廊；
2. 会议；　5. 盥洗；　8. 多层空间；
3. 厕所；　6. 衣帽；　9. 空调机房

意大利　米兰皮瑞利大厦(30层)　　日本　东京都政府新办公楼1号楼(48层)

·320　建筑课程设计指导任务书

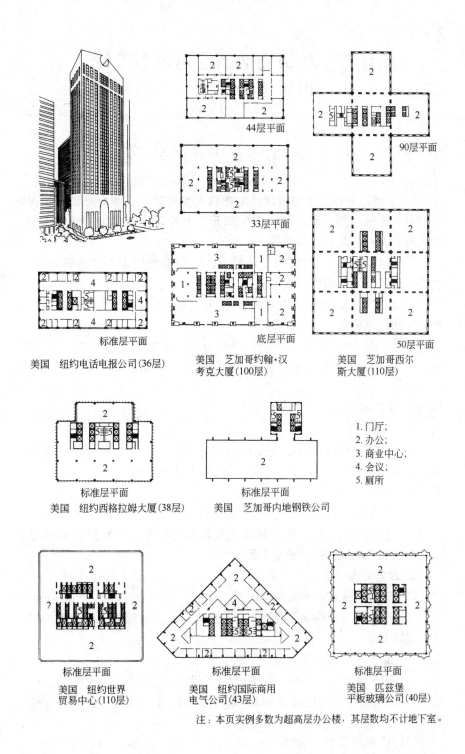

44层平面

90层平面

33层平面

50层平面

标准层平面

底层平面

美国 纽约电话电报公司(36层)

美国 芝加哥约翰·汉考克大厦(100层)

美国 芝加哥西尔斯大厦(110层)

标准层平面

标准层平面

1. 门厅;
2. 办公;
3. 商业中心;
4. 会议;
5. 厕所

美国 纽约西格拉姆大厦(38层)

美国 芝加哥内地钢铁公司

标准层平面

标准层平面

标准层平面

美国 纽约世界贸易中心(110层)

美国 纽约国际商用电气公司(43层)

美国 匹兹堡平板玻璃公司(40层)

注:本页实例多数为超高层办公楼,其层数均不计地下室。

设计二 星级商业酒店建筑方案设计指导任务书

一、教学目的与要求

1. 了解国内外旅馆建筑设计的现状及发展趋势，掌握旅馆建筑设计的基本原理，熟悉各种类型客房单元的布置及尺度需求，学习厨房工艺流程及对建筑设计的要求。

2. 理解掌握高层建筑的设计要点、结构选型要求、消防要求等，建立建筑、技术、构造等基本概念。

3. 要求建筑造型设计具有时代感，创造反映城市特色的高品位星级宾馆的建筑形象。

二、课程设计任务与要求

(一) 设计任务书

1. 设计任务

某市为适应城市旅游事业发展的需要，拟在市区某地段内兴建三星级酒店一座，客房自然间为 210 间。总建筑面积控制在 17000m^2（上下浮动不超过 5%）。

该项目地处该市商业中心区，东临城市干道（宽 24m），北临一大型商场，西为住宅小区，南临城市次要道路（宽 18m），隔路为街心花园。详见地形图（后附）。地势平坦。

2. 设计要求

（1）规划的建筑红线范围详附图。

（2）主体建筑采用钢筋混凝土框剪体系，耐火等级为一级，建筑高度不超过 50m。

（3）地下一层为设备用房，无地下车库。

（4）建筑内设中央空调，冷热水全天供应。设两台 14 人客梯、一台 1.6 吨货梯（兼消防电梯使用）。如餐厅与厨房不在同一层，设食梯两台。

（5）室外停车位控制指标：机动车泊位：40 辆；自行车泊位：200 辆。

3. 建筑组成及要求

(1) 客房部分　　约 9000m²
- 标准客房：设两个单人床　　共 200 间；
- 双套间：设一间卧室、一间客厅，共 5 套，10 间；
- 每间客房内设专用卫生间（三件洁具）、管道井、壁柜（阳台自定）。

(2) 客房标准层内辅助用房
- 服务台、值班室、服务员用小卫生间（洗手盆、厕位、淋浴）；
- 棉织品贮存、清洁用具贮存、开水间等；
- 走道、防烟楼梯、电梯等。

(3) 公共部分　　约 1500m²
- 多功能大厅（包括音响室、贮藏间）　　　　400m²；
- 商场（可分成几间）　　　　　　　　　　　300m²；
- 中会议室二间　　　　　　　　　　　　共 100m²；
- 小会议室四间　　　　　　　　　　　　共 100m²；
- 迪斯科舞厅一间　　　　　　　　　　　　200m²；
- 卡拉 OK 厅一间　　　　　　　　　　　　100m²；
- 台球室　　　　　　　　　　　　　　　　100m²；
- 公共卫生间（分男女）　　　　　　　　　　50m²；
- 商务中心　　　　　　　　　　　　　　　　50m²；
- 走道、楼梯、电梯厅等。

(4) 餐饮部分　　约 2000m²
- 大餐厅（兼对外营业）　　　　　　　　　　500m²；
- 小餐厅四～六间　　　　　　　　　　　共 120m²；
- 职工餐厅　　　　　　　　　　　　　　　150m²；
- 大厨房及职工厨房　　　　　　　　　　共 800m²；
- 办公、值班、更衣、浴厕、仓库、走道、楼梯、电梯、烟道等
　　　　　　　　　　　　　　　　　　　　共 430m²。

(5) 行政管理部分　　约 1200m²
- 办公室（客房部、公关部、餐饮部、行政管理、保安部、财务部、工程部及会议室等若干间）共　　　　　　　　600m²；
- 消防中心　　　　　　　　　　　　　　　　50m²；
- 电话总机房　　　　　　　　　　　　　　　50m²；
- 中央监控室　　　　　　　　　　　　　　　50m²；
- 电讯室　　　　　　　　　　　　　　　　　50m²；
- 职工用卫生间、更衣、沐浴等　　　　　　100m²；
- 楼梯、走道等。

(6) 机房、库房部分　　约 1800m²
- 总仓库（可分成几间）　　　　　　　　共 300m²；
- 高压、低压配电、变压器室、值班室　　共 200m²；

- 消防水池、屋顶水箱、水泵房　　　　　共300m²；
- 空调机房　　　　　　　　　　　　　　300m²；
- 木工维修　　　　　　　　　　　　　　100m²；
- 管道工维修、休息等　　　　　　　　　50m²；
- 汽车库(设在地面上)大车4辆、小车6辆　约250m²。

(7) 室外场地
- 绿化占地20%左右；环形消防车道、广场等。

4. 图纸内容及要求：

(1) 图纸内容

总平面图 1：500(表现建筑周边环境、道路、绿化、停车位等)；

各层平面图(标准层只画一个) 1：200；

立面图(2个) 1：200；

剖面图(1个) 1：200；

客房单元平面图(洁具、家具布置等) 1：50；

建筑设计说明(设计意图、总图、流线、功能、造型等方面)，技术经济指标等；

彩色效果图(电脑绘制)。

(2) 图纸要求：电脑绘制，A1图幅出图(594mm×841mm)。

5. 地形图

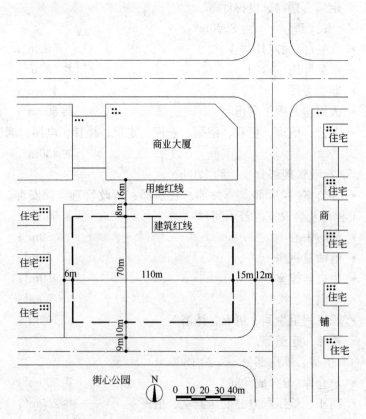

(二) 教学进度与要求

进度安排：

1. 第 1 周 理论讲课并下达设计任务。
2. 第 2～3 周 参观调研，收集资料。一草，讲评。

要求处理好建筑物与周围环境的关系；
建筑平面组成、空间构成及建筑体型的初步完稿。

3. 第 4～5 周 二草，讲评。

要求在一草的基础上进行深化，将比例放大，修改平、立、剖面。绘制建筑透视草图，仔细推敲建筑形体。

4. 第 6～8 周 电脑绘制正图，交图。

用 AUTOCAD、3DMAX、PHOTOSHOP 等程序完成一套完整的建筑图纸。

(三) 参观调研提要

1. 结合实例分析旅馆建筑平面组合有什么特点，采取什么方式？
2. 如何处理建筑主次出入口与城市道路的关系？如何创造优美的室外环境？
3. 如何合理解决建筑内客流、货流等几种不同的功能流线？
4. 建筑公共休息空间是否体现对人的关怀？包括人流引导、空间环境、服务设施等；
5. 标准层平面中电梯厅、楼梯间有什么布置特点？怎样满足消防要求？服务用房是如何设置的？
6. 客房单元中家具及卫生洁具的布置是否合理？其基本尺寸是多少？
7. 厨房应满足什么样的工艺流程？建筑是如何与其相配合进行处理的？
8. 建筑立面是否与周边的城市环境相协调？如果不协调，怎样进行改进？

(四) 参考书目

1. 建筑设计资料集（第二版）·4·北京：中国建筑工业出版社，1994
2. 雷春浓. 现代高层建筑设计. 北京：中国建筑工业出版社，1997
3. 旅馆建筑设计. 北京：中国建筑工业出版社
4. 《建筑学报》，《世界建筑》，《建筑师》等杂志中有关旅馆建筑设计文章及实例。

三、设计指导要点

(一) 基地选择

（参见前面章节所述"山地旅游旅馆"的设计指导要点）

（二）总平面设计

（参见前面章节所述"山地旅游旅馆"的设计指导要点）

（三）建筑设计

1. 各类用房的组成与要求

（1）公共用房及辅助用房应根据旅馆等级、经营管理要求和旅馆附近可提供使用的公共设施情况确定。

（2）建筑布局应与管理方式和服务手段相适应，做到分区明确、联系方便，保证客房及公共用房具有良好的居住和活动环境。

（3）锅炉房、冷却塔等不宜设在客房楼内，如必须设在客房楼内时，应自成一区，并应采取防火、隔声、减震等措施。

（4）室内应尽量利用天然采光。

（5）电梯。

A. 一、二级旅馆建筑3层及3层以上，三级旅馆建筑4层及4层以上，四级旅馆建筑6层及6层以上，五、六级旅馆建筑7层及7层以上，应设乘客电梯。

B. 乘客电梯的台数应通过设计和计算确定。

C. 主要乘客电梯位置应在门厅易于看到且较为便捷的地方。

D. 客房服务电梯应根据旅馆建筑等级和实际需要设置，五、六级旅馆建筑可与乘客电梯合用。

E. 消防电梯的设置参见前面章节所述"高层综合办公楼"设计指导要点中的"消防电梯"部分。

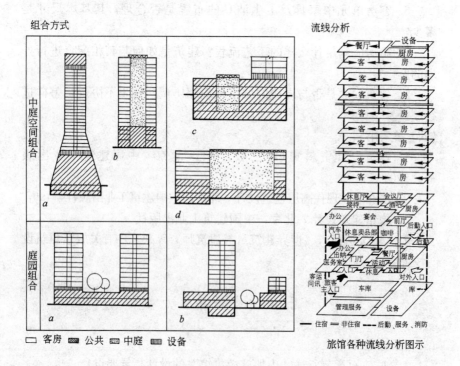

旅馆各种流线分析图示

高低层组合方式分析参考表

简 图	组合特点	实 例	公共活动 位置	组合方式
并列式	客房楼与公共活动低层部分拉开，二者均构图，体型均可变化；利于各用房自然通风、采光；利于高、低层结构区别处理；利于低层组合庭院，布置绿化	中国国内大部分高层汽旅馆 印度尼西亚旅馆	部分设在高层客房楼底层	以水平向序列组合为要方式
并列式		新加坡香格里拉旅馆	部分在裙房少量在顶层	少量以裙房竖向嚓间叠合
并列式	占地较大，水平路线较长	中国北京燕京饭店 南宁邕州饭店	在裙房部分	水平向序列组合
插入式	客房楼为主体，裙房为承托基座；高低层联系密切，交通路线短；减光外墙面积，体积较为经济；占地较少	日本东京皇宫大旅馆 日本京王广场旅馆	设在高层底部	
插入式		法国巴黎柯拉法耶旅馆	顶层	
插入式	裙房部分需人工采光通风；客房楼体型可以变化	美国桃树中心广场旅馆	设在高层底部、中庭、裙房、顶层	以空间叠合为主要方式
围合式	反映客房楼围合公共活动空间的形状，中庭空间丰富壮观；各公共活动部分联系密切，路线短，外墙面积减少；体型简洁，不反映空间组合方式；客房层交通路线长，有转折；中庭的经济开支较大	美国旧金山希尔顿旅馆 美国旧金山海特旅馆 美国亚特兰大海特旅馆 中国北京奥林匹克饭店 中国福州温泉宾馆	设在高层底部，中庭、顶层	以空间叠合为主要方式

2. 标准层

（1）标准层设计应考虑周围环境，占据好的朝向及景观，减少外墙面积，节省能源。

（2）平面形式应考虑地形、朝向、景观、结构、造价等因素综合考虑。

（3）标准层中防火疏散梯位置宜均匀分布，位置要明显，符合建筑设计防火规范要求。

（4）服务台：按管理要求设置或不设置。

（5）服务用房：根据管理要求，每层设置或隔层设置。位置应隐蔽，可设于标准层中部或端部。服务用房区应有出入口供服务人员进出客房区。服务用房包括服务厅、棉织品贮存库、休息、厕所、垃圾污物管道间及服务电梯厅。

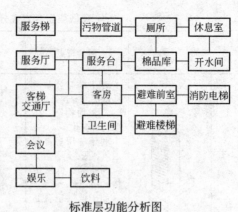

标准层功能分析图

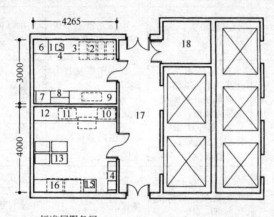

标准层服务间

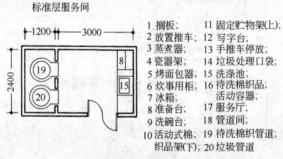

小面积服务用房

1 搁板；
2 放置推车；
3 蒸煮器；
4 瓷器架；
5 烤面包器；
6 炊事用柜；
7 冰箱；
8 准备台；
9 洗碗台；
10 活动式棉织品架(下)；
11 固定贮物架(上)；
12 写字台；
13 手推车停放；
14 垃圾处理口袋；
15 洗涤池；
16 待洗棉织品活动容器；
17 服务厅；
18 管道间；
19 待洗棉织品管道；
20 垃圾管道

客房标准层设计参数参考

项目	板式			塔式			中庭
	单边客房	双边客房	复廊	圆形	方形	三角形	
标准层平面(m)（宽×长）	10×任意长	18×任意长	24×任意长	27～40（直径）	34×34	—	27
每层客房数(间)	12～30	16～40	24～40	16～24	16～24	24～30	24
标准层周长 / 客房总面宽	2.2～2.4	1.6～1.8	1.4～1.6	1.05	1.5～1.7	1.4～1.8	1.6～1.8
客房百分比(%)	65	70	72	67	65	64	62
走廊面积(m²) / 每客房	7.5	4.2	4.6	4.2～6	5.6	6～8	8.8

旅馆标准层客房走道宽度参考

标准层客房走廊类型	最大例	规范最小值	合适范围
单面走廊	2m	1.2m	1.8m
中间走廊	3m	1.6m	2.1m
招待所走廊	1.2～1.4m		
经济旅馆走廊	1.2～1.4m	—	—
服务及次要走廊	1.1m		

3. 客房部分

参见前面章节所述"山地旅游旅馆"的设计指导要点。

4. 公共部分（参见前面章节所述"山地旅游旅馆"的设计指导要点，补充如下）

（1）旅馆入口处应设门廊或雨罩，采暖地区和全空调旅馆应设双道门或转门。

（2）室内外高差较大时，在采用台阶的同时，宜设置行李搬运坡道和残疾人轮椅坡道（坡度一般为1∶12）。

（3）门厅各部分必须满足功能要求，互相既有联系，又不干扰。公共部分和内部用房须分开，互有独立的通道和卫生间。

（4）门厅必须合理组织各种人流路线，缩短主要人流路线，避免人流互相交叉和干扰。

（5）服务台和电梯厅位置应明显，总服务台应满足旅客登记、结账和问讯等基本空间要求。

（6）大型或高级宾馆行李房应靠近总服务台和服务电梯，行李房大门应充分考虑行李搬运和行李车进出宽度要求。

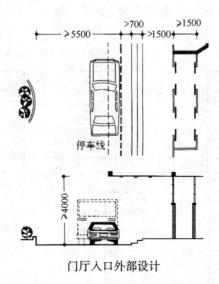

门厅入口外部设计

5. 辅助部分（参见前面章节所述"山地旅游旅馆"的设计指导要点，补充如下）

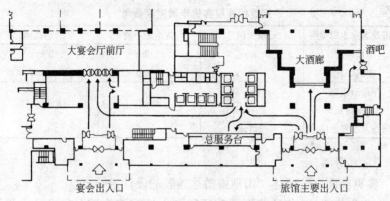

门厅人流示意图(北京香格里拉饭店)

(1) 厨房应包括有关的加工间、制作间、备餐间、库房及厨工服务用房等。

(2) 厨房的位置应与餐厅联系方便,并避免厨房的噪声、油烟、气味及食品储运对公共区和客房区造成干扰。厨房可放在建筑的底层、上部、中部或地下室中。

设在底层:当餐厅对外营业或厨房以煤为燃料,又无专用电梯时,一般设于底层,如 a。在可能条件下最好设在主楼下风向的单独辅楼内,如 b。当无此条件时,应单独设置通风井直通屋顶或采用其他排油烟设备。

设在上部:当旅馆上部设置观光餐厅,厨房有煤气、蒸汽、水、电及专用货梯等设备时,厨房可设于上部。为减少运输量,可将粗加工设在底层,如 c。

设在中部:当旅馆层数较高,旅客量较大时,可在旅馆中部设置小型餐厅,但需进行特殊的通风排气处理,如 d。

设在地下室:当厨房受到空间条件限制时,可设地下室,但不得使用液化气燃料。此外,还需进行机械通风排气和补风,如 e。

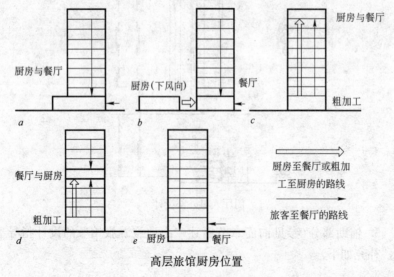

高层旅馆厨房位置

(3) 厨房尽量避免位于旅馆中心部位，应位于外墙附近，便于货物进出和通风排气。厨房与餐厅最好设在同层，如必须分层设置时，不宜超过一层，用垂直升降机运输。

(4) 厨房平面设计应符合加工流程，避免往返交错，符合卫生防疫要求，防止生食与熟食混杂等情况发生。

(5) 厨房净高（梁底高度）不低于2.8m，隔墙不低于2m；对外通道上的门宽不小于1.1m，高度不低于2.2m；其他分隔门宽度不小于0.9m；厨房内部通道不得小于1m。通道上应避免设台阶。

(6) 厨房的建筑设计除应符合上述各款规定外，还应按现行的《饮食建筑设计规范》中有关厨房部分的规定执行。

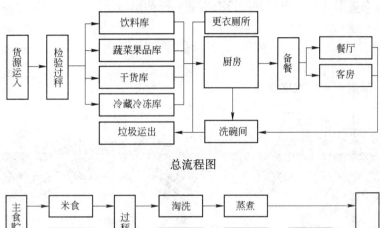

总流程图

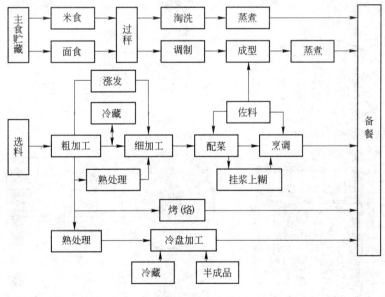

主副食制作流程

(四) 防火与疏散

旅馆建筑的防火设计除应执行现行的防火规范外，还应符合本章的规定。

1. 高层旅馆建筑防火设计的建筑物分类应符合下表的规定。

建筑物的分类

建筑高度 \ 建筑等级	一级	二级	三级	四级	五级	六级
≤50m	一类	一类	二类	二类	二类	二类
>50m	一类	一类	一类	一类	一类	一类

2. 一、二类建筑物的耐火等级、防火分区、安全疏散等参见前面章节所述"高层综合办公楼"设计指导要点关于"安全疏散"部分内容。

3. 集中式旅馆的每一防火分区应设有独立的、通向地面或避难层的安全出口，并不得少于2个。

4. 消防控制室应设置在高层建筑的首层或地下一层，便于维修和管线布置最短的地方，并应设有直通室外的出口。

四、参考图录

示例一　标准层平面

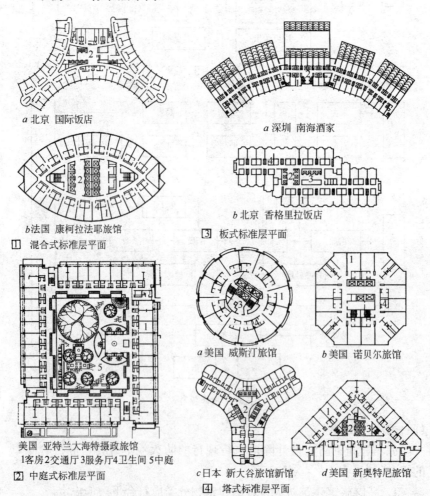

a 北京　国际饭店

a 深圳　南海酒家

b 法国　康柯拉法耶旅馆

b 北京　香格里拉饭店

[1] 混合式标准层平面

[3] 板式标准层平面

美国　亚特兰大海特摄政旅馆
1客房 2交通厅 3服务厅 4卫生间 5中庭

[2] 中庭式标准层平面

a 美国　威斯汀旅馆

b 美国　诺贝尔旅馆

c 日本　新大谷旅馆新馆

d 美国　新奥特尼旅馆

[4] 塔式标准层平面

示例二　上海华亭宾馆

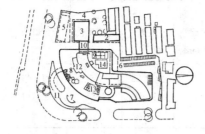

a 总平面

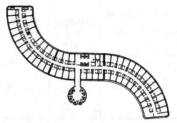

e 标准层平面

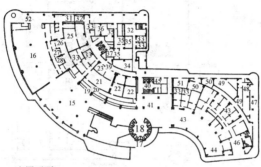

b 底层平面

c 二层平面

d 正立面

1. 主楼;
2. 机房;
3. 锅炉房;
4. 储煤场;
5. 污水处理;
6. 停车场;
7. 喷泉;
8. 天台花园;
9. 网球场;
10. 行人天桥;
11. 地下车库;
12. 健身房;
13. 玻璃顶棚;
14. 休憩庭院;
15. 大堂;
16. 咖啡厅;
17. 喷水池;
18. 电梯厅;
19. 总服务台;
20. 保险库;
21. 管理部;
22. 电话;
23. 电脑;
24. 公用电话;
25. 洗碗间;
26. 工作间;
27. 咖啡室;
28. 准备;
29. 服务;
30. 小客梯;
31. 休息;
32. 贮藏;
33. 厕所;
34. 行李房;
35. 总冷库;
36. 主副食库;
37. 油料;
38. 货梯;
39. 走道;
40. 服务电梯;
41. 音乐茶座;
42. 茶座厨房;
43. 商场;
44. 茶座;
45. 垃圾整理;
46. 门厅;
47. 停车;
48. 变电;
49. 水处理;
50. 消防中心;
51. 计时;
52. 外廊;
53. 大堂空间;
54. 自动扶梯;
55. 旋转楼梯;
56. 酒吧;
57. 休息厅;
58. 休息平台;
59. 过厅;
60. 大宴会厅;
61. 音乐喷泉;
62. 洗碗;
63. 通风机房;
64. 厨房;
65. 备餐;
66. 存衣;
67. 贵宾厅;
68. 观光电梯;
69. 进厅上部;
70. 食品部经理;
71. 服务电梯厅;
72. 冷库;
73. 冷盘;
74. 蒸煮;
75. 中式点心;
76. 烧烤;
77. 仓库;
78. 服务;
79. 法国餐厅;
80. 多功能餐厅;
81. 英国餐厅;
82. 通风机房

示例三　上海新锦江大酒店

用地面积(m²)	建筑面积(m²)	结构形式	客房数	平均每间客房建筑面积(m²)	层数	建造年代	设计单位
19600	100000	框架剪力墙	1236间	81	地上28层，地下1层	1986	上海华东建筑设计院

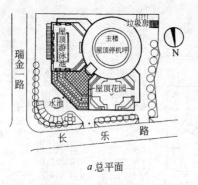

a 总平面

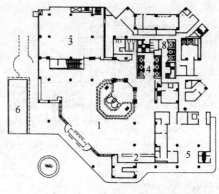

c 一层平面

b 剖面

1. 大堂；
2. 总服务台；
3. 咖啡厅；
4. 电梯厅；
5. 门厅；
6. 车库入口；
7. 客用电梯；
8. 服务电梯；
9. 配电；
10. 客房；
11. 卫生间；
12. 观光梯

d 标准层平面

旅馆名称	用地面积(m²)	建筑面积(m²)	结构形式	客房数	平均每间客房建筑面积(m²)	层数	建造年代	设计单位
上海新锦江大酒店	6800	57330	钢架结构	728	78.75	44		上海市民用建筑设计院 香港王董国际有限公司

示例四　上海锦沧文华大酒店

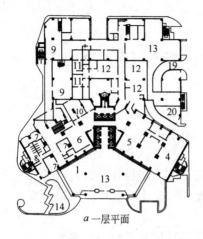

a 一层平面

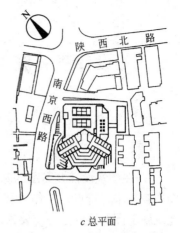

c 总平面

1. 总服务台；　8. 厕所；　　15. 套房；
2. 客房；　　　9. 银行；　　16. 管道；
3. 综合大厅；　10. 总机；　　17. 侍应室；
4. 酒廊；　　　11. 冷库；　　18. 排烟前室；
5. 西餐咖啡；　12. 厨房；　　19. 车道；
6. 办公室；　　13. 洗衣房；　20. 机房
7. 商场；　　　14. 园景；

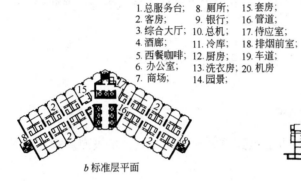

b 标准层平面

d 剖面

旅馆名称	用地面积（m²）	建筑面积（m²）	结构形式	客房数	平均每间客房建筑面积(m²)	层数	建造年代	设计单位
上海锦沧文华大酒店	9040	56417	框筒、剪力墙	514	109.76	30		新加坡赵子安联合建筑设计事务所，上海市民用建筑设计院

设计三 施工图设计指导任务书

一、教学目的与要求

1. 在建筑设计方案图的基础上,进行施工图设计。首先熟悉施工图内容要求、特点及工作步骤,掌握施工图设计的基本要点,并学习建筑施工图的绘制方法与要领。

2. 培养学生综合运用所学民用建筑设计原理及建筑构造知识来分析问题,进一步提高设计实践能力。

二、课程设计任务与要求

(一)设计任务书

1. 设计任务

详见"高层综合性办公楼建筑方案设计"或"星级商业酒店建筑方案设计"。

2. 图纸内容及要求

设计在原方案基础上完成,达到施工图设计深度要求。

(1) 图纸内容

总平面图 1:500

要求建筑定位、定标高。

各层平面图 1:200

要求标注轴线与分间尺寸,标出墙、柱、门窗洞口尺寸及门的开启方向。标明卫生间内部布置、房间名称。一层平面图中标注剖切符号及指北针。

立面图(2个)1:200

要求标明各部分饰面材料及色彩。

主要剖面图(1个)1:200

剖切部位应选在能最大限度地表现建筑内部空间的位置。应将基础、地下室、楼地面、屋面、墙与柱、吊平顶、钢筋混凝土楼板与梁等表达出来,并正确使用图例。

应注明各楼地面标高、剖面关键尺寸及屋面坡度。

楼梯详图(只画主楼梯,包括楼梯平面与剖面)1:50

要求平面图横向标明梯段、梯井宽度,纵向标明休息平台宽及标高、踏步宽度，并标明上、下箭头；剖面图高度方向注明楼层、休息平台标高和踏步高度。

墙身剖面详图(1个)1∶10

与剖面图配合，选择一道外墙，内容包括屋顶、楼地层、窗过梁与窗台、墙脚及相关的装修等。

建筑设计说明及技术经济指标

应注明结构选型、各部分构造方案的选择(如屋面防水等级、保温隔热措施等)

(2) 图纸要求：电脑绘制，A3文本装订出图。

(二) 教学进度与要求

进度安排：

1. 第1周 讲解施工图绘制要求，收集资料，徒手绘制构造节点草图；
2. 第2周 尺规绘制施工图正图草底；
3. 第3周 补充讲解建筑物构造设计要点与图纸表现方法；
4. 第4周 绘制总平面图及各层平面图；
5. 第5周 绘制立面图；
6. 第6周 绘制剖面图；
7. 第7周 绘制详图，编写设计说明；
8. 第8周 整理设计成果，上交。

(三) 参考书目

1. 民用建筑工程建筑施工图设计深度图样. 中国建筑标准设计研究院，2004
2. 建筑施工图示例图集. 北京：中国建筑工业出版社，2000
3. 建筑工程设计文件编制深度规定. 建质〔2003〕84号
4. 房屋建筑制图统一标准 GB/T 50001—2001
5. 高层民用建筑设计防火规范 GB 50045—95(2001年版)
6. 民用建筑设计通则 GB 50352—2005

三、设计指导要点

(一) 平面图

1. 承重墙、柱及其定位轴线和轴线编号，内外门窗位置、编号及定位尺寸，门的开启方向，注明房间名称或编号；
2. 轴线总尺寸(或外包总尺寸)、轴线间尺寸(柱距、跨度)、门窗洞口尺寸、分段尺寸；
3. 墙身厚度(包括承重墙和非承重墙)，柱与壁柱宽、深尺寸(必要时)及其与轴线关系尺寸；
4. 电梯、自动扶梯及步道(注明规格)、楼梯(爬梯)位置和楼梯上下方向示意和编号索引；

5. 车库的停车位和通行路线；
6. 室外地面标高、底层地面标高、各楼层标高、地下室各层标高；
7. 剖切线位置及编号（一般只注在底层平面或需要剖切的平面位置）；
8. 有关平面节点详图或详图索引号；
9. 指北针（画在底层平面）；
10. 屋面平面应有女儿墙、檐口、天沟、坡度、坡向、雨水口、屋脊（分水线）、变形缝、楼梯间、水箱间、电梯间、天窗及挡风板、屋面上人孔、检修梯、室外消防楼梯及其他构筑物，必要的详图索引号、标高等；表述内容单一的屋面可缩小比例绘制；
11. 根据工程性质及复杂程度，必要时可选择绘制局部放大平面图；
12. 图纸名称、比例；
13. 图纸的省略：

如系对称平面，对称部分的内部尺寸可省略，对称轴部位用对称符号表示，但轴线号不得省略；楼层平面除轴线间等主要尺寸及轴线编号外，与底层相同的尺寸可省略；楼层标准层可共用同一平面，但需注明层次范围及各层的标高。

- 平面图绘制要点

（1）平面图综述

A. 平面图的重要性

平面图是建筑专业施工图中最重要、最基本的图纸，其他图纸（如立面图、剖面图及某些详图）多是以它为依据派生和深化而成。

同时，建筑平面图也是其他工种（如总平面、结构、设备、装修）进行相关设计与制图的主要依据。反之，其他工种（特别是结构与设备）对建筑的技术要求也主要在平面图中表示（如墙厚、柱子断面尺寸、管道竖井、留洞、地沟、地坑、明沟等）。因此，建筑施工图的平面图与其他图相比，则较为复杂，绘制也要求全面、准确、简明。

B. 平面图图纸的编排次序

平面图图纸的编排次序建议如下：

总平面定位图、轴线关系及分段示意图、防火分区示意图、各层平面图（地下最深层、……至地下一层、底层、标准层……地上最高层）、屋面平面图、局部放大平面图。

- 总平面另行出图时，仍宜随建筑图出总平面定位图，同时说明定位依据和具体要求；
- 各层平面图上的平面节点详图，应尽量放在本图内，便于对照看图。若放大节点较多，并且多层索引时，则集中绘制独立图纸；

- 局部放大平面图，主要是指平面图中无法表示清楚的部位，如：住宅单元平面、卫生间、楼梯间、高层建筑的核心筒、人防口部、汽车库坡道等局部的放大平面；
- 塔式住宅平面一般只绘 1：100 的整体平面，标出户型、厨、卫等编号和详图索引号，另绘厨房、卫生间、楼梯、阳台等放大平面。如平面图用＞1：50 的比例时，可不放大。

C. 平面图的基本内容

各层平面图一般是在建筑物门窗洞口处水平剖切的俯视图（屋面平面图是位于屋面以上的俯视图。大空间影剧院、体育场、馆的剖切位置可酌情确定）。应按直接正投影法绘制。

平面图绘制的内容可分为 3 部分：

- 绘制平面图，凡是结构承重并做有基础的墙、柱均应编轴线及轴线号，轴线编号的一般规则详见《房屋建筑制图统一标准》。
- 用粗实线和图例表示剖切到的建筑实体断面，并标注相关尺寸。如墙体、柱子、楼梯、门、窗等（现代建筑在同一平面中使用的材料种类较多，因此图例应绘制清楚，布于图形一侧），为区分轻质隔墙，也可增加中粗实线表示。
- 用细实线表示投影方向所见的建筑部、配件，并标注必要的尺寸和标高。例如室内的楼地面、明沟、卫生洁具、台面、踏步、窗台等。有时楼层平面还应表示室外所见的阳台、下层的雨篷顶面和局部屋面。底层则应表示相邻的室外柱廊、平台、散水、台阶、坡道、花坛等。如欲表示高窗、天窗、上部孔洞、地沟等不可见部件时，可用细虚线绘出。

应注意的是：非固定设施不在各层平面图的表达范围之列，如活动家具、屏风、盆栽等。但旅馆或住宅又需要在平面图中用最细的实线布置家具和设备（如冰箱、洗衣机、空调室内机等），以作为设备工种布置管线的依据，对建筑条件图而言是必不可少的内容，最终出图时可取消，当不影响图面清晰时亦可保留。同理，大开间住宅也可以单独绘制平面分隔及活动隔墙的示例系列图（分隔示例平面可缩小比例绘制）。如有必要，可以用虚线示意设备的位置。

D. 平面图的标注

- 平面图中标注的尺寸，可分为总尺寸、定位尺寸和细部尺寸三种。
- 总尺寸——建筑物外轮廓尺寸；若干定位尺寸之和。
- 定位尺寸——轴线尺寸；建筑物构配件如：墙体、门窗、洞口、洁具等应与相应的轴线或其他构配件确定位置尺寸。
- 细部尺寸——建筑物构配件的详细尺寸。
- 外墙三道：第一道外包（或轴线）总尺寸（错台或分段外包尺寸可在二、三道之间单注），第二道开间进深轴线尺寸，第三道门窗洞口和窗间墙、变形缝等尺寸及与轴线关系。
- 轴线编号的一般规则详见《房屋建筑制图统一标准》GB/T 50001—2001第7·0·2~7·0·6条。

圆形或折线形平面的轴线编号示例详见该标准附录二。
- 砖混结构平面图中的承重和非承重墙均应注厚度尺寸及定位尺寸,剪力墙结构平面中的钢筋混凝土墙可不注厚度与定位尺寸(因结构图已注明,建筑再注反会出现矛盾,而施工是据结构图配模板,但建筑师应关注结构所定尺寸是否得当),其余均应注厚度与定位尺寸。内部门窗洞应注定位尺寸、高窗应注窗台距地高,门洞(指不装门的洞口)应注洞宽、洞高尺寸;
- 遇有上下两层窗或局部夹层者,也可绘高窗平面图或夹层平面图并注门窗洞、墙厚等尺寸;
- 所有平面节点放大或详图索引要注全(各层或多层共用的详图索引号可不必层层标注,一般注在底层和标准层即可);
- 门的开启方向和形式应在平面图上区别表示,具体图例见《建筑制图标准》(GB/T 50104—2001);
- 室外、各层楼地面均应标注标高;
- 厨、洁具和家具——凡固定的厨、洁具和家具自始(发作业图起)至终保留。非固定的,但与水电专业有关的自始(发作业图起)至施工图对图时保留,最终出图可删除亦可保留;
- 房间名称——各类建筑的平面均应注明房间名称或编号;
- 房间面积——住宅单元平面应注出各房间使用面积、阳台面积;在组合图中注明各单元平面的使用面积、阳台面积和建筑面积、本层建筑面积,其他类建筑各层平面亦宜在图名下注出建筑面积。
- 其他——底层平面还应绘制出室外台阶、坡道、散水、花池、平台、雨水管和室内的暖气沟、人孔等位置以及剖面图的剖切线(宜向上、向左投影)、指北针。平面过长者可分段绘制,且应在各段平面图上绘出组合示意图,表示出本段位置。绘多层退台平面时仅绘下一层投影可见轮廓。

E. 平面图尺寸标注的简化
- 定位尺寸的简化:

当实体位置很明确时,平面图中不必标注定位尺寸。如:拖布盆靠设在墙角处,地沟尽端到墙为止等。
- 细部尺寸的简化:

当细部尺寸在索引的详图(含标准图)中已经标注,则在各种平面图中可不必重复。例如拖布盆的尺寸,卫生隔间的尺寸等。此外,大量性的细部尺寸,可在图内附注中注写,不必在图内重复标注。如注写:"未注明之墙身厚度均为240mm,门洞高均为2100mm"等;
- 当已索引局部放大平面图时,在该层平面图上的相应部位,即

可不再重复标注相关尺寸;

・平面图尺寸和轴线,如系对称平面可省略重复部分的分尺寸。楼层平面除开间跨度等主要尺寸及轴线编号外,与底层相同的尺寸可省略;

・在屋面中可以只标注端部和有变化处的轴线号,以及其间的尺寸。

(2) 地下层平面图

A. 建筑物的地下部分由于在室外地面之下,致使采光、通风、防水、结构处理以及安全疏散等设计问题,均较地上层复杂。此外,为了充分开发空间,提高地上层(尤其是底层)的使用率,又多将机电设备用房、汽车库布置在地下层内,而人防工程又只能位于地下。这些用房均各有特殊的使用和工艺要求,从而使地下层的设计难度加大,设计者必须给予足够的重视。

B. 民用建筑的地下层内,一般均布置有设备机房(如风机房、制冷机房、直燃机房、水泵房、锅炉房、变配电室、发电机房等)。其设备的大小和定位在相应工种的施工图上表示,建施图上可用虚线示意或不表示。在设计过程中,这些机房的布置不仅要满足相应工种的工艺要求,而且应遵循《建筑设计防火规范》GBJ 16—87(2001年版)和《高层民用建筑设计防火规范》GB 50045—95(2001年版)中的相关规定,并获得消防主管部门的批准。

C. 当地下层设置一层或多层汽车库时,汽车库的合理柱网将影响整个建筑物柱网的确定。而汽车出入坡道的位置,也将影响总平面的布置。再如加上汽车库消防、排烟、送风、照明等设施的要求,使地下层的设计更加复杂。因此,在汽车库设计中,应严格遵守《汽车库建筑设计规范》JGJ 100—98 和《汽车库、修车库、停车场设计防火规范》GB 50067—97。

(3) 底层平面图

A. 建筑物的底层(也称为一层或首层)是地下与地上的相邻层,并与室外相通,因而必然成为建筑物上下和内外交通的枢纽。应绘制出室外台阶、坡道、散水、花池、平台、雨水管和室内的暖气沟、人孔等位置以及剖面图的剖切线(宜向上、向左投影)。

就图纸本身而论,底层平面可以说是地上其他各层平面和立、剖面的"基本图"。因为地上层的柱网及尺寸、房间布置、交通组织、主要图纸的索引,往往在底层平面首次表达。

B. 底层地面的相对标高一般为±0.000,其相应的绝对标高值一般应分别在底层平面图或施工图设计说明中注明。

在各主要出入口处的室内、室外应注标高,在室外地面有高低变化时,应在典型处分别注出设计标高(如:踏步起步处、坡道起始处、挡土墙上、下处等)。在剖面的剖切位置也宜注出,以便与剖面图上的标高及尺寸相对应。

C. 剖切面应选在层高、层数、空间变化较多，最具有代表性的部位。复杂者应画多个剖视方向的全剖面或局部剖面。剖视方向宜在图面上向左、向上。剖切线编号一般注在底层平面图上。规范画法见《房屋建筑制图统一标准》(GB/T 50001—2001)第6·1·1条。

D. 指北针应画在底层平面图上，宜位于图面的右上角，圆直径24mm左右，其标准画法见《房屋建筑制图统一标准》(GB/T 50001—2001)第6·4·3条。

E. 部分建筑的底层入口应按相关规范规定的范围做无障碍入口等无障碍设计，并满足《城市道路和建筑物无障碍设计规范》(JGJ 50—2001)中的相关要求。

(4) 楼层平面图

A. 这里所称的楼层平面，是指建筑物二层和二层以上的各层平面。

B. 完全相同的多个楼层平面(也称标准层)，可以共用一个平面图形，但需注明各层的标高，且图名应写明层次范围(如：四～八层平面)。

C. 除开间、跨度等主要尺寸和轴线编号外，与底层或下一层相同的尺寸可省略，但应在图注中说明。如在"五层平面图"中注有"五层以上墙身厚度未注明者均同本层"，故六层及以上的楼层平面图中，只注变化的墙厚，相同者不再重复标注，既省事又清楚。

D. 当仅仅是墙体、门、窗等有局部少量变动时，可以在共用平面中就近用虚线表示，注明用于什么层次即可。

E. 当仅仅是某层的房间名称有变化时，只须在共用平面的房间名称下，另行加注说明即可。

F. 当某层的局部变动较大，但其他部位仍相同时，可将变动部分画在共同平面之外，写明层次并注写"其他部分平面仍同某层"即可。

G. 某些对称的平面，对称轴两侧的门窗号与洞口尺寸完全相同，可以省略一侧的洞口尺寸，注明同另一侧即可。

H. 各层中相同的详图索引，均可以只在最初出现的层次上标注，其后各层则可省略，只注变化和新出现者。

(5) 屋面平面图

A. 平屋面平面图——需绘出两端及主要轴线，要绘出分水线、汇水线并标明定位尺寸；要绘出坡向符号并注明坡度(注意：凡相邻并相同坡度的坡面交线在角平分线上)。

B. 坡屋面平面图——应绘出屋面坡度或用直角三角形形式标注，注明材料、檐沟下水口位置，沟的纵坡度和排水方向箭头。

C. 一般屋面平面图采用1∶100比例，简单的屋面平面可用1∶150或1∶200绘制。

D. 屋面标高不同时，屋面平面可以按不同的标高分别绘制，在下一层平面上表示过的屋面，不应再绘制在上层平面上；也可以将标高不同的屋面画在一起，但应注明不同标高（均注结构板面）。复杂时多用前者，简单时多用后者。

E. 当一部分为室内，另一部分为屋面时，如出屋面楼梯间、屋面设备间、临屋顶平台房间，应注意室内外交接处（特别是门口处）的高差与防水处理。例如：室内外楼板即便是同一标高，但因屋面找坡、保温、隔热、防水的需要，此时门口处的室内外均宜设置踏步，或者做门槛防水。其高度应能满足屋面泛水高度的要求。

(6) 局部放大平面图

A. 住宅单元平面、卫生间、设备机房、交配电室、楼梯电梯间、车库的坡道、人防口部、高层建筑的核心筒等，往往需要绘制放大平面才能表达清楚。放大平面常用的比例为1∶50，需要时可进而索引放大节点或配件，没有标准图的应就近加绘。

B. 放大平面应在第一次出现的平面图中索引，其后重复出现的层次则不必再引。平面图中已索引放大平面的部位，可不再标注欲在放大平面中交代的尺寸、标高、详图索引等。

(二) 立面图

1. 两端轴线应编号；立面转折较复杂时可用展开立面表示，但应准确注明转角处的轴线编号；

2. 立面外轮廓及主要结构和建筑构造部件的位置，如女儿墙顶、檐口、柱、变形缝、室外楼梯和垂直爬梯、室外空调机搁板、阳台、栏杆、台阶、坡道、花台、雨篷、烟囱、勒脚、门窗、幕墙、洞口、门头、雨水管，以及其他装饰构件、线脚和粉刷分格线等，以及关键控制标高的标注，如屋面或女儿墙标高等；

3. 平、剖面未能表示出来的屋顶、檐口、女儿墙、窗台以及其他装饰构件、线脚等的标高或高度；

4. 各部分装饰用料名称或代号，构造节点详图索引；

5. 图纸名称、比例；

6. 各个方向的立面应绘齐全，但差异小、左右对称的立面或部分不难推定的立面可简略；内部院落或看不到的局部立面，可在相关剖面图上表示，若剖面图未能表示完全时，则需单独绘出。

• 立面图绘制要点

(1) 每一立面图应绘注两端的轴线号，立面转折复杂时可用展开立面表示，并应绘制转角处的轴线号；正东、南、西、北向的立面图可直接按方向命名（如东立面图、南立面图），这样命名，看图时较易于联想到平面；如不是正东、南、西、北向的立面图，按每一立面两端的轴线号命名。

(2) 应把投影方向可见的建筑外轮廓、门窗、阳台、雨篷、线脚等绘出。凡相同的门窗、阳台等可局部绘出其完整形象，其余可只画轮廓线。细部花饰可简绘轮廓，注索引号另见详图。如遇前后立面重叠时，前者的外轮廓线宜向外加粗，以示区别。立面的门窗洞口轮廓线亦宜粗于门窗和粉刷分格线，使立面更有层次、更清晰。

（3）立面图上应绘出在平面图无法表示清楚的窗、进排气口等，并注尺寸及标高，还应绘出附墙雨水管和爬梯等。

（4）立面图的比例可不与平面图一致，以能表达清楚又方便看图（图幅不宜过大）为原则，比例在1∶100、1∶150或1∶200之间选择皆可。

（5）立面图尺寸标注——标注平、剖面图未表示的标高或高度，标注关键控制性标高，其中总高度即自室外地坪至平屋面檐口上皮或女儿墙顶面的高度，坡顶房屋标注檐口及屋脊高度（防火规范规定坡顶房屋按室外地面至建筑屋檐和屋脊的平均高度计算）；同时应注出外墙留洞、室外地坪、屋顶机房等标高。

（6）外墙身详图的剖线索引号可以标注在立面图上，亦可标注在剖面图上，以表达清楚，易于查找详图为原则。

（7）外装修用料、颜色等直接标注在立面图上，或用文字索引通用"工程做法"。立面分格应绘清楚，线脚宽深、做法宜注明或绘节点详图。当立面分格较复杂时，可将立面分格及外装修做法另行出图，以方便主体工程施工和外装修工程施工所需尺寸的表达清晰。

(三) 剖面图

1. 剖视位置应选在层高不同、层数不同、内外部空间比较复杂，具有代表性的部位；建筑空间局部不同处以及平面、立面均表达不清的部位，可绘制局部剖面。

2. 墙、柱、轴线和轴线编号。

3. 剖切到或可见的主要结构和建筑构造部件，如室外地面、底层地(楼)面、地坑、地沟、各层楼板、夹层、平台、吊顶、屋架、屋顶、出屋顶烟囱、天窗、挡风板、檐口、女儿墙、爬梯、门、窗、楼梯、台阶、坡道、散水、平台、阳台、雨篷、洞口及其他装修等可见的内容。

4. 高度尺寸

外部尺寸：门、窗、洞口高度、层间高度、室内外高差、女儿墙高度、总高度；

内部尺寸：地坑（沟）深度、隔断、内窗、洞口、平台、吊顶等。

5. 标高：

主要结构和建筑构造部件的标高，如地面、楼面（含地下室）、平台、吊顶、屋面板、屋面檐口、女儿墙顶、高出屋面的建筑物、构筑物及其他屋面特殊构件等的标高，室外地面标高。

6. 节点构造详图索引号。

7. 图纸名称、比例。

- 剖面图绘制要点

(1) 剖面图是建筑物的竖向剖视图，应按直接正投影法绘制。它主要表示以下 3 项内容：

A. 用粗实线画出所剖到的建筑实体切面(如：墙体、梁、板、地面、楼梯、屋面层等)，标注必要的相关尺寸和标高。

B. 用细实线画出投影方向可见的建筑构造和构配件(如：门、窗、洞口、梁、柱、室外花坛、坡道等)，投影可见物以最近层面为准，从简示出。

C. 有时在投影方向还可以看到室外局部立面，其他立面图没有表示过，则可以用细实线画出该局部立面；否则可简化或不表示。

(2) 剖切位置应选在能反映内外空间变化大，有不同层高或层数的典型部位、剖切线及编号绘在底层平面图上，在图面上宜向左、向上剖视，便于施工人员读图。

(3) 尺寸和标高标注——尺寸一般为三道标注：第一道各层门窗洞高度及与楼面关系尺寸；第二道层高尺寸(有地下室者亦须注明)以及层数和标高；第三道由室外地坪至平屋面挑檐口上皮或女儿墙顶面或坡屋面挑檐口下皮总高度，坡屋面檐口至屋脊高度单注，屋面之上的楼梯间、电梯机房、水箱间等另加注其高度。同时要标注室外地坪、各层的地面、楼面、女儿墙顶面、屋顶最高处的相对标高(屋面有保温找坡层，可注结构板面标高)，内部有些门窗洞口、隔断、暖沟、地坑等尺寸可注在剖面图上。标高系指完成面的标高，否则应加注说明(如：楼面为面层标高，屋面为结构板面标高)。

(4) 关于墙身详图索引方法：凡按墙身节点详图编号者，可索引在剖面图上(也有索引在立面图上的)，凡按墙身剖断详图编号者，一定要索引到立面图上；原则上要以方便施工、易于查找墙身详图为准。

(5) 剖面图中涉及到有些需严加限定高度的，如顶棚净高、特殊用房及锅炉房、机房、阶梯教室等，其大梁下皮高度、楼梯休息平台下通行人时高度要注标高。

(6) 凡>1∶100 的剖面应绘出楼面细线，比例≤1∶100 者视实际面层厚度，厚则绘出，否则可不绘。

(四) 详图

1. 内外墙节点、楼梯、电梯、厨房、卫生间等局部平面放大和构造详图。

2. 室内外装饰方面的构造、线脚、图案等。

3. 特殊的或非标准门、窗、幕墙等应有构造详图。如属另行委托设计加工者，要绘制立面分格图，对开启面积大小和开启方式，与主体结构的连接方式、预埋件、用料材质、颜色等作出规定。

4. 其他凡在平、立、剖面或文字说明中无法交待或交待不清的建筑构配件和建筑构造。

5. 对紧邻的原有建筑，应绘出其局部的平、立、剖面，并索引新建筑与原有建筑结合处的详图号。

- 详图绘制要点

(1) 详图综述

施工图设计相对于方案设计和初步设计来说，它是要解决更微观、定量和实施性的问题要能够指导施工和设备安装，必须件件有交待，处处有依据。在有了平、立、剖基本图之后，就要针对各个部位的用料、做法、形式、大小尺寸、细部构造等作出"详图"。有些详图还必须和结构、设备、电气等专业密切配合，以避免专业矛盾。

建筑详图大致可划分为三个方面：

A. 构造详图

包括台阶、坡道、散水、楼地面、内外墙面、顶棚、屋面防水保温、地下防水等构造做法。这部分大多可以引用或参见标准图集。另外，还有墙身、楼梯、电梯、自动扶梯、阳台、门头、雨篷、卫生间、设备机房等随工程不同而不能通用的部分，需要建筑师自己绘制"详图"，当然有些也可采用标准图集。

B. 配件和设施详图

包括内外门窗、幕墙、栏杆、扶手、固定的洗台、厨具、壁柜、镜箱、格架等。除部分门窗、幕墙要绘制分格形式和开启方式的立面图及功能说明外，其他多采用标准图或由专业化厂家与装饰设计公司设计、制作和安装。

C. 装饰详图

一些重大、高档民用建筑，其建筑物的内外表面、空间，还需做进一步的装饰、装修和艺术处理；如不同功能的室内墙、地、顶棚的装饰设计，需绘制大量装饰详图。外立面上的线脚、柱式、壁饰等，亦要绘制详图方能制作施工。这类设计大多由专业的装饰公司负责设计。对此，建筑师依然要对装饰设计的风格、色调、质感、空间尺度等，提出指导性的建议和必须注意的事项，并应主动配合以确保建筑的完整、协调和品味。

(2) 墙身详图

多以 1∶20 绘制完整的墙身详图(简单工程可在剖面图上用方或圆形框线引出，就近绘制节点详图)。

墙身详图实际是典型剖面上典型部位从上至下连续的放大节点详图。一般多取建筑物内外的交界面——外墙部位，以便完整、系统、清楚的交代立面的细部构成，及其与结构构件、设备管线、室内空间的关系。绘制墙身详图时应注意下述几个方面。

A. 选点

宜由剖面图中直接引出，且剖视方向也应一致，这样对照看图较为方便。当从剖面中不能直接索引时，可由立面图中引出，应尽量避免从平面图中索引。

在欲画的几个墙身详图中，首先应确定少量最有代表性的部位，从上到下连续画全。其他则可简化，只画与前者不同的部位，然后在该图的上下处加注"同××墙身详图"即可。至于极不典型的零星部位，可以作为节点详图，直接画在相近的平、立、剖面图上，无须绘入墙身详图系列中。

墙身详图的比例以 1∶20 为宜。

B. 内容(以外墙详图为例)

一般包括：尺寸和形状无误的结构断面、墙身材料与构造、墙身内外饰面的用料与构造、门和窗、玻璃幕墙(画出横梃位置、楼层间的防火及隔声要求、特殊部位的构造示意)、线脚及装饰部件、窗帘箱及吊顶示意、窗台或护栏、楼地面、室外地面、台阶或坡道、地下层墙身及底板的防水做法(含采光井)、屋面(含女儿墙或檐口等)。

C. 标高及尺寸的标注

• 标高主要标注在以下部位：地面、楼面、屋面、女儿墙或檐口顶面、吊顶底面、室外地面；

• 竖向尺寸主要包括：层高、门窗(含玻璃幕墙)高度、窗台高度、女儿墙或檐口高度、吊顶净高(应根据梁高、管道高及吊顶本身构造高度综合考虑确定)、室外台阶或坡道高度、其他装饰构件或线脚的高度；

上述尺寸宜分行有规律地标注，避免混注，以保证清晰明确。

上述尺寸中属定量尺寸者，有的尚须加注与相临楼地面间的定位尺寸。

• 水平尺寸主要包括：墙身厚度及定位尺寸、门窗或玻璃幕墙的定位尺寸、悬挑构件的挑出长度(如檐口、雨篷、线脚等)、台阶或坡道的总长度与定位尺寸。

上述尺寸应以相邻的轴线为起点标注。

(3) 楼梯详图

楼梯平、剖面多以 1∶50 绘制，所注尺寸皆为建筑完成面尺寸，宜注明四周墙轴号、墙厚与轴线关系尺寸。横向标明楼梯宽、梯井宽，纵向标明休息平台宽，每级踏步宽×踏 步数＝尺寸数，并标明上、下箭头。楼梯剖面图应注明墙轴号、墙厚与轴线关系尺寸。剖面图高度方向所注尺寸为建筑面尺寸，注明楼层、休息平台标高和每跑踏步高×踏步数＝尺寸数。水平方向要注明轴号、墙厚、休息板宽，每跑踏步宽×踏步数＝尺寸数。水平方向尺寸应与平面一致，为结构面尺寸。同时要绘出扶手、栏杆轮廓并注详图索引号，或注明由二次装修设计定。

(4) 阳台、平台、门头、雨篷等类详图

一般要绘放大的平、立、剖面(1∶50 或 1∶30)和节点详图(1∶10 或 1∶5)。

四、参考图录

(摘自《民用建筑工程建筑施工图设计深度图样》，中国建筑标准设计研究院)

示例一 某工程总平面定位图

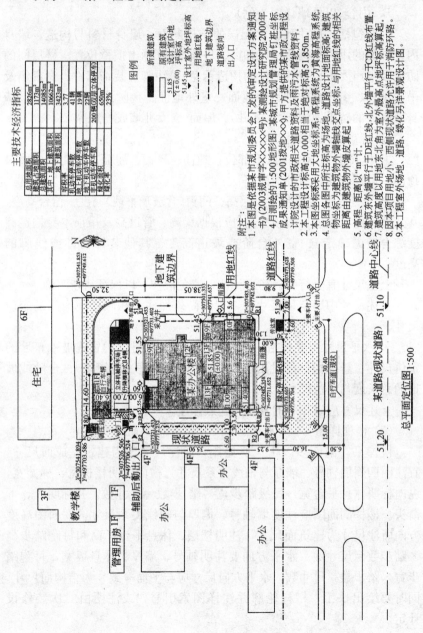

示例二 某工程地下二层平面图

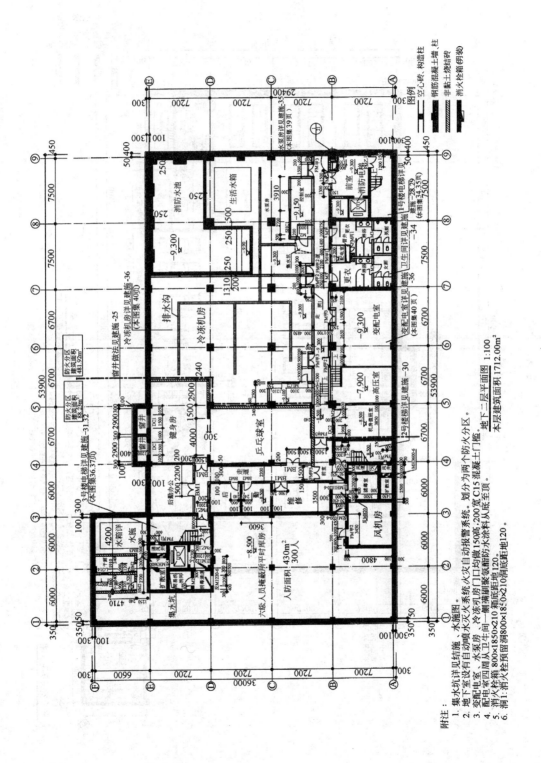

第七章 五年级上学期设计题目

示例三 某工程地下一层平面图

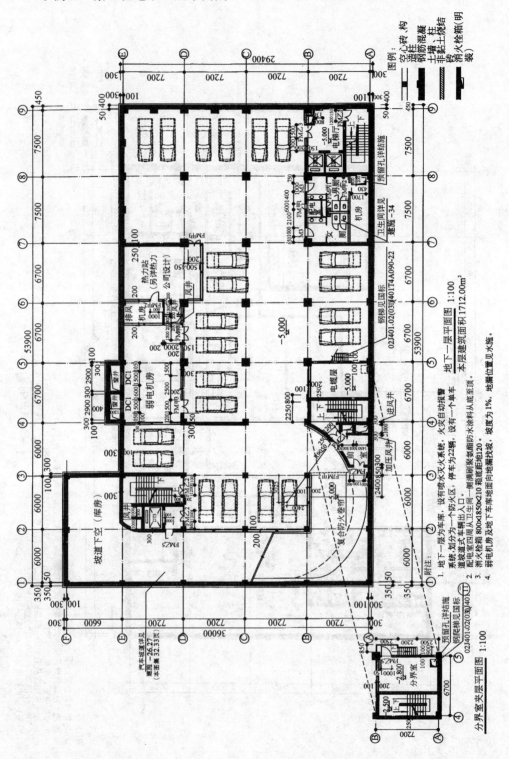

示例四 某工程底层平面图

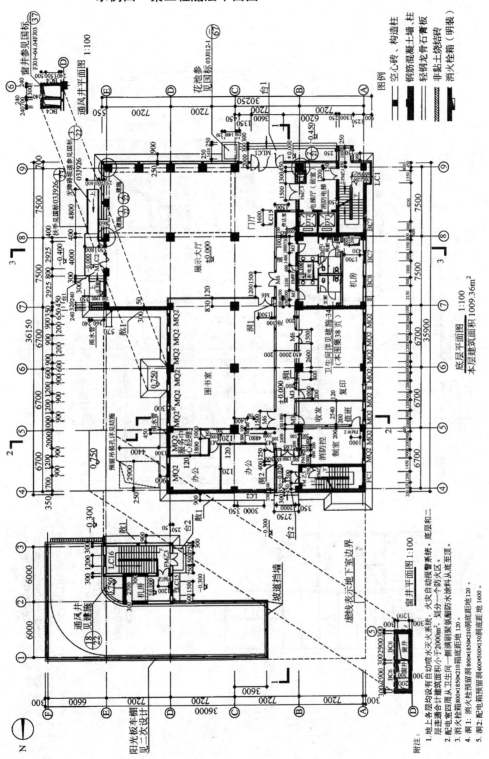

示例五　某工程二层平面图

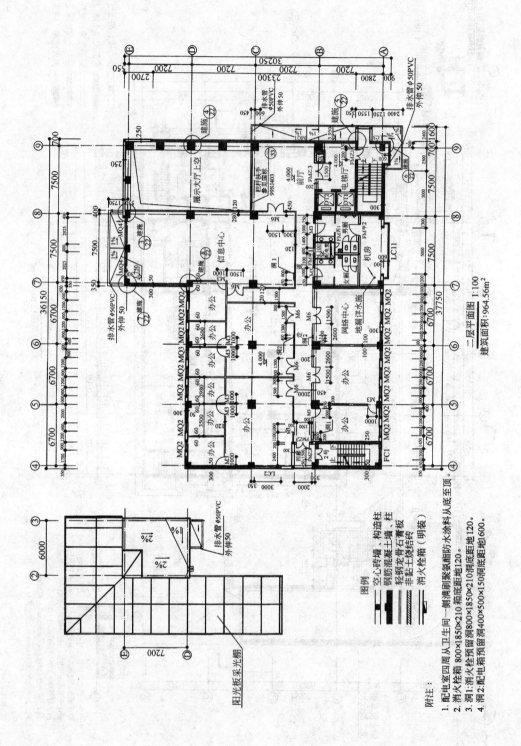

附注：
1. 配电室四周从卫生间一侧满刷聚氨酯防水涂料从底至顶。
2. 消火栓箱 800×1850×210 箱底距地120。
3. 洞1:消火栓预留洞800×1850×210洞底距地120。
4. 洞2:配电箱预留洞400×500×150洞底距地600。

示例六 某工程标准层平面图

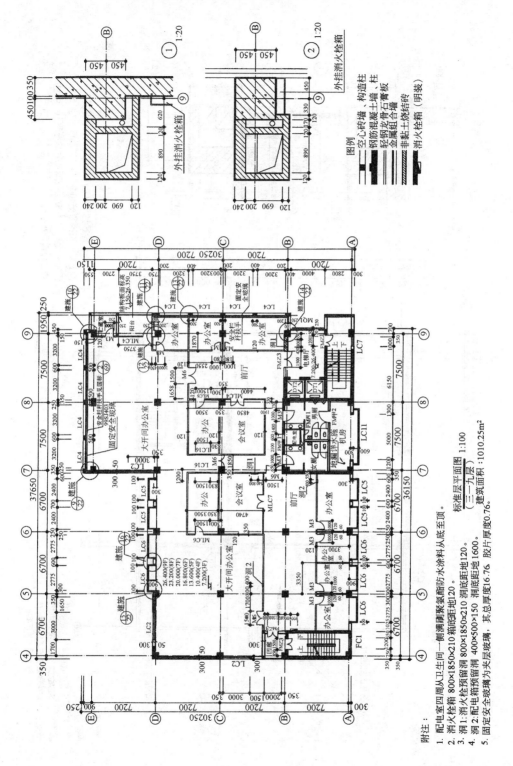

示例七 某工程十三层平面图

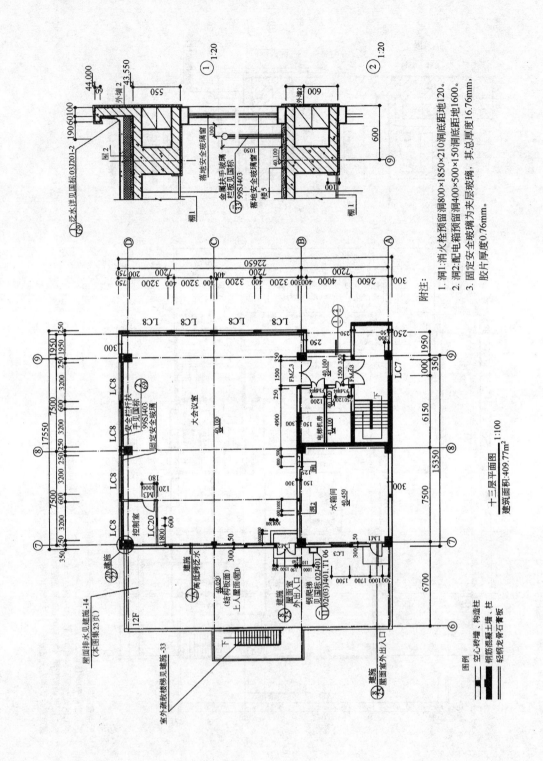

示例八　某工程屋面平面图

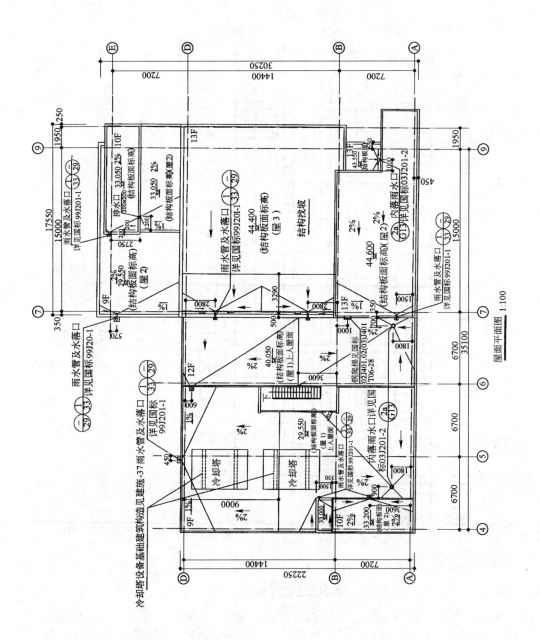

屋面平面图 1:100

示例九　某工程 A～E 立面图

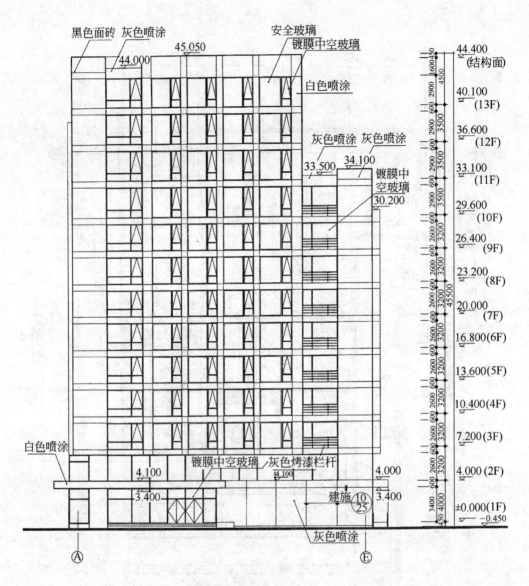

A～E 立面图 1:100

示例十　某工程⑨～④立面图

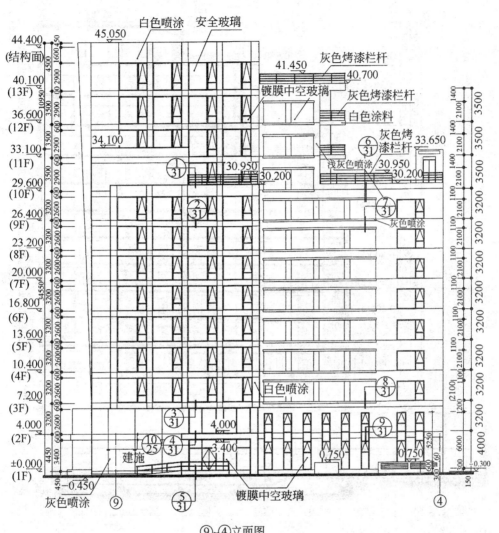

⑨～④立面图
1:100

示例十一　某工程 1—1 剖面图

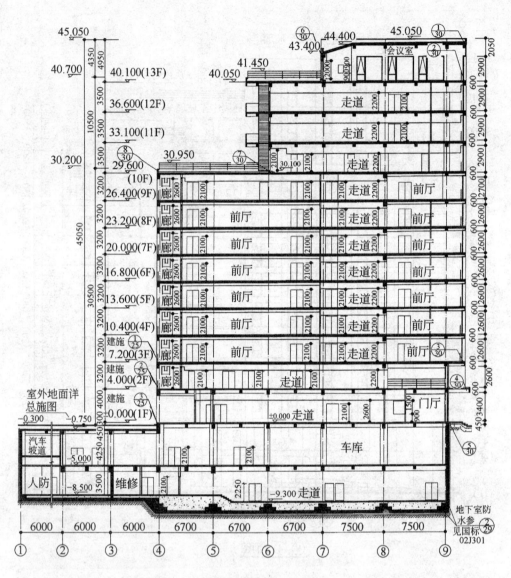

1—1剖面图 1:100

示例十二 某工程墙身节点(一)

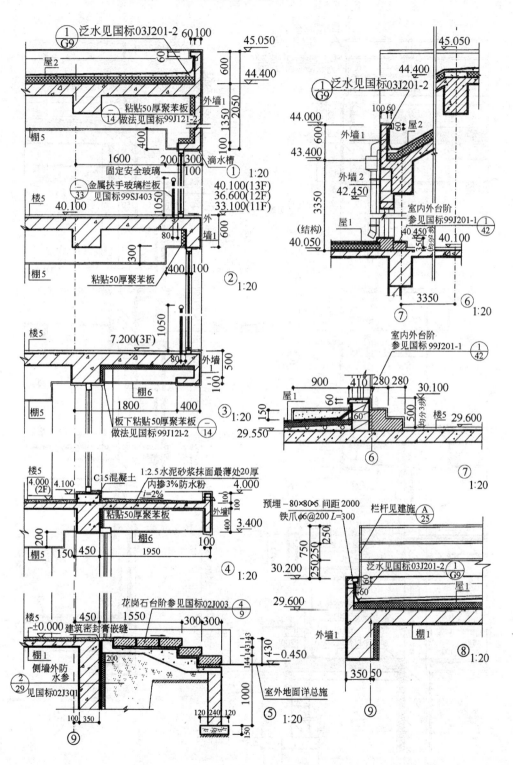

示例十三 某工程墙身节点(二)

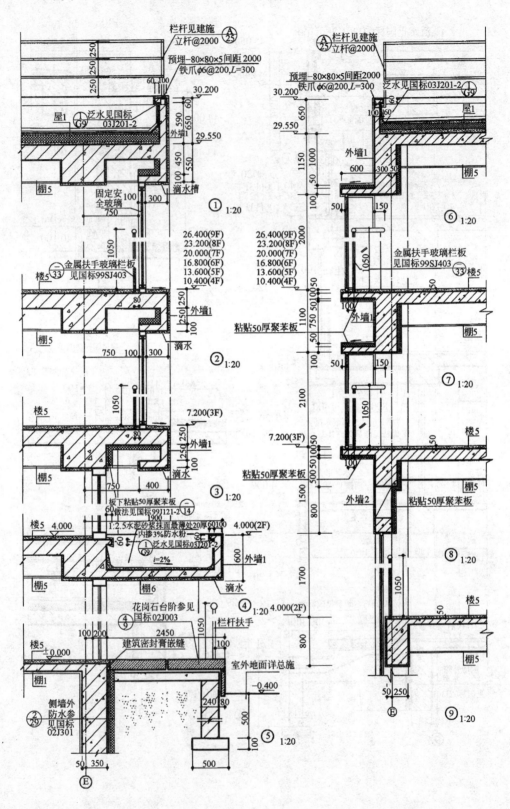

示例十四　某工程汽车坡道详图（一）

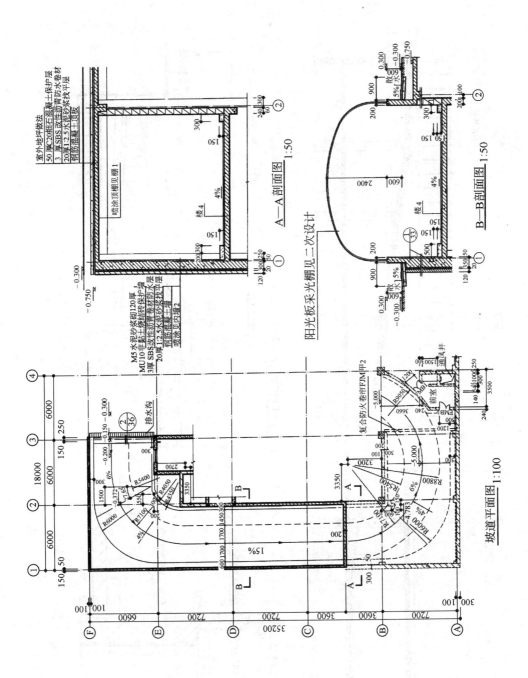

示例十五 某工程汽车坡道详图(二)

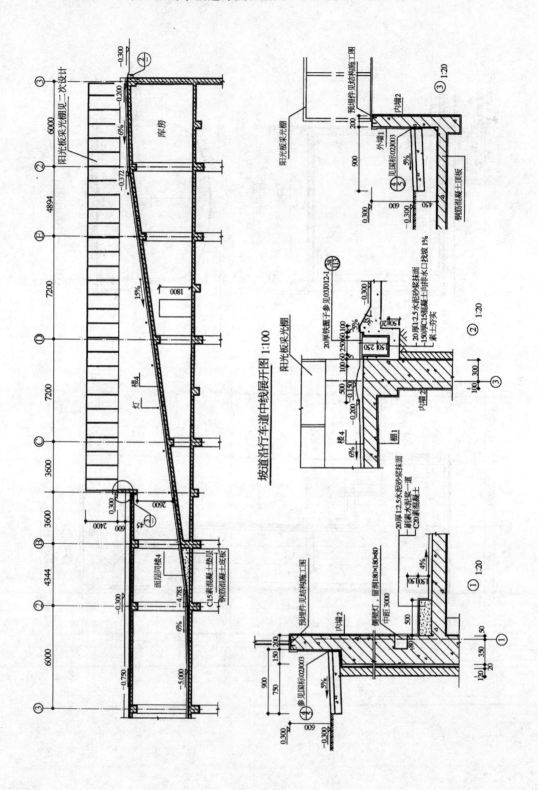

示例十六 某工程1号楼楼梯、电梯详图(一)

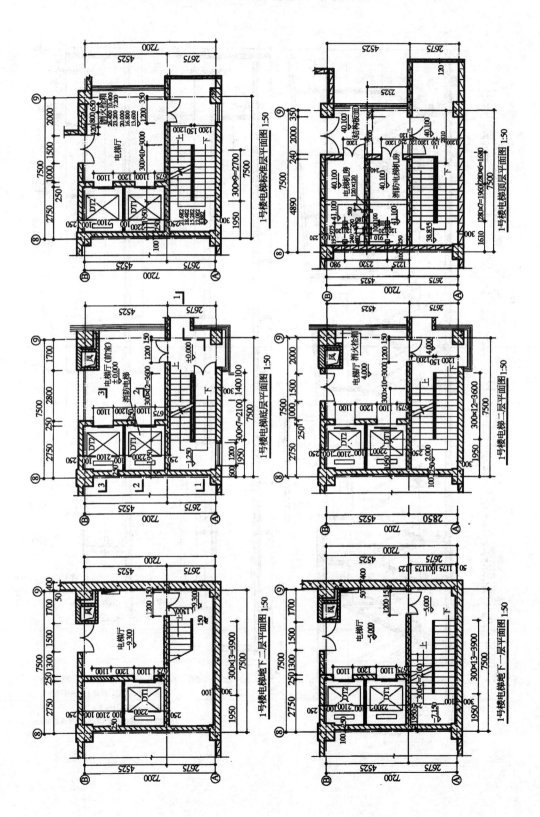

示例十七 某工程1号楼楼梯、电梯详图(二)

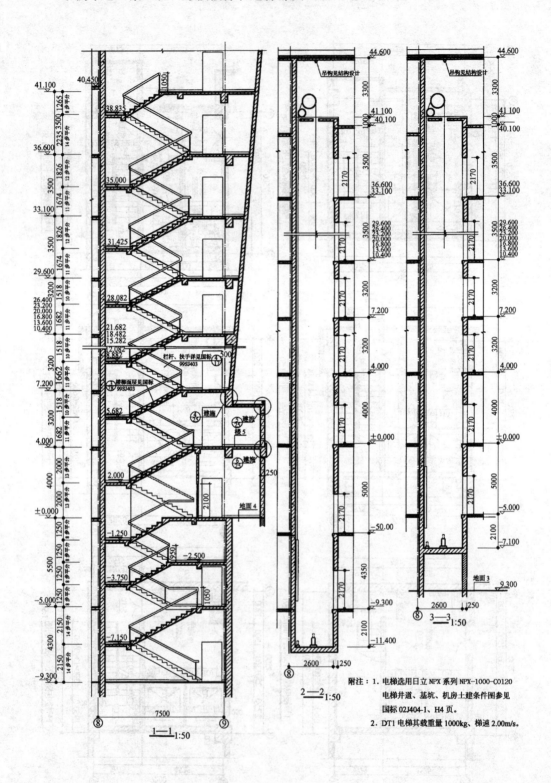

示例十八 某工程卫生间详图

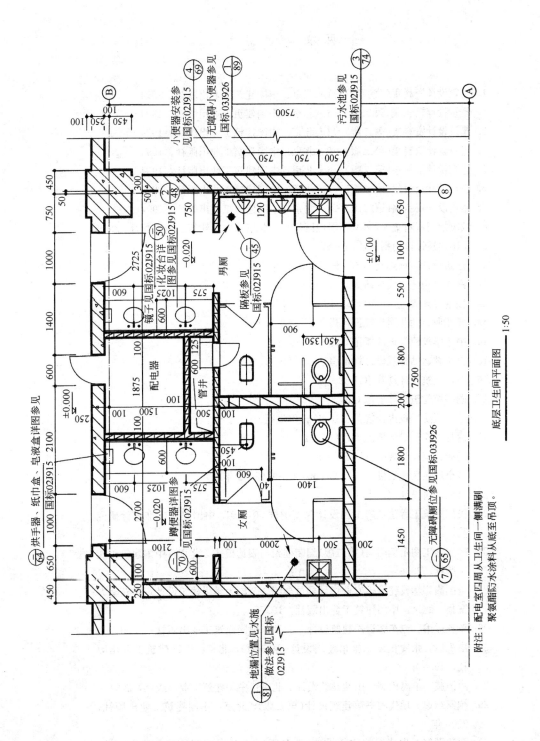

底层卫生间平面图 1:50

主要参考文献

1. 建筑设计资料集(第二版)·1·北京：中国建筑工业出版社，1994
2. 建筑设计资料集(第二版)·3·北京：中国建筑工业出版社，1994
3. 建筑设计资料集(第二版)·4·北京：中国建筑工业出版社，1994
4. 建筑设计资料集(第二版)·5·北京：中国建筑工业出版社，1994
5. 建筑设计资料集(第二版)·6·北京：中国建筑工业出版社，1994
6. 建筑设计资料集(第二版)·7·北京：中国建筑工业出版社，1994
7. 建筑设计资料集(第二版)·8·北京：中国建筑工业出版社，1994
8. 城市规划资料集·7·城市居住区规划·北京：中国建筑工业出版社，2005
9. 民用建筑设计通则 JGJ 37—87
10. 建筑设计防火规范 GBJ 16—87(2001 年版)
11. 高层民用建筑设计防火规范 GB 50045—95(2001 年版)
12. 住宅设计规范 GB 50096—1999(2003 年版)
13. 托儿所、幼儿园建筑设计规范 JGJ 39—87
14. 中小学校建筑设计规范 GBJ 99—86
15. 汽车客运站建筑设计规范 JGJ 60—99
16. 旅馆建筑设计规范 JGJ 62—90
17. 图书馆建筑设计规范 GBJ 38—99
18. 综合医院建筑设计规范 JGJ 49—88(试行)
19. 博物馆建筑设计规范 JGJ 66—91
20. 商店建筑设计规范 JGJ 48—88
21. 城市居住区规划设计规范 GB 50180—93(2002 年版)
22. 办公建筑设计规范 JGJ 67—89
23. 民用建筑工程建筑施工图设计深度图样．04J801．中国建筑标准设计研究院，2004
24. 建筑施工图示例图集(第二版)编制框架与表达模式．北京：中国建筑工业出版社，2006
25. 全国高等学校建筑学专业指导委员会编．全国大学生建筑设计竞赛获奖方案集．北京：中国建筑工业出版社，1997
26. 章竟屋编．汽车客运站建筑设计．北京：中国建筑工业出版社，2000
27. 唐玉恩，张皆正编．旅馆建筑设计(第三版)．北京：中国建筑工业出版社，1996 年
28. 卢济威，王海松编．山地建筑设计．北京：中国建筑工业出版社，2001
29. 鲍家声编．现代图书馆建筑设计(第二版)．北京：中国建筑工业出版社，2005 年
30. 罗运湖编．现代医院建筑设计(第二版)．北京：中国建筑工业出版社，2003 年

31. 邹瑚莹. 博物馆建筑设计. 北京：中国建筑工业出版社，2002
32. 邓述平，王仲谷. 居住区规划设计资料集. 北京：中国建筑工业出版社，1996
33. 周俭. 城市住宅区规划原理. 上海：同济大学出版社，1999
34. 朱家瑾. 居住区规划设计. 北京：中国建筑工业出版社，2000
35. 王受之. 当代商业住宅区的规划与设计——新都市主义论. 北京：中国建筑工业出版社，2004
36. 武勇，黄鹢，刘青. 居住区规划. 北京：中国建筑工业出版社，2004
37.《建筑学报》
38.《世界建筑》
39.《建筑师》